21世纪高等院校教材

数学分析

（上册）

周运明　尚德生　主编

科学出版社

北　京

内 容 简 介

本书是根据近年普通高等院校的教学情况，结合教学实践的经验，并对传统的数学分析教材体系做出较大变化的基础上编写而成的. 本书分上、下两册，上册内容是函数、极限与连续、一元函数的微分学、一元函数的积分学、多元函数的微分学、隐函数定理及应用，共 6 章；下册内容是重积分、曲线积分与曲面积分、无穷级数、极限与实数理论、积分学理论与广义积分、级数理论、含参变量积分，共 7 章.

本书可作为高等院校数学专业的教材，也可作为相关教师或研究生的参考书.

图书在版编目(CIP)数据

数学分析. 上册/周运明，尚德生主编. —北京：科学出版社，2008
21 世纪高等院校教材
ISBN 978-7-03-022541-2

Ⅰ.数… Ⅱ.①周…②尚… Ⅲ.数学分析-高等学校-教材 Ⅳ.O17

中国版本图书馆 CIP 数据核字(2008)第 106844 号

责任编辑：王 静 房 阳 / 责任校对：郑金红
责任印制：徐晓晨/ 封面设计：耕者设计工作室

科 学 出 版 社 出版
北京东黄城根北街 16 号
邮政编码：100717
http://www.sciencep.com

北京京华虎彩印刷有限公司 印刷

科学出版社发行 各地新华书店经销

*

2008 年 9 月第 一 版 开本：B5(720×1000)
2016 年 1 月第五次印刷 印张：15 1/2
字数：296 000

定价：59.00 元(上、下册)

(如有印装质量问题，我社负责调换)

前　言

近年来，随着高等教育招生规模的不断扩大以及社会对人才需求的不断变化，为适应培养宽口径、厚基础、高素质、知识型与能力型并举的数学人才的发展需要，数学专业的各类选修课剧增，传统数学分析课程无论在学时上还是在教学内容的编排上都受到严峻挑战.结合普通高等院校理科专业课程体系的特点和数学分析的教学体系的改革，总结山东理工大学理学院三十多年来从事数学分析教学的经验与体会，精心编写了这套教材.

本书分上、下两册，上册内容主要有函数、极限与连续、一元函数的微分学、一元函数的积分学、多元函数的微分学、隐函数定理及应用，共 6 章；下册内容主要有重积分、曲线积分与曲面积分、无穷级数、极限与实数理论、积分学理论与广义积分、级数理论、含参变量积分，共 7 章.

本书需 3 个学期合计约 260 学时讲授，3 个学期的周学时依次按 6，6，4 安排.

在本书的编写过程中，我们注意了以下几个方面：

(1) 本书与目前国内通用的数学分析教材最大的不同之处是在涵盖数学分析基本内容的基础上，注重概念的深入理解与基础训练的强化；同时在传统内容的编排上作了较大的调整，将知识难点的重心后移，这样可使大一新生尽快适应数学分析的学习，提高学生的学习兴趣.

(2) 为了使难点分散和便于理解，本书把微积分的极限与实数理论分两阶段完成.第一阶段在一元函数微积分部分，把极限理论的有关定理不加证明而直接据此展开一系列讨论，给出它们的应用，以期解释这些定理并使读者易于理解掌握.第二阶段在下册的实数理论部分，集中论证极限理论有关定理的等价性及其典型方法，以供报考研究生和以后从事数学教学与研究工作的读者进一步学习.

(3) 由于章节顺序的变化及篇幅等原因，本书在内容的处理上与国内通用教材有所不同，如考虑到计算机的应用与普及，本书明显淡化了函数作图、求导计算、求不定积分计算、近似计算以及定积分在几何及物理方面的应用等.另外，书中突出并加大了重难点内容的例题，尤其是大量引用了近年考研试题，力求通过一些典型例子使读者初步掌握分析问题与解决问题的方法.各章节习题的难度有所降低，给教师和学生留有一定的空间，有利于培养学生创新性学习的能力.

本书上册编写组由周运明、尚德生、李亿民、王豫鲁、王政组成；下册编写组由王政、宋元平、尚德生、王豫鲁、李亿民组成.全书由尚德生和王政修改、统稿.

本书在编写过程中参考了华东师范大学数学系等重点院校的《数学分析》教材

和习题集，得到了山东理工大学教务处的支持和理学院院长孟昭为教授的具体指导、帮助，在此深表感谢．同时真诚感谢试用本讲义并提出宝贵意见的周翠莲博士、潘丽丽老师、王玉田老师以及06级与07级数学专业全体同学．我们要特别感谢科学出版社的领导与编辑对本书的及时出版所给予的大力支持．

编写本书过程中，虽然我们尽了很大努力，但由于知识与能力所限，深感难度很大，疏漏之处在所难免，诚恳希望广大读者给予批评指正．

编　者

2008年7月于山东理工大学

目　　录

第 1 章　函数 …… 1

1.1　实数　邻域　常见不等式 …… 1

1.2　函数 …… 3

第 1 章总练习题 …… 9

第 2 章　极限与连续 …… 11

2.1　数列极限 …… 11

2.2　函数的极限 …… 29

2.3　函数的连续性 …… 46

第 2 章总练习题 …… 57

第 3 章　一元函数的微分学 …… 59

3.1　导数与微分 …… 59

3.2　微分中值定理 …… 79

3.3　洛必达法则 …… 87

3.4　泰勒公式 …… 92

3.5　函数的单调性与极值 …… 98

3.6　函数的凸性 …… 104

第 3 章总练习题 …… 111

第 4 章　一元函数的积分学 …… 114

4.1　不定积分 …… 114

4.2　定积分 …… 131

4.3　定积分的应用 …… 151

第 4 章总练习题 …… 159

第 5 章　多元函数的微分学 …… 162

5.1　多元函数的基本概念 …… 162

5.2　二元函数的极限和连续 …… 165

5.3　偏导数与全微分 …… 170

5.4　复合函数的偏导数与方向导数 …… 180

5.5 高阶偏导数与泰勒公式 …… 188
第 5 章总练习题 …… 194
第 6 章 隐函数定理及应用 …… 196
6.1 隐函数及隐函数定理 …… 196
6.2 隐函数组及隐函数组定理 …… 203
6.3 多元函数微分学的几何应用 …… 209
6.4 多元函数的极值 …… 215
第 6 章总练习题 …… 223
附录Ⅰ 基本初等函数及其特性 …… 225
附录Ⅱ 常用三角函数公式表 …… 228
附录Ⅲ 极坐标简介 …… 230
附录Ⅳ 常用积分表 …… 232
附录Ⅴ 常见人名翻译参考 …… 241

第1章　函　　数

1.1　实数　邻域　常见不等式

1.1.1　实数

数学分析研究的基本对象是定义在实数集上的函数.已经知道,有理数和无理数统称为**实数**,实数的全体称为**实数集**或**实数域**,记为 $\mathbf{R}$,即

$$\mathbf{R}=\{x \mid x \text{ 为实数}\}.$$

实数集 $\mathbf{R}$ 中的任意一个实数与数轴上的点是一一对应的,因此对于实数和数轴上的点今后不加区别.

实数集具有以下性质:

(1) 实数集对加、减、乘、除(除数不为零)四则运算是**封闭**的,即任意两个实数的加、减、乘、除(除数不为零)仍然为实数.

(2) 实数集是有序集,即任意两个实数 a 和 b 必满足下列 3 个关系之一:

$$a<b, \quad a=b, \quad a>b.$$

(3) 实数的大小关系具有传递性,即若 $a>b,b>c$,则有 $a>c$.

(4) 实数集具有**稠密性**,即任何两个不相等的实数之间必有有理数,也必有无理数.从而进一步推得任何两个不相等的实数之间,必有无穷多个有理数,也必有无穷多个无理数.

(5) 实数具有**阿基米德性**,即对任何两个正实数 a 和 b,若 $b>a>0$,则存在正整数 n,使得 $na>b$.

例 1.1　设 $a,b\in\mathbf{R}$.证明:若对任意正数 ε,有 $a>b-\varepsilon$,则 $a\geqslant b$.

证明　反证法.假设 $a<b$.取正数 $\varepsilon_0=b-a>0$,由已知条件,得

$$a>b-\varepsilon_0=b-(b-a)=a.$$

这显然是矛盾的.

1.1.2　邻域

设 $a\in\mathbf{R},\delta>0$,满足不等式 $|x-a|<\delta$ 的全体实数 x 的集合称为**点 a 的 δ 邻域**,记为 $U(a,\delta)$ 或简记为 $U(a)$,即

$$U(a,\delta)=\{x \mid |x-a|<\delta\}=(a-\delta,a+\delta).$$

点 a 的空心 δ 邻域定义为

$$U^{\circ}(a,\delta)=\{x \mid 0<|x-a|<\delta\},$$

也可简记为$U^{\circ}(a)$.

类似地,还常用到下面几种邻域:

点a的δ右邻域:$U_{+}(a,\delta)=[a,a+\delta)$;**点$a$的$\delta$左邻域**:$U_{-}(a,\delta)=(a-\delta,a]$.

点a的空心δ右邻域:$U_{+}^{\circ}(a,\delta)=(a,a+\delta)$;**点$a$的空心$\delta$左邻域**:$U_{-}^{\circ}(a,\delta)=(a-\delta,a)$.

∞**邻域**:$U(\infty)=\{x \mid |x|>M\}$;$+\infty$**邻域**:$U(+\infty)=\{x \mid x>M\}$;$-\infty$**邻域**:$U(-\infty)=\{x \mid x<-M\}$,上述$M$为充分大的正数.

1.1.3 常见不等式

在数学分析中,常常要用到许多不等式,为此给出一些常见的不等式.

(1) **绝对值不等式**.设$a,b\in\mathbf{R}$,则有

$$\big||a|-|b|\big|\leqslant|a\pm b|\leqslant|a|+|b|.$$

(2) **三角不等式**.设$a,b,c\in\mathbf{R}$,则有

$$|a-c|\leqslant|a-b|+|b-c|.$$

(3) **平均值不等式**.设$a_1,a_2,\cdots,a_n\in\mathbf{R}^{+}$,则有

$$\frac{n}{\frac{1}{a_1}+\frac{1}{a_2}+\cdots+\frac{1}{a_n}}\leqslant\sqrt[n]{a_1a_2\cdots a_n}\leqslant\frac{a_1+a_2+\cdots+a_n}{n}.$$

(4) **伯努利不等式**.若$x>-1,n\geqslant2$为正整数,则有

$$(1+x)^n\geqslant1+nx,$$

其中等号成立当且仅当$x=0$.

(5) 对任意$a,b\in\mathbf{R}$,有

$$2ab\leqslant2|ab|\leqslant a^2+b^2.$$

(6) 若$x\in(0,1)$,则有

$$x(1-x)\leqslant\frac{1}{4},$$

其中等号成立当且仅当$x=\frac{1}{2}$.

(7) 设n为正整数,则有

$$\frac{1}{2\sqrt{n}}\leqslant\frac{(2n-1)!!}{(2n)!!}<\frac{1}{\sqrt{2n+1}}.$$

下面只证明伯努利不等式,其余由读者自行证明.

例 1.2 证明伯努利不等式.

证明 利用数学归纳法.

当 $n=2$ 时,显然成立.假设 $n=k$ 时成立,即

$$(1+x)^k \geqslant 1+kx,$$

则当 $n=k+1$ 时,有

$$\begin{aligned}(1+x)^{k+1} &= (1+x)(1+x)^k \geqslant (1+x)(1+kx) \\ &= 1+(1+k)x+kx^2 \geqslant 1+(1+k)x,\end{aligned}$$

即不等式对 $n\geqslant 2$ 的正整数均成立,且等号成立当且仅当 $x=0$.

1.2 函 数

1.2.1 函数的概念

先看下面的例子.

例 1.3 给定圆的半径 r,就可以确定圆的面积 S,因此圆的面积 S 是半径 r 的函数,它们之间的关系可用式子 $S=\pi r^2$ 来表示.

表示两个变量之间的某种依赖关系,除了用公式外,还可用**表格**或**图表**,在此不再举例.

定义 1.1 设 $D\subset\mathbf{R}$,如果存在某一对应法则 f,对于 D 中每一个实数 x,都有唯一确定的实数 y 与之对应,则称 f 是定义在 D 上的**函数**,记为 $y=f(x)$,其中称 x 为**自变量**,y 为**因变量**,D 为函数 f 的**定义域**. D 中每一个实数 x 所对应的数 y 称为 f 在点 x 的**函数值**,函数值的全体称为函数 f 的**值域**,记作 $f(D)$,即

$$f(D)=\{f(x)\,|\,x\in D\}.$$

实际上,函数 $y=f(x)$是定义域 D 到值域 $f(D)$的映射,可记为

$$f: x\in D\mapsto y\in f(D).$$

在函数的定义中,自变量与因变量采用什么符号不是关键,重要的是函数的定义域和变量之间的对应法则 f. 例如,$y=x+2$ 与 $y=\dfrac{x^2-4}{x-2}$不是同一个函数,因为它们的定义域不同;$y=\dfrac{x+1}{x-2}$与 $y=\dfrac{x-1}{x-2}$也不是同一个函数,因为它们的对应法则不同;而 $y=x^2$ 与 $u=v^2$ 则是相同的函数.

例 1.4 求函数 $f(x)=\dfrac{\sqrt{1+\ln x}}{x-1}$的定义域.

解 由题意,要使函数有意义,x 必须满足

$$\begin{cases}x>0,\\ 1+\ln x\geqslant 0,\\ x\neq 1.\end{cases}$$

所以函数定义域为$\left\{x\,\middle|\,x\geqslant\dfrac{1}{\mathrm{e}},x\neq 1\right\}$或$\left[\dfrac{1}{\mathrm{e}},1\right)\cup(1,+\infty)$.

函数除了用公式法、表格法或图表表示外,还可用图像法表示. 函数 $y=f(x)$ 的图像为平面上的集合

$$G(f)=\{(x,y)\,|\,y=f(x),x\in D\}.$$

例 1.5　画出下列函数的图像:

(1) **绝对值函数** $y=|x|$;(2) **符号函数** $y=\mathrm{sgn}x$;(3) **取整函数** $y=[x]$.

解　(1) **绝对值函数**为

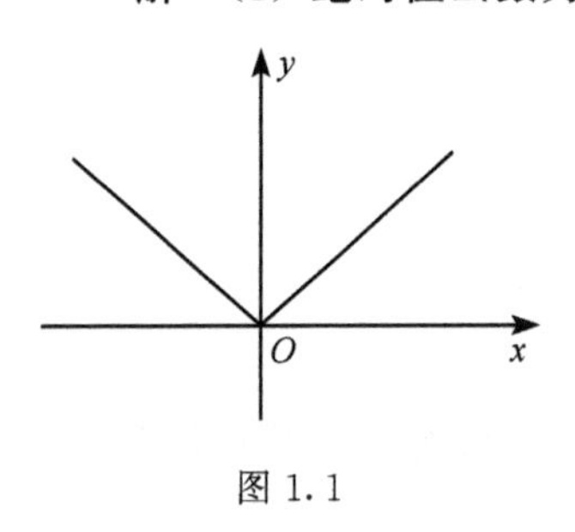

图 1.1

$$y=|x|=\begin{cases}x, & x\geqslant 0,\\ -x, & x<0.\end{cases}$$

其图像如图 1.1 所示.

(2) **符号函数**为

$$y=\mathrm{sgn}x=\begin{cases}1, & x>0,\\ 0, & x=0,\\ -1, & x<0.\end{cases}$$

其图像如图 1.2 所示(因为对任意 $x\in\mathbf{R}$,总有 $|x|=x\cdot\mathrm{sgn}x$. 所以 $\mathrm{sgn}x$ 起了 x 的符号的作用,故称其为**符号函数**).

(3) 符号 $[x]$ 表示不超过 x 的最大整数,**取整函数**定义为

$$y=[x]=n,\quad n\leqslant x<n+1, n=0,\pm 1,\pm 2,\cdots.$$

其图像如图 1.3 所示(图像形状类似阶梯). 显然,$[x]$ 具有性质

$$x-1<[x]\leqslant x<[x]+1\leqslant x+1.$$

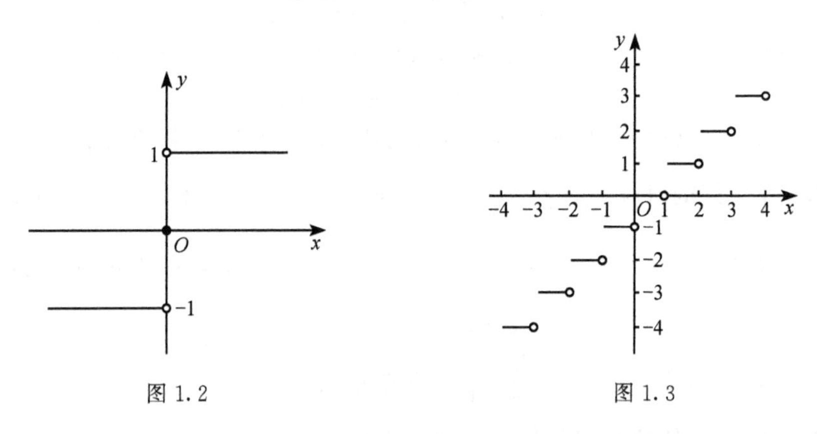

图 1.2　　　　图 1.3

例 1.5 的 3 个函数在其定义域的不同部分是用不同的表达式表示的,这类函数称为**分段函数**. 再如,定义在 $(-\infty,+\infty)$ 上的**狄利克雷函数**

$$y=D(x)=\begin{cases}1, & x\text{ 为有理数},\\ 0, & x\text{ 为无理数}\end{cases}$$

也是分段函数.

1.2.2 函数的几种特性

1. 函数的有界性

定义 1.2 设 $f(x)$为定义在 D 上的函数,若存在正数 M,使得对任意的 $x\in D$,都有

$$|f(x)|\leqslant M,$$

则称函数 $f(x)$**在 D 上有界**或称 $f(x)$**是 D 上的有界函数**.每一个具有上述性质的正数 M 都是函数的界.

例如,正弦函数 $\sin x$ 和余弦函数 $\cos x$ 均为 $\mathbf{R}$ 上的有界函数,因为对每一个 $x\in\mathbf{R}$ 都有 $|\sin x|\leqslant 1$ 和 $|\cos x|\leqslant 1$,1 是它们的一个界.

若不存在具有上述性质的正数 M,则称 $f(x)$**在 D 上无界**或称 $f(x)$**是 D 上的无界函数**.换句话说,对任意给定的正数 M,无论它多么大,总存在某个 $x_0\in D$,使得 $|f(x_0)|>M$,则 $f(x)$在 D 上无界.

例 1.6 证明 $f(x)=\dfrac{1}{x}$为$(0,1]$上的无界函数.

证明 对任何正数 M,总存在相应的点 $x_0=\dfrac{1}{M+1}\in(0,1]$,使得

$$f(x_0)=\frac{1}{x_0}=M+1>M,$$

则 $f(x)=\dfrac{1}{x}$为$(0,1]$上的无界函数.

2. 函数的单调性

定义 1.3 设 $f(x)$为定义在 D 上的函数,若对于任何 $x_1,x_2\in D$,当 $x_1<x_2$ 时,总有

(1) $f(x_1)\leqslant f(x_2)$,则称 $f(x)$为 D 上的**递增函数**,特别当成立严格不等式 $f(x_1)<f(x_2)$时,称 $f(x)$为 D 上的**严格递增函数**;

(2) $f(x_1)\geqslant f(x_2)$,则称 $f(x)$为 D 上的**递减函数**,特别当成立严格不等式 $f(x_1)>f(x_2)$时,称 $f(x)$为 D 上的**严格递减函数**.

递增函数和递减函数统称为**单调函数**,严格递增函数和严格递减函数统称为**严格单调函数**.

若在某个区间上,函数 $f(x)$为单调函数,则称该区间为函数的**单调区间**.例如,函数 $y=|x|$的单调递减区间为$(-\infty,0]$,单调递增区间为$[0,+\infty)$,而在整个定义域 $\mathbf{R}$ 上不是单调的.

例 1.7 证明 $y=[x]$在 $\mathbf{R}$ 上是递增函数,但不是严格递增函数.

证明 因为对任何 $x_1,x_2\in\mathbf{R}$ 且 $x_1<x_2$ 时，显然有$[x_1]\leqslant[x_2]$. 但此函数在 $\mathbf{R}$ 上不是严格递增的，因为若取 $x_1=0,x_2=\frac{1}{2}$，则有

$$[x_1]=[x_2]=0,$$

即定义中所要求的严格不等式不成立.

3. 函数的奇偶性

定义 1.4 设 $f(x)$的定义域 D 关于原点对称，若对每一个 $x\in D$，都有

$$f(-x)=-f(x)\quad(\text{或 } f(-x)=f(x)),$$

则称 $f(x)$为 D 上的**奇(偶)函数**.

显然，奇函数的图像关于原点对称，偶函数的图像关于 y 轴对称.

例如，正弦函数 $y=\sin x$ 和正切函数 $y=\tan x$ 都是奇函数，余弦函数 $y=\cos x$ 是偶函数，符号函数 $y=\mathrm{sgn}x$ 是奇函数.

4. 函数的周期性

定义 1.5 设 $f(x)$为定义在 D 上的函数，若存在 $T>0$，使得对一切 $x\in D$ 有 $x+T\in D$，且总成立

$$f(x+T)=f(x),$$

则称 $f(x)$为**周期函数**，并称 T 为 $f(x)$的一个**周期**.

由定义容易得出，若 T 为 $f(x)$的一个周期，则 nT(n 为正整数)也是 $f(x)$的周期. 若在 $f(x)$的周期中存在最小的正值，则称它为**最小正周期**. 通常说周期函数的周期都是指**最小正周期**.

例如，$\sin x$ 的周期为 2π，$\tan x$ 的周期为 π，函数 $f(x)=x-[x]$($x\in\mathbf{R}$)的周期为 1.

注 1.1 有周期函数不一定存在最小正周期. 例如，狄利克雷函数 $D(x)$，易证任何一个正有理数都是 $D(x)$的周期，但在所有的正有理数中不存在最小的正有理数，因此 $D(x)$不存在最小正周期.

1.2.3 函数的运算

在实际问题中，许多函数是由几个简单函数经过有限次运算得到的较复杂的函数.

1. 函数的四则运算

若 $f(x)$，$g(x)$是定义在 D 上的函数，则

$$f(x)\pm g(x),\quad f(x)\cdot g(x),\quad \frac{f(x)}{g(x)}(g(x)\neq 0)$$

仍为 D 上的函数,即函数对加、减、乘、除(分母不为零)四则运算是封闭的.

2. 复合函数

定义 1.6 设有两个函数 $y=f(u)(u\in E)$ 和 $u=g(x)(x\in D)$. 若 $g(x)$ 的值域 $g(D)$ 含于 $y=f(u)$ 的定义域 E 内,那么对每一个 $x\in D$,通过中间变量 u,有唯一的实数 y 与之对应,这样在 D 上确定了一个新的函数,称为由函数 $y=f(u)$ 与 $u=g(x)$ 经过复合运算所得到的**复合函数**. 记作

$$y=f(g(x)),\quad x\in D \text{ 或 } y=(f\circ g)(x),\quad x\in D.$$

在复合函数 $y=f(g(x))$ 中,f 称为**外层函数**,g 称为**内层函数**,u 称为**中间变量**.

例如,$y=\ln(x^2+1)$ 是由函数 $y=\ln u$,$u=x^2+1$ 复合而成的;$y=\sin^2x$ 是由 $y=u^2$,$u=\sin x$ 复合而成.

注 1.2 函数的复合运算一般不满足交换律,即 $f\circ g\neq g\circ f$. 当 $f\circ g$ 是复合函数时,$g\circ f$ 可能无意义,即使有意义,也不一定有 $f\circ g=g\circ f$.

例如,$f(x)=3+x^2$,$x\in(-\infty,+\infty)$,$g(x)=\arcsin x$,$x\in[-1,1]$,则复合函数 $f(g(x))=3+(\arcsin x)^2$,$x\in[-1,1]$ 存在;但 $\arcsin(3+x^2)$ 无意义,故 $g(f(x))$ 不存在.

还可以讨论多个函数的复合. 例如,$f(x)=\sqrt[3]{x}$,$g(x)=\sin x$,$h(x)=x^2$ 复合而成的函数 $f(g(h(x)))=\sqrt[3]{\sin x^2}$.

例 1.8 设 $f(x)=\begin{cases}0, & x<0,\\ 1, & x\geqslant 0,\end{cases}$ $g(x)=\begin{cases}2-x^2, & |x|<1,\\ |x|-2, & |x|\geqslant 1.\end{cases}$ 求 $f(g(x))$ 与 $g(f(x))$.

解 由 $f(x)$ 与 $g(x)$ 的表达式以及复合函数的定义,有

$$f(g(x))=\begin{cases}0, & 1\leqslant |x|<2,\\ 1, & |x|<1 \text{ 或 } |x|\geqslant 2;\end{cases}\quad g(f(x))=\begin{cases}2, & x<0,\\ -1, & x\geqslant 0.\end{cases}$$

1.2.4 反函数

定义 1.7 设函数 $y=f(x)$ 的定义域为 D,值域为 $f(D)$. 若对于每一个 $y\in f(D)$,通过关系 $y=f(x)$,在 D 中有唯一的 x 与之对应,这种对应关系所确定的 x 是 y 的一个函数,称这个函数是原来函数 $y=f(x)$ 的**反函数**,记作

$$x=f^{-1}(y),\quad y\in f(D).$$

注 1.3 事实上,函数 $y=f(x)$ 与反函数 $x=f^{-1}(y)$ 表达的是变量 x,y 之间的同一对应关系,其不同之处在于前者 x 是自变量,y 是因变量,而后者 y 是自变量,x 是因变量. 反函数的定义域和值域,分别是原来函数的值域和定义域. 反函数

的关系是相互的，即 $x=f^{-1}(y)$ 是 $y=f(x)$ 的反函数，同时 $y=f(x)$ 也是 $x=f^{-1}(y)$ 的反函数，即

$$f^{-1}(f(x)) \equiv x, \quad x \in D;$$
$$f(f^{-1}(y)) \equiv y, \quad y \in f(D).$$

习惯上，用 x 作为自变量，y 为因变量，则 $y=f(x)$ 的反函数可改写为 $y=f^{-1}(x)$，$x\in f(D)$. 这里 $y=f^{-1}(x)$，$x\in f(D)$ 和 $x=f^{-1}(y)$，$y\in f(D)$ 是同一个函数，只是所用变量的记号不同而已.

下面给出反函数存在的一个判别准则.

定义 1.8 设函数 $y=f(x)$ 定义在集合 D 上，若对于 D 中任何 $x_1\neq x_2$ 有 $f(x_1)\neq f(x_2)$，则称 $y=f(x)$ 是 D 到 $f(D)$ 上的一一对应函数.

定理 1.1 设函数 $y=f(x)$ 定义在 D 上，则 $f(x)$ 存在反函数 $f^{-1}(y)$ 的充要条件是 $f(x)$ 是 D 到 $f(D)$ 上的一一对应函数.

证明 必要性. 设 $f(x)$ 存在反函数 $f^{-1}(y)$，即对任意 $y_1,y_2\in f(D)$，由反函数定义知存在唯一的 $x_1,x_2\in D$，使 $y_1=f(x_1)$，$y_2=f(x_2)$.

若 $x_1\neq x_2$，而 $f(x_1)=f(x_2)$，即 $y_1=y_2$，从而 $f^{-1}(y_1)=f^{-1}(y_2)$，即 $x_1=x_2$，矛盾. 于是 f 是 D 到 $f(D)$ 之间的一一对应函数.

充分性. 设 f 是 D 到 $f(D)$ 之间的一一对应函数，即对任意 $y\in f(D)$，由 $f(D)$ 为 $f(x)$ 的值域及定义 1.8 知存在唯一的 $x\in D$，使 $y=f(x)$，根据反函数定义，$f(x)$ 存在反函数.

例如，函数 $y=\sin x$ 是 $\left[-\frac{\pi}{2},\frac{\pi}{2}\right]$ 到 $[-1,1]$ 之间的一一对应函数，故存在反函数 $x=\arcsin y$，$y\in[-1,1]$.

定理 1.2 设 $y=f(x)$，$x\in D$ 为严格递增(减)函数，则 f 必有反函数 f^{-1}，且 f^{-1} 在其定义域 $f(D)$ 上也是严格递增(减)函数.

例如，函数 $y=x^2$ 在 $(-\infty,0]$ 上是严格递减的，有反函数 $y=-\sqrt{x}$，$x\in[0,+\infty)$；函数 $y=x^2$ 在 $[0,+\infty)$ 上是严格递增的，有反函数 $y=\sqrt{x}$，$x\in[0,+\infty)$. 但是 $y=x^2$ 在整个定义域 $\mathbf{R}$ 上不是单调的，故在定义域 $\mathbf{R}$ 上不存在反函数.

1.2.5 初等函数

中学阶段学习过幂函数、指数函数、对数函数、三角函数、反三角函数，这些函数统称为**基本初等函数**. 在附录 I 中已将基本初等函数及其特性列成表，便于查找、学习与比较.

定义 1.9 由常数和基本初等函数，经过有限次四则运算和有限次复合运算而得到的，并能够用一个表达式表示的函数，称为**初等函数**. 不是初等函数的函数，称为**非初等函数**.

例如，$y=\sin(\ln(x^2+1))$，$y=\sin^2 x$，$y=\sqrt{1-x^2}$都是初等函数. 狄利克雷函数、符号函数是非初等函数.

一般说来，分段函数不是初等函数，这是因为在其定义域上不能用一个表达式表示. 但是绝对值函数 $y=|x|=\begin{cases} x, & x\geqslant 0, \\ -x, & x<0 \end{cases}$是初等函数，因为 $y=|x|=\sqrt{x^2}$是由幂函数复合而成且可用一个表达式表示.

工程上常用的双曲函数是由指数函数经四则运算得到，因此也是初等函数，其定义如下(双曲函数图像见图 1.4 与图 1.5)：

双曲正弦函数 $\sinh x=\dfrac{e^x-e^{-x}}{2}$；

双曲余弦函数 $\cosh x=\dfrac{e^x+e^{-x}}{2}$；

双曲正切函数 $\tanh x=\dfrac{\sinh x}{\cosh x}=\dfrac{e^x-e^{-x}}{e^x+e^{-x}}$.

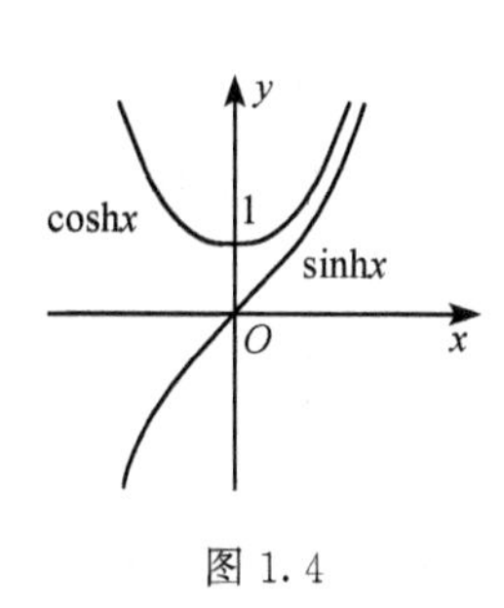

图 1.4

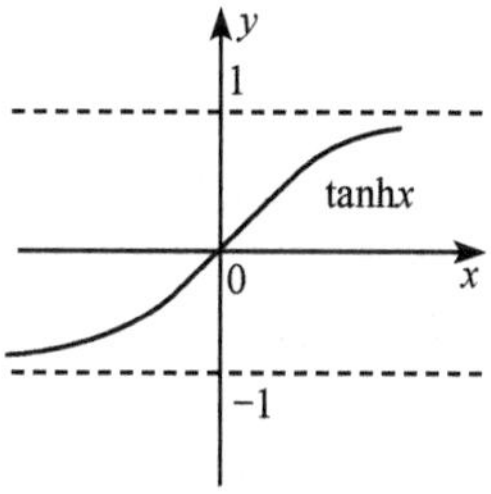

图 1.5

双曲函数的性质与三角函数有类似之处，试比较

$\cosh^2 x-\sinh^2 x=1$；	$\cos^2 x+\sin^2 x=1$；
$\cosh^2 x+\sinh^2 x=\cosh 2x$；	$\cos^2 x-\sin^2 x=\cos 2x$；
$\sinh 2x=2\sinh x\cdot\cosh x$；	$\sin 2x=2\sin x\cdot\cos x$.

第 1 章总练习题

1. 用区间表示下列不等式的解集：

(1) $|1-x|-x\geqslant 0$； (2) $\left|x+\dfrac{1}{x}\right|\leqslant 6$； (3) $\sin x\geqslant\dfrac{\sqrt{2}}{2}$.

2. 证明：

(1) $\cosh(x\pm y)=\cosh x\cosh y\pm\sinh x\sinh y$；

(2) $\sinh(x\pm y)=\sinh x\cosh y\pm\cosh x\sinh y$.

3. 下列函数是由哪些基本函数复合而成的：

(1) $y=\sin^2(x^2+1)$； (2) $y=\ln(\sin(e^x))$；

(3) $y=\frac{1}{(x^2+1)^2}$；

(4) $y=e^{\sqrt[3]{x^2+1}}$；

(5) $y=\arcsin(\tan x)$；

(6) $y=\ln(\arcsin(x^2-1))$.

4. 设 $f(x)=\frac{x+2}{x+1}$.

(1) 求 $f(1),f(f(1)),f(f(f(1)))$；

(2) 求 $f(\sqrt{2})$；

(3) 求证：$|f^2(x)-2|<|x^2-2|,\forall x>0,x\neq\sqrt{2}$.

5. 求下列函数的定义域：

(1) $f(x)=\sqrt[3]{x^2-1}$；

(2) $f(x)=\sqrt{-x^2}$；

(3) $f(x)=\frac{\sqrt[6]{1-x^2}}{x}$；

(4) $f(x)=\sqrt{2x+1}-\sqrt{x+1}$；

(5) $f(x)=\ln x^2$；

(6) $f(x)=\arcsin(2-x)$.

6. 求下列函数的值域：

(1) $y=|x-1|,\quad x\in[-1,5]$；

(2) $y=x+\frac{1}{x},\quad x\in(0,+\infty)$；

(3) $y=\sqrt{x^2+1}$；

(4) $y=ax+\frac{b}{x},\quad ab>0$.

7. 求证：$y=\ln\left(x+\sqrt{1+x^2}\right)$在$(-\infty,+\infty)$上是奇函数且严格单调递增.

8. 证明：

(1) 两个奇函数之和为奇函数，其积为偶函数；

(2) 两个偶函数之和(积)为偶函数；

(3) 奇函数与偶函数之积为奇函数.

9. 证明：任一在实轴上定义的函数都可分解成一个奇函数与一个偶函数之和.

10. 设 $f(x),g(x)$是在(a,b)上定义的递增函数，求证：

$$u(x)=\max\{f(x),g(x)\}\text{ 与 }v(x)=\min\{f(x),g(x)\}$$

都是(a,b)上的递增函数.

11. 证明：如果 $f(u)$和 $g(x)$在其定义域内都是单调的，则复合函数 $f(g(x))$也是单调的.

12. 求下列函数的反函数及其定义域：

(1) $y=\frac{1}{2}\left(x-\frac{1}{x}\right),0<x<+\infty$；

(2) $y=\frac{1}{2}(e^x-e^{-x}),-\infty<x<+\infty$.

13. 设 $f(x)=\frac{x}{\sqrt{1+x^2}}$，求 $\underbrace{f\circ f\circ\cdots\circ f}_{n\text{次}}(x)$.

14. 设 f 为定义在$(-\infty,+\infty)$上以 T 为周期的函数，a 为实数. 证明：若 f 在$[a,a+T]$上有界，则 f 在$(-\infty,+\infty)$上有界.

15. 讨论狄利克雷函数的有界性、单调性与周期性.

第 2 章　极限与连续

数学分析中关于函数主要有两种基本的运算：一种是微分(或求导)，另一种是积分，它们都是通过极限来定义的．此外，当研究函数图形的性质时，一个重要概念就是连续性，而连续性也是由极限定义的．因此，极限是数学分析中一个最基本的运算．它与初等数学的运算不同，不是经过有限步就能实现的，必须通过无限步逼近运算．本章先研究离散的极限，即数列极限，再研究连续变量的极限，即函数极限，包括定义、性质和运算法则等．这些构成数学分析的最基础的知识，也是打开数学分析大门的一把钥匙．

2.1　数 列 极 限

2.1.1　数列极限

数列是一类特殊的函数，即定义在正整数集 $\mathbf{N}$ 上的函数 $f(x)$．若对任意正整数 $n\in\mathbf{N}$，记 $f(n)=a_n$，则得到数列

$$a_1,a_2,\cdots,a_n,\cdots \quad 或 \ \{a_n\},$$

其中 a_n 称为数列$\{a_n\}$的**通项**．

先考察几个无穷数列随自然数 n 无限增大时的变化趋势：

例 2.1　数列$\left\{\frac{1}{n}\right\}$，即 $1,\frac{1}{2},\frac{1}{3},\cdots,\frac{1}{n},\cdots$．

例 2.2　数列$\left\{\frac{n+1}{n}\right\}$，即 $2,\frac{3}{2},\frac{4}{3},\cdots,\frac{n+1}{n},\cdots$．

例 2.3　数列 $\left\{\frac{(-1)^n}{n}\right\}$，即$-1,\frac{1}{2},-\frac{1}{3},\frac{1}{4},\cdots,\frac{(-1)^n}{n},\cdots$．

不难看出，例 2.1，例 2.3 中的数列随 n 的无限增大，数列无限接近于常数 0；例 2.2 中随着 n 的无限增大，数列无限接近于常数 1．上述 3 个例子有一个共同特点，即随着 n 的无限增大，数列的通项无限地接近于某个常数．

一般地，若当 n 无限增大时，数列$\{a_n\}$的通项 a_n 无限地接近某个常数 a，则称常数 a 是数列$\{a_n\}$当 n 趋于无穷大时的“极限”．从严谨的数学理论来说，上述极限的定义仅是对数列变化性态的一种形象的、定性的描述，并不确切．这是因为“n 的无限增大”，“a_n 无限接近常数 a”这样的描述可能会因人的理解不同而产生差异．为此必须要把极限的定义从定量的角度作进一步表述．以“a_n 无限接近常数 a”为

例，反映在数轴上就是$\{a_n\}$与常数 a 之间的距离$|a_n-a|$可以任意小. 不论事先给定多么小的正数 ε，均可使距离$|a_n-a|<\varepsilon$来定量地表达距离$|a_n-a|$可以任意小.

以数列$\{a_n\}=\left\{\dfrac{(-1)^n}{n}\right\}$为例，不难看出常数 0 是数列$\{a_n\}$当 n 趋于无穷大时的极限. 取 $\varepsilon=\dfrac{1}{10}$，要使$|a_n-0|<\dfrac{1}{10}$，即$\left|\dfrac{(-1)^n}{n}-0\right|=\dfrac{1}{n}<\dfrac{1}{10}$，这只要 $n>10$ 即可；若取 $\varepsilon=\dfrac{1}{1000}$，要使$|a_n-0|<\dfrac{1}{1000}$，即$\dfrac{1}{n}<\dfrac{1}{1000}$，这只要 $n>1000$ 即可；……一般地，对任意小的正数 ε，要使$|a_n-0|<\varepsilon$，即只需 $n>\dfrac{1}{\varepsilon}$ 即可. 若进一步取正数 $N=\left[\dfrac{1}{\varepsilon}\right]$，则从数列的第 $N=\left[\dfrac{1}{\varepsilon}\right]+1$ 项以后所有的项都满足不等式$|a_n-0|=\left|\dfrac{(-1)^n}{n}-0\right|<\varepsilon$，即当 $n>N=\left[\dfrac{1}{\varepsilon}\right]$时，都有

$$|a_n-0|=\left|\frac{(-1)^n}{n}-0\right|<\varepsilon.$$

从上面的讨论可以看出：ε 不同，对应的 N 也不同. 一般地，ε 越小，对应的 N 越大. 这恰好从定量的角度确切地表明，当 n 无限增大时，a_n 无限地接近于常数 a.

定义 2.1　设$\{a_n\}$是一个数列，a 是某常数. 若对任意给定的 $\varepsilon>0$，存在正整数 N，使得满足不等式 $n>N$ 的一切自然数 n，都有

$$|a_n-a|<\varepsilon,$$

则称数 a 是数列$\{a_n\}$的**极限**，并称数列$\{a_n\}$**收敛**. 记作

$$\lim_{n\to\infty}a_n=a \text{ 或 } a_n\to a,\quad n\to\infty.$$

读作"当 n 趋于无穷大时，$\{a_n\}$的极限等于 a 或 a_n 趋于 a".

若数列$\{a_n\}$没有极限，则称这个数列**不收敛**，或称$\{a_n\}$为**发散数列**.

定义 2.1 通常称为数列极限的"ε-N"定义. 为了书写的简便，此定义可简记为

$$\text{对 }\forall\varepsilon>0,\quad \exists N>0,\quad \text{当 } n>N \text{ 时},\quad \text{有}|a_n-a|<\varepsilon,$$

其中符号"$\forall$"表示"**任意、任给**"，符号"$\exists$"表示"**存在、可以找到**".

例 2.4　设$\{a_n\}=\{c,c,\cdots,c,\cdots\}$，证明$\lim\limits_{n\to\infty}a_n=c$.

证明　事实上，对$\forall\varepsilon>0$，数列中所有的项，都满足

$$|a_n-c|=0<\varepsilon,$$

即此时的 N 可取任一正整数，故

$$\lim_{n\to\infty}a_n=c.$$

例 2.5　证明 $\lim\limits_{n\to\infty}\dfrac{(-1)^n}{n}=0$.

证明 对$\forall \varepsilon>0$,要使

$$\left|\frac{(-1)^n}{n}-0\right|=\frac{1}{n}<\varepsilon,$$

只需$n>\frac{1}{\varepsilon}$即可,故可取$N=\left[\frac{1}{\varepsilon}\right]$,当$n>N$时,一定有

$$\left|\frac{(-1)^n}{n}-0\right|<\varepsilon.$$

所以

$$\lim_{n\to\infty}\frac{(-1)^n}{n}=0.$$

例 2.6 证明$\lim\limits_{n\to\infty}\frac{n+1}{n}=1$.

证明 对$\forall \varepsilon>0$,要使

$$\left|\frac{n+1}{n}-1\right|=\frac{1}{n}<\varepsilon,$$

只需$n>\frac{1}{\varepsilon}$即可.故可取$N=\left[\frac{1}{\varepsilon}\right]$,则当$n>N=\left[\frac{1}{\varepsilon}\right]$时,有

$$\left|\frac{n+1}{n}-1\right|=\frac{1}{n}<\varepsilon.$$

所以

$$\lim_{n\to\infty}\frac{n+1}{n}=1.$$

在本例中,N是否可取$\left[\frac{2}{\varepsilon}\right]$或$\frac{3}{\varepsilon}$,使得当$n>N$时仍有$\left|\frac{n+1}{n}-1\right|<\varepsilon$?

例 2.7 证明$\lim\limits_{n\to\infty}\frac{3n+5}{2n-9}=\frac{3}{2}$.

证明 对$\forall \varepsilon>0$,要使

$$\left|\frac{3n+5}{2n-9}-\frac{3}{2}\right|=\frac{37}{|4n-18|}<\frac{37}{n}<\varepsilon,\quad n>6,$$

只需$n>\frac{37}{\varepsilon}$即可.故取$N=\max\left\{\left[\frac{37}{\varepsilon}\right],6\right\}$,当$n>N$时,有

$$\left|\frac{3n+5}{2n-9}-\frac{3}{2}\right|\leqslant\frac{37}{n}<\varepsilon.$$

所以

$$\lim_{n\to\infty}\frac{3n+5}{2n-9}=\frac{3}{2}.$$

在例 2.7 中,由于$n\to\infty$,故可限制$4n-18\geqslant n$,从而解出$n\geqslant 6$,进而简化不等式,这种方法称为"**条件放大**"法.此方法在确定N的值时是很方便的.

对于数列极限的ε-N定义,通过以上简单的几个例子,读者有了初步的认识.

在数列极限的定义中，还应着重理解以下几点：

（1）ε **的任意性与相对固定性**. 定义 2.1 中，正数 ε 首先必须具有**任意性**，这样才能由不等式 $|a_n-a|<\varepsilon$ 表明数列 $\{a_n\}$ 无限趋近于 a. 但是，为了说明数列 $\{a_n\}$ 无限趋近于 a 的渐近过程的不同阶段，ε 又必须具有**相对固定性**，以便依靠它来确定 N. 显然 ε 的任意性是通过无限多个相对固定性表现出来的. 又 ε 是任意小的正数，那么 ε^2，2ε 等同样也是任意小的正数，因此定义中不等式 $|a_n-a|<\varepsilon$ 可以用 $|a_n-a|<\varepsilon^2$，$|a_n-a|<2\varepsilon$，甚至 $|a_n-a|\leqslant\varepsilon$ 来代替.

（2）N **的相应性**. 一般地，ε 越小，N 就越大，即 N 是与 ε 有关的. 但这并不意味着 N 由 ε 所唯一确定，这里强调的是 N 的存在性，而不在于它的值的大小. 因此定义中的“$n>N$”也可改写成“$n\geqslant N$”.

（3）数列极限 ε-N 定义的**几何解释**. 由于 $|a_n-a|<\varepsilon$ 等价于 $a-\varepsilon<a_n<a+\varepsilon$，故当 $n>N$ 时，$a-\varepsilon<a_n<a+\varepsilon$，即 $a_n\in(a-\varepsilon,a+\varepsilon)$. 这表明在数列 $\{a_n\}$ 中，从 a_N 以后的所有项 $a_{N+1},a_{N+2},\cdots$ 全部落入邻域 $(a-\varepsilon,a+\varepsilon)$ 之中，而在 $(a-\varepsilon,a+\varepsilon)$ 之外，$\{a_n\}$ 至多只有有限项. 由于开区间 $(a-\varepsilon,a+\varepsilon)$ 可记为 $U(a,\varepsilon)$，故数列极限有以下**等价形式**：

$$\begin{aligned}\lim_{n\to\infty}a_n=a&\Leftrightarrow\forall\varepsilon>0,\exists N>0,\text{当 }n>N\text{ 时},a_n\in U(a,\varepsilon)\\&\Leftrightarrow\forall\varepsilon>0,U(a,\varepsilon)\text{ 之外至多只有}\{a_n\}\text{的有限项},\end{aligned}$$

其中符号“$\Leftrightarrow$”表示等价关系或充要条件.

例 2.8 证明 $\lim\limits_{n\to\infty}\dfrac{n^2-n+1}{3n^2-5n-4}=\dfrac{1}{3}$.

证明 $\forall\varepsilon>0$，要使

$$\left|\frac{n^2-n+1}{3n^2-5n-4}-\frac{1}{3}\right|=\frac{2n+7}{3|3n^2-5n-4|}\leqslant\frac{9n}{3n^2}=\frac{3}{n}<\varepsilon,\quad n>4,$$

只需 $n>\dfrac{3}{\varepsilon}$. 故取 $N=\max\left\{\left[\dfrac{3}{\varepsilon}\right],4\right\}$，当 $n>N$ 时，有

$$\left|\frac{n^2-n+1}{3n^2-5n-4}-\frac{1}{3}\right|<\varepsilon.$$

所以

$$\lim_{n\to\infty}\frac{n^2-n+1}{3n^2-5n-4}=\frac{1}{3}.$$

注 2.1 利用定义证明数列极限，我们关心的不是 N 的具体数值是多少，而是 N 的存在性，所以在解题时，才可以用适当的“条件放大”去寻求 N. 但是这种“放大”是有限度的，不是随意的. 粗略地说，既要放大，又不能放的太大，放大的目的在于简化计算，不能放的太大的目的是要找到合乎要求的 N.

注 2.2 在应用“条件放大法”时，还可以借助于二项式公式

$$(a+b)^n = a^n + na^{n-1}b + \frac{n(n-1)}{2!}a^{n-2}b^2 + \cdots + b^n.$$

本方法主要针对变量中含有指数形式的极限问题.

例 2.9 证明 $\lim\limits_{n\to\infty}\sqrt[n]{a}=1, a>1$.

证明 由于 $a>1$,故 $\sqrt[n]{a}>1$,从而令 $\sqrt[n]{a}=1+h_n, h_n>0$. 于是

$$a = (1+h_n)^n > nh_n.$$

故

$$0 < \sqrt[n]{a} - 1 = h_n < \frac{a}{n}.$$

对 $\forall \varepsilon>0$,要使 $\left|\sqrt[n]{a}-1\right|<\varepsilon$,只要 $\frac{a}{n}<\varepsilon$. 取 $N=\left[\frac{a}{\varepsilon}\right]$,则当 $n>N$ 时,有

$$\left|\sqrt[n]{a} - 1\right| < \varepsilon.$$

所以

$$\lim_{n\to\infty}\sqrt[n]{a} = 1, \quad a > 1.$$

例 2.10 证明 $\lim\limits_{n\to\infty}\sqrt[n]{n}=1$.

证明 令 $\sqrt[n]{n}=1+h_n, h_n>0$,则

$$n = (1+h_n)^n \geqslant \frac{n(n-1)}{2}h_n^2,$$

即

$$0 < h_n^2 \leqslant \frac{2}{n-1}.$$

所以

$$0 < \sqrt[n]{n} - 1 = \alpha_n \leqslant \sqrt{\frac{2}{n-1}} < \frac{2}{\sqrt{n}}, \quad n \geqslant 3.$$

故对 $\forall \varepsilon>0$,要使 $\left|\sqrt[n]{n}-1\right|<\varepsilon$,只要 $\frac{2}{\sqrt{n}}<\varepsilon$,即 $n>\frac{4}{\varepsilon^2}$. 取 $N=\max\left\{3,\left[\frac{4}{\varepsilon^2}\right]\right\}$,则当 $n>N$ 时,有

$$\left|\sqrt[n]{n} - 1\right| < \varepsilon.$$

从而

$$\lim_{n\to\infty}\sqrt[n]{n} = 1.$$

例 2.11 证明 $\lim\limits_{n\to\infty}\frac{n^2}{2^n}=0$.

证明 由于

$$2^n = (1+1)^n = 1 + n + \frac{n(n-1)}{2!} + \frac{n(n-1)(n-2)}{3!} + \cdots + n + 1$$

$$> \frac{n(n-1)(n-2)}{6} > \frac{n^3}{12}, \quad n \geqslant 6.$$

于是对 $\forall \varepsilon>0$，要使 $\left|\frac{n^2}{2^n}-0\right|<\varepsilon$，只要 $\frac{12}{n}<\varepsilon$，即 $n>\frac{12}{\varepsilon}$. 故取 $N=\max\left\{\left[\frac{12}{\varepsilon}\right],6\right\}$，当 $n>N$ 时，有

$$\left|\frac{n^2}{2^n}-0\right|<\varepsilon.$$

所以

$$\lim_{n\to\infty}\frac{n^2}{2^n}=0.$$

例 2.12 证明 $\lim\limits_{n\to\infty}\frac{a^n}{n!}=0$，$a$ 为常数.

证明 若 $a=0$，则结论显然成立. 下设 $a\neq 0$，从而存在正整数 k，使 $0<\frac{|a|}{k}<1$. 于是当 $n>k$ 时，

$$\left|\frac{a^n}{n!}-0\right|=\frac{|a|}{1}\cdot\frac{|a|}{2}\cdot\cdots\cdot\frac{|a|}{k}\cdot\frac{|a|}{k+1}\cdot\cdots\cdot\frac{|a|}{n}<\frac{|a|^k}{k!}\cdot\frac{|a|}{n}=\frac{M}{n},$$

其中 $M=\frac{|a|^{k+1}}{k!}$. 故对 $\forall \varepsilon>0$，取 $N=\max\left\{k,\left[\frac{M}{\varepsilon}\right]\right\}$，当 $n>N$ 时，有

$$\left|\frac{a^n}{n!}-0\right|<\varepsilon.$$

所以

$$\lim_{n\to\infty}\frac{a^n}{n!}=0.$$

2.1.2 无穷小数列

定义 2.2 若数列 $\{a_n\}$ 的极限为 0，即 $\lim\limits_{n\to\infty}a_n=0$，则称 $\{a_n\}$ 为**无穷小数列**或**无穷小量**. 记作

$$a_n=o(1), \quad n\to\infty.$$

显然 $\{a_n\}$ 为无穷小数列的等价形式是

$$\text{对 } \forall\varepsilon>0, \quad \exists N>0, \quad \text{当 } n>N \text{ 时}, \quad \text{有 } |a_n|<\varepsilon.$$

易证，常数列 $\{c\}$ 为无穷小数列的充要条件是 $c=0$.

无穷小数列的性质

(1) 设 $\{a_n\}$，$\{b_n\}$ 均为无穷小数列，则 $\{a_n\pm b_n\}$，$\{a_n\cdot b_n\}$ 仍为无穷小数列.

证明 由条件知对 $\forall\varepsilon>0$，$\begin{cases}\exists N_1>0, & \text{当 } n>N_1 \text{ 时，有 } |a_n|<\frac{\varepsilon}{2}, \\ \exists N_2>0, & \text{当 } n>N_2 \text{ 时，有 } |b_n|<\frac{\varepsilon}{2}.\end{cases}$ 取 $N=$

$\max\{N_1,N_2\}$，当 $n>N$ 时，有

$$|a_n \pm b_n| \leqslant |a_n| + |b_n| < \varepsilon,$$

即 $\{a_n \pm b_n\}$ 为无穷小数列. 同理，可证 $\{a_n \cdot b_n\}$ 也为无穷小数列.

(2) 无穷小数列 $\{a_n\}$ 与有界数列 $\{b_n\}$（或常数 M）的乘积仍为无穷小数列.

证明 由 $\{b_n\}$ 为有界数列，则存在 $M>0$，使得对一切自然数 n 有

$$|b_n| \leqslant M.$$

再由 $\{a_n\}$ 为无穷小数列，即对 $\forall \varepsilon>0$，$\exists N>0$，当 $n>N$ 时，有

$$|a_n| < \frac{\varepsilon}{M}.$$

所以

$$|a_n \cdot b_n| \leqslant M|a_n| < \varepsilon.$$

因此 $\{a_n b_n\}$ 为无穷小数列.

(3) $\lim\limits_{n\to\infty} a_n = a$ 的充分必要条件是 $a_n = a + o(1)$，$n\to\infty$.

证明 必要性. 若 $\lim\limits_{n\to\infty} a_n = a$，则对 $\forall \varepsilon>0$，$\exists N>0$，当 $n>N$ 时，有 $|a_n - a| < \varepsilon$ 或 $|(a_n - a) - 0| < \varepsilon$，即 $\{a_n - a\}$ 是无穷小数列，从而

$$a_n - a = o(1), \quad n\to\infty.$$

故

$$a_n = a + o(1), \quad n\to\infty.$$

充分性. 若 $a_n = a + o(1)$，$n\to\infty$，则 $a_n - a = o(1)$. 故对 $\forall \varepsilon>0$，$\exists N>0$，当 $n>N$ 时，

$$|a_n - a| < \varepsilon,$$

即

$$\lim_{n\to\infty} a_n = a.$$

2.1.3 收敛数列的性质

定理 2.1（唯一性） 若数列 $\{a_n\}$ 收敛，则它的极限值是唯一的.

证明 设 $\lim\limits_{n\to\infty} a_n = a$，$\lim\limits_{n\to\infty} a_n = b$. 对 $\forall \varepsilon>0$，分别存在 $N_1>0$，$N_2>0$，当 $n>N_1$ 时，有 $|a_n - a| < \varepsilon/2$；当 $n>N_2$ 时，有 $|a_n - b| < \varepsilon/2$.

取 $N=\max\{N_1,N_2\}$，则当 $n>N$ 时，有

$$|a-b| \leqslant |a_n - a| + |a_n - b| < \frac{\varepsilon}{2} + \frac{\varepsilon}{2} = \varepsilon.$$

这表明 $\{a-b\}$ 是无穷小量，故有 $a-b=0$ 或 $a=b$.

定理 2.2（有界性） 若数列 $\{a_n\}$ 收敛，则 $\{a_n\}$ 为有界数列.

证明 设 $\lim\limits_{n\to\infty} a_n = a$. 取 $\varepsilon=1$，则 $\exists N>0$，当 $n>N$ 时，$|a_n - a| < 1$，则

$$|a_n| \leqslant |a_n - a| + |a| < 1 + |a|.$$

令 $M=\max\{|a_1|,|a_2|,\cdots,|a_N|,1+|a|\}$,则对一切自然数 n,有

$$|a_n| \leqslant M,$$

即 $\{a_n\}$ 为有界数列.

定理 2.3(保号性)　设 $\lim\limits_{n\to\infty}a_n=a$ 且 $a>0$,那么对介于 0 与 a 之间的任何数 b,均存在 $N>0$,当 $n>N$ 时,有

$$a_n > b > 0.$$

证明　取 $\varepsilon=a-b>0$,则由极限定义,存在 $N>0$,当 $n>N$ 时,有

$$|a_n - a| < \varepsilon,$$

即

$$a - \varepsilon < a_n < a + \varepsilon.$$

而 $a-\varepsilon=a-(a-b)=b>0$,故得证.

注 2.3　极限保号性的**几何解释**:若数列 $\{a_n\}$ 的极限为正数 a,则对任何数 b,当 $0<b<a$ 时,从某一项 a_n 之后,所有 $\{a_n\}$ 都必须为正数且大于 b;当数列 $\{a_n\}$ 的极限 a 小于 0 时,也有相应的性质和解释.

定理 2.4(保序性)　设 $\lim\limits_{n\to\infty}a_n=a$,$\lim\limits_{n\to\infty}b_n=b$.

(1) 若 $a<b$,则 $\exists N>0$,当 $n>N$ 时,$a_n<b_n$;

(2) 若存在 $N>0$,当 $n>N$ 时,$a_n\leqslant b_n$,则 $a\leqslant b$,即 $\lim\limits_{n\to\infty}a_n\leqslant\lim\limits_{n\to\infty}b_n$.

证明　(1) 设 $c_n=a_n-b_n$,则 $\lim\limits_{n\to\infty}c_n=\lim\limits_{n\to\infty}b_n-\lim\limits_{n\to\infty}a_n=b-a>0$. 由极限的保号性知 $\exists N>0$,当 $n>N$ 时,$c_n=b_n-a_n>0$,即 $b_n>a_n$.

(2) 的证明可用反证法及(1)的结论即可.

思考　若 $\lim\limits_{n\to\infty}a_n=a$,$\lim\limits_{n\to\infty}b_n=b$ 且存在 $N>0$,当 $n>N$ 时,$a_n<b_n$,是否必有 $a<b$ 成立?

定理 2.5(追敛性或两边夹法则)　设 $\{a_n\}$,$\{b_n\}$ 均为收敛数列,且 $\lim\limits_{n\to\infty}a_n=\lim\limits_{n\to\infty}b_n=a$. 若存在 $N>0$,当 $n>N$ 时,有 $a_n\leqslant c_n\leqslant b_n$,则 $\{c_n\}$ 也收敛,且

$$\lim_{n\to\infty}c_n = a.$$

证明　由于 $\lim\limits_{n\to\infty}a_n=\lim\limits_{n\to\infty}b_n=a$,对 $\forall\,\varepsilon>0$,$\exists N>0$,当 $n>N$ 时,有

$$a - \varepsilon < a_n < a + \varepsilon,$$

$$a - \varepsilon < b_n < a + \varepsilon.$$

故 $n>N$ 时,有

$$a - \varepsilon < a_n \leqslant c_n \leqslant b_n < a + \varepsilon,$$

即

$$\lim_{n\to\infty}c_n = a.$$

定理 2.6 设$\{a_n\}$,$\{b_n\}$均为收敛数列,则$\{a_n\pm b_n\}$,$\{a_n\cdot b_n\}$也收敛,且有

(1) $\lim\limits_{n\to\infty}(a_n\pm b_n)=\lim\limits_{n\to\infty}a_n\pm\lim\limits_{n\to\infty}b_n$,$\lim\limits_{n\to\infty}(a_n\pm k)=(\lim\limits_{n\to\infty}a_n)\pm k$;

(2) $\lim\limits_{n\to\infty}a_n\cdot b_n=\lim\limits_{n\to\infty}a_n\cdot\lim\limits_{n\to\infty}b_n$,$\lim\limits_{n\to\infty}ka_n=k\cdot\lim\limits_{n\to\infty}a_n$,$k$ 为常数;

若再设 $b_n\neq 0$ 且$\lim\limits_{n\to\infty}b_n\neq 0$,则$\left\{\dfrac{a_n}{b_n}\right\}$也收敛,且有

(3) $\lim\limits_{n\to\infty}\dfrac{a_n}{b_n}=\dfrac{\lim\limits_{n\to\infty}a_n}{\lim\limits_{n\to\infty}b_n}$.

证明 由于 $a_n-b_n=a_n+(-b_n)$,$\dfrac{a_n}{b_n}=a_n\cdot\dfrac{1}{b_n}$,故只需证明关于和、积、倒数运算的结论即可.

设$\lim\limits_{n\to\infty}a_n=a$,$\lim\limits_{n\to\infty}b_n=b$,则对$\forall\varepsilon>0$,分别存在 $N_1>0$,$N_2>0$,当 $n>N_1$ 时,有$|a_n-a|<\varepsilon$;当 $n>N_2$ 时,有$|b_n-b|<\varepsilon$. 取 $N=\max\{N_1,N_2\}$,则当 $n>N$ 时,上述两个不等式同时成立. 从而

(1) 当 $n>N$ 时,有

$$|(a_n+b_n)-(a+b)|\leqslant|a_n-a|+|b_n-b|<2\varepsilon.$$

所以

$$\lim_{n\to\infty}(a_n+b_n)=a+b=\lim_{n\to\infty}a_n+\lim_{n\to\infty}b_n.$$

(2) 由收敛数列的有界性,存在 $M>0$,使得对一切 n,有$|b_n|\leqslant M$. 于是当 $n>N$ 时,有

$$|a_nb_n-ab|\leqslant|a_n-a||b_n|+|a||b_n-b|<(M+|a|)\varepsilon.$$

所以

$$\lim_{n\to\infty}a_nb_n=ab=\lim_{n\to\infty}a_n\cdot\lim_{n\to\infty}b_n.$$

(3) 由于$\lim\limits_{n\to\infty}b_n=b\neq 0$,则由收敛数列的保号性,存在 $N_3>0$,使得当 $n>N_3$ 时,有$|b_n|>\dfrac{|b|}{2}$. 故取 $\tilde{N}=\max\{N_2,N_3\}$,当 $n>\tilde{N}$ 时,有

$$\left|\frac{1}{b_n}-\frac{1}{b}\right|=\frac{|b_n-b|}{|b_nb|}<\frac{2|b_n-b|}{b^2}<\frac{2\varepsilon}{b^2}.$$

所以

$$\lim_{n\to\infty}\frac{1}{b_n}=\frac{1}{b}=\frac{1}{\lim\limits_{n\to\infty}b_n}.$$

例 2.13 证明$\lim\limits_{n\to\infty}\sqrt[n]{a}=1$.

证明 当 $a>1$ 时,$\lim\limits_{n\to\infty}\sqrt[n]{a}=1$(例 2.9);

当 $0<a<1$ 时,令 $b=\dfrac{1}{a}>1$. 于是$\lim\limits_{n\to\infty}\sqrt[n]{b}=1$. 而由定理 2.6 知

$$\lim_{n\to\infty}\sqrt[n]{a}=\lim_{n\to\infty}\frac{1}{\sqrt[n]{b}}=\frac{1}{\lim\limits_{n\to\infty}\sqrt[n]{b}}=1;$$

当 $a=1$ 时，结论显然成立. 从而对任意 $a>0$，有

$$\lim_{n\to\infty}\sqrt[n]{a}=1.$$

例 2.14　求极限 $\lim\limits_{n\to\infty}\dfrac{2n^2-n+1}{3n^2+2n-6}$.

解

$$\lim_{n\to\infty}\frac{2n^2-n+1}{3n^2+2n-6}=\lim_{n\to\infty}\frac{2-\dfrac{1}{n}+\dfrac{1}{n^2}}{3+\dfrac{2}{n}-\dfrac{6}{n^2}}=\frac{\lim\limits_{n\to\infty}\left(2-\dfrac{1}{n}+\dfrac{1}{n^2}\right)}{\lim\limits_{n\to\infty}\left(3+\dfrac{2}{n}-\dfrac{6}{n^2}\right)}=\frac{2-0+0}{3+0-0}=\frac{2}{3}.$$

利用此例的方法，可以证明

$$\lim_{n\to\infty}\frac{a_m\cdot n^m+a_{m-1}\cdot n^{m-1}+\cdots+a_1\cdot n+a_0}{b_k\cdot n^k+b_{k-1}\cdot n^{k-1}+\cdots+b_1\cdot n+b_0}=\begin{cases}\dfrac{a_m}{b_k}, & k=m,\\ 0, & k>m,\end{cases}$$

其中 $a_m\neq 0, b_k\neq 0, m\leqslant k$.

例 2.15　设 $x_n=\dfrac{1}{\sqrt{n^2+1}}+\dfrac{1}{\sqrt{n^2+2}}+\cdots+\dfrac{1}{\sqrt{n^2+n}}$，求 $\lim\limits_{n\to\infty}x_n$.

解　因为

$$\frac{n}{\sqrt{n^2+n}}<x_n<\frac{n}{\sqrt{n^2+1}}$$

及

$$\lim_{n\to\infty}\frac{n}{\sqrt{n^2+n}}=\lim_{n\to\infty}\frac{1}{\sqrt{1+\dfrac{1}{n}}}=1,\quad \lim_{n\to\infty}\frac{n}{\sqrt{n^2+1}}=1,$$

由迫敛性知

$$\lim_{n\to\infty}x_n=1.$$

例 2.16　求 $\lim\limits_{n\to+\infty}\dfrac{(2n-1)!!}{(2n)!!}$.

解　由于

$$0<\frac{(2n-1)!!}{(2n)!!}<\frac{1}{\sqrt{2n+1}},$$

又

$$\lim_{n\to\infty}\frac{1}{\sqrt{2n+1}}=0,$$

所以由迫敛性，得

$$\lim_{n\to+\infty}\frac{(2n-1)!!}{(2n)!!}=0.$$

例 2.17 求$\lim\limits_{n\to\infty}q^n$，$|q|<1$.

解 先设$0<|q|<1$，令$\dfrac{1}{|q|}=1+L$，$L>0$，则

$$0<|q^n|=\frac{1}{(1+L)^n}<\frac{1}{nL}.$$

而$\lim\limits_{n\to\infty}\dfrac{1}{nL}=0$，由追敛性得

$$\lim_{n\to\infty}|q^n|=0.$$

从而

$$\lim_{n\to\infty}q^n=0.$$

当$q=0$时，结论显然成立.

例 2.18 求$\lim\limits_{n\to\infty}\sqrt[n]{1^n+2^n+\cdots+10^n}$.

解 因为

$$10=\sqrt[n]{10^n}\leqslant\sqrt[n]{1^n+2^n+\cdots+10^n}\leqslant\sqrt[n]{10\cdot 10^n}=10\cdot\sqrt[n]{10},$$

而$\lim\limits_{n\to\infty}10\cdot\sqrt[n]{10}=10\cdot\lim\limits_{n\to\infty}\sqrt[n]{10}=10$，由追敛性知

$$\lim_{n\to\infty}\sqrt[n]{1^n+2^n+\cdots+10^n}=10.$$

读者可用同样的方法证明：若$a_1,\cdots,a_k$为k个正整数，则

$$\lim_{n\to\infty}\sqrt[n]{a_1^n+a_2^n+\cdots+a_k^n}=\max\{a_1,a_2,\cdots,a_k\}.$$

2.1.4 确界

决定一个数列是否有极限，目前只能用定义判断，但前提是必须知道极限值a，这就是说定义不能全部解决极限存在问题.需要研究只借助于数列本身就可以判断其收敛性的准则.

对于点集$E\subseteq\mathbf{R}$，如果$\exists M$，使得对$\forall x\in E$，都有$x\leqslant M$，则称E有上界，M是E的一个上界.类似地，有集合有上界和下界的概念.

E如果有上界，有没有最小上界？何谓最小上界，看下面的定义：

定义 2.3 设$E\subseteq\mathbf{R}$，若存在数α，满足

(1) α是E的上界；

(2) 如果α'是E的任一上界，那么必有$\alpha\leqslant\alpha'$，

则称α是E的最小上界或上确界，记作

$$\alpha=\sup E\text{ 或 }\alpha=\sup_{x\in E}x.$$

定理 2.7　$\alpha=\sup E$ 的充要条件是

(1) α 是 E 的上界；

(2) 对 $\forall\varepsilon>0$，$\exists x_0\in E$，使得 $x_0>\alpha-\varepsilon$.

证明　必要性(反证法). 设(2)不成立，则 $\exists\varepsilon_0>0$，使得 $\forall x\in E$，均有

$$x\leqslant\alpha-\varepsilon_0,$$

这与 α 是上确界矛盾.

充分性(反证法). 设 α 不是 E 的上确界，即 $\exists\alpha'$ 是上界，但是 $\alpha>\alpha'$. 令 $\varepsilon=\alpha-\alpha'>0$，由(2)，$\exists x_0\in E$，使得 $x_0>\alpha-\varepsilon=\alpha'$，这与 α' 是 E 的上界矛盾.

类似地，可定义数集的下确界.

定义 2.4　设 $E\subseteq\mathbf{R}$，若存在数 β，满足

(1) β 是 E 的下界；

(2) 如果 β' 是 E 的任一下界，那么必有 $\beta'\leqslant\beta$，

则称 β 是 E 的最大下界或**下确界**，记作

$$\beta=\inf E\ 或\ \beta=\inf_{x\in E}x.$$

定理 2.8　$\beta=\inf E$ 的充要条件是

(1) β 是 E 的下界；

(2) 对 $\forall\varepsilon>0$，$\exists x_0\in E$，使得 $x_0<\beta+\varepsilon$.

例 2.19　设 $A=(a,b]$，证明 $\sup A=b$，$\inf A=a$.

证明　对 A 中任意元素 x，均有 $a<x\leqslant b$. 设 ε 为小于 $b-a$ 的任意正数，显然存在 $x_1=b\in A$，使 $x_1>b-\varepsilon$. 根据实数的稠密性，必存在实数 x_2，使 $a<x_2<a+\varepsilon<b$，也即 $x_2\in A$ 且 $x_2<a+\varepsilon$，从而证得

$$\sup A=b,\quad \inf A=a.$$

例 2.20　若 $A=\left\{1,\frac{1}{2},\frac{1}{3},\cdots,\frac{1}{n},\cdots\right\}$，则 $\sup A=1$，$\inf A=0$.

证明　$\sup A=1$ 是显然成立，下证 $\inf A=0$. 对 A 中一切元素 $\frac{1}{n}$，$n=1,2,\cdots$ 有 $\frac{1}{n}>0$. 对任意小的正数 ε，当 $n>\left[\frac{1}{\varepsilon}\right]$ 时，必有 $\frac{1}{n}<0+\varepsilon$. 故 $\inf A=0$.

关于数集确界的存在性问题，给出如下定理：

定理 2.9(确界存在定理)　非空有上(或下)界的数集，必有上(或下)确界.

这个定理的证明，将在下册专门进行讨论.

2.1.5　子列

定义 2.5　设 $\{x_n\}$ 是一个数列，从 $\{x_n\}$ 中由左到右任意取出无穷多项组成一个新的数列 $\{x_{n_k}\}$，其中 n_k 均为自然数且 $k\leqslant n_k<n_{k+1}$，则称 $\{x_{n_k}\}$ 是原数列 $\{x_n\}$ 的

一个子列.

关于子列$\{x_{n_k}\}$的下标n_k需要说明两点：

(1) n_k是一个严格递增的自然数列：$n_1<n_2<\cdots<n_k<\cdots$；

(2) 子列$\{x_{n_k}\}$的序号不是n_k，而是k，n_k是k的函数，它表明子列与原数列的关系，x_{n_k}表示是子列中的第k项，是原数列的第n_k项.

例如，$\{x_{k+l}\}$，是数列$\{x_n\}$的一个子列，l为某一正整数，它是由原数列去掉前l项所得，这里$n_k=k+l$.

又如$\{x_{2k}\}$，$\{x_{2k-1}\}$均为数列$\{x_n\}$的子列，它们分别是由原数列取偶数项和奇数项所组成的子列，前者$n_k=2k$，后者$n_k=2k-1$.

子列概念本身是容易理解的，难点是它的表现形式，或者说是它的记号.

定理 2.10 若数列$\{x_n\}$收敛于a，则它的任何一个子列$\{x_{n_k}\}$也收敛于a.

证明 由于$\lim\limits_{n\to\infty}x_n=a$，故对$\forall\varepsilon>0$，$\exists N>0$，只要$n>N$，就有

$$|x_n-a|<\varepsilon.$$

从而当$k>N$时(此时当然有$n_k>N$)，也有

$$|x_{n_k}-a|<\varepsilon,$$

即

$$\lim_{k\to+\infty}x_{n_k}=a.$$

由定理2.10可知，若数列$\{x_n\}$的某一子列不收敛，或其两个子列收敛但极限不相等，则数列$\{x_n\}$一定发散. 例如，数列$\{(-1)^n\}$，它的奇次项和偶次项所组成的子列分别为$-1,-1,\cdots$和$1,1,\cdots$，其极限分别为-1和1，从而$\{(-1)^n\}$发散.

若原数列没有极限，但可有收敛的子列，如数列$\{1,0,1,0,\cdots\}$，它的奇数项组成的子列有极限1. 是否任意数列都有收敛的子列呢？这就是下面的定理：

定理 2.11 若$\{x_n\}$是有界数列，则数列$\{x_n\}$中一定存在一个收敛的子列$\{x_{n_k}\}$.

定理2.11将在下册中证明.

2.1.6 数列极限存在的条件

若数列$\{x_n\}$满足$x_n\leqslant x_{n+1}$(或$x_n\geqslant x_{n+1}$)，$n=1,2,\cdots$，则称数列$\{x_n\}$为**单调递增(或递减)数列**，单调递增数列和单调递减数列统称为**单调数列**. 例如，$\left\{\dfrac{1}{n}\right\}$是单调递减数列，而$\left\{\dfrac{n-1}{n}\right\}$是单调递增数列.

定理 2.12 任何有界的单调数列必收敛.

定理证明见下册.

特别地，由于单调递增数列$\{x_n\}$有下界x_1，单调递减数列$\{x_n\}$有上界x_1，故单

调有界收敛定理常叙述为

推论 2.1　若数列$\{x_n\}$单调递增(或递减)有上(或下)界,则$\{x_n\}$收敛.

推论 2.2　单调数列$\{x_n\}$收敛的充要条件是$\{x_n\}$有界.

定理 2.13　(1) 若$\{x_n\}$是单调递增有上界的数列,则$\lim\limits_{n\to\infty}x_n=\sup\{x_n\}$;

(2) 若$\{x_n\}$是单调递减有下界的数列,则$\lim\limits_{n\to\infty}x_n=\inf\{x_n\}$.

证明　只证(1).因为$\{x_n\}$是单调递增有上界的数列,由确界存在定理及单调有界收敛定理可知$\sup\{x_n\}$,$\lim\limits_{n\to\infty}x_n$均存在,设$\sup\{x_n\}=\alpha$,下证$\lim\limits_{n\to\infty}x_n=\alpha$即可.

由上确界定义知对一切x_n有$x_n\leqslant\alpha$.又对$\forall\varepsilon>0$,$\exists\{x_n\}$中某个x_N,使得

$$x_N>\alpha-\varepsilon.$$

由$\{x_n\}$的单调递增性,当$n>N$时有$x_n\geqslant x_N$,从而当$n>N$时,有

$$\alpha-\varepsilon<x_N\leqslant x_n\leqslant\alpha<\alpha+\varepsilon$$

或

$$|x_n-\alpha|<\varepsilon.$$

所以

$$\lim_{n\to\infty}x_n=\alpha=\sup\{x_n\}.$$

例 2.21　求极限$\lim\limits_{n\to\infty}\dfrac{a^n}{n!}$,$a>0$.

解　设$x_n=\dfrac{a^n}{n!}$,则

$$0<x_{n+1}=\frac{a^{n+1}}{(n+1)!}=x_n\cdot\frac{a}{n+1}\leqslant x_n,\quad n>a.$$

故$\{x_n\}(n>a)$为单调递减有下界的数列,从而$\lim\limits_{n\to\infty}x_n$存在.设$\lim\limits_{n\to\infty}x_n=l$.由

$$x_{n+1}=x_n\cdot\frac{a}{n+1},$$

在上式两端令$n\to\infty$,得

$$l=l\cdot 0,$$

即

$$l=0.$$

从而

$$\lim_{n\to\infty}\frac{a^n}{n!}=0.$$

例 2.22　设数列为$x_1=\sqrt{2}$,$x_2=\sqrt{2+x_1}$,…,$x_n=\sqrt{2+x_{n-1}}$,…,证明$\{x_n\}$收敛并求其极限.

解　首先证明$\{x_n\}$为单调递增数列.

由 $x_1=\sqrt{2}<\sqrt{2+\sqrt{2}}=x_2$，设 $x_{k-1}<x_k$，则

$$x_{k+1}=\sqrt{2+x_k}>\sqrt{2+x_{k-1}}=x_k,$$

由归纳法知数列$\{x_n\}$单调递增.

再证明$\{x_n\}$有上界. 由 $x_1=\sqrt{2}<2$，设 $x_k<2$，则 $x_{k+1}=\sqrt{2+x_k}<\sqrt{2+2}<2$. 由归纳法知$\{x_n\}$有上界 2.

最后求$\lim\limits_{n\to\infty}x_n$. 设$\lim\limits_{n\to\infty}x_n=l$，由

$$x_{n+1}^2=2+x_n,$$

在上式两端关于 $n\to\infty$ 求极限，得

$$l^2=2+l,$$

解得 $l=-1$ 或 2. 由 $x_n>0$ 及极限保号性知 $l\geqslant 0$，从而 $l=2$，即

$$\lim_{n\to\infty}x_n=2.$$

例 2.23　证明$\lim\limits_{n\to\infty}\left(1+\dfrac{1}{n}\right)^n$存在.

证明　设 $x_n=\left(1+\dfrac{1}{n}\right)^n$，$n=1,2,\cdots$.

(1) 证明$\{x_n\}$是单调递增数列.

由不等式 $\sqrt[n]{x_1\cdot x_2\cdot\cdots\cdot x_n}\leqslant\dfrac{x_1+x_2+\cdots+x_n}{n}$，$x_i>0$，$i=1,2,\cdots,n$，有

$$\sqrt[n+1]{\left(1+\frac{1}{n}\right)^n}=\sqrt[n+1]{\underbrace{\left(1+\frac{1}{n}\right)\cdot\left(1+\frac{1}{n}\right)\cdot\cdots\cdot\left(1+\frac{1}{n}\right)}_{n\text{个}}\cdot 1}$$

$$\leqslant\frac{n\cdot\left(1+\frac{1}{n}\right)+1}{n+1}=1+\frac{1}{n+1}.$$

故得

$$\left(1+\frac{1}{n}\right)^n\leqslant\left(1+\frac{1}{n}\right)^{n+1},$$

即

$$x_n\leqslant x_{x+1},\quad n=1,2,\cdots.$$

(2) 证明$\{x_n\}$有上界.

对任何 $n=1,2,\cdots$，由于

$$\frac{n}{n+1}=\frac{\overbrace{1+1+\cdots+1}^{n-1\text{个}}+\frac{1}{2}+\frac{1}{2}}{n+1}\geqslant\sqrt[n+1]{\underbrace{1\cdot 1\cdot\cdots\cdot 1}_{n-1\text{个}}\cdot\frac{1}{2}\cdot\frac{1}{2}}=\sqrt[n+1]{\frac{1}{4}}=\frac{1}{\sqrt[n+1]{4}},$$

故

$$\frac{n+1}{n} \leqslant \sqrt[n+1]{4}.$$

从而

$$1+\frac{1}{n+1}<1+\frac{1}{n}=\frac{n+1}{n} \leqslant \sqrt[n+1]{4}$$

或

$$\left(1+\frac{1}{n+1}\right)^{n+1} \leqslant 4, \quad n=1,2,\cdots.$$

由(1),(2)及单调有界收敛定理知$\lim\limits_{n\to\infty}x_n$存在,记作

$$\lim_{n\to\infty}\left(1+\frac{1}{n}\right)^n = \mathrm{e},$$

其中 e 是一个无理数,e≈2.718281828459.以 e 为底的对数称为自然对数,x 的自然对数记为 $\ln x$.

下面给出数列收敛的充分必要条件.

定理 2.14(柯西收敛准则)　数列$\{x_n\}$收敛的充分必要条件是

对$\forall \varepsilon>0$,$\exists N>0$,对任何自然数 n,m,当 $n,m>N$ 时,有

$$|x_n - x_m| < \varepsilon.$$

柯西收敛准则直观地反映出收敛数列$\{x_n\}$中,当 n 充分大时,以后各项相互之间的距离可以任意接近.

柯西收敛准则的另一等价叙述为

数列$\{x_n\}$收敛的充分必要条件是对$\forall \varepsilon>0$,$\exists N>0$,当 $n>N$ 时,对任何自然数 p,有

$$|x_{n+p} - x_n| < \varepsilon.$$

若数列$\{x_n\}$满足对$\forall \varepsilon>0$,$\exists N>0$,当 $n,m>N$ 时,有$|x_n-x_m|<\varepsilon$,则称$\{x_n\}$为**柯西列**.

柯西收敛准则的证明放在下册.

例 2.24　设 $x_n=\frac{\sin 1}{2}+\frac{\sin 2}{2^2}+\cdots+\frac{\sin n}{2^n}$,证明数列$\{x_n\}$收敛.

证明　对任何自然数 p,由于

$$\begin{aligned}|x_{n+p}-x_n| &= \left|\frac{\sin(n+1)}{2^{n+1}}+\frac{\sin(n+2)}{2^{n+2}}+\cdots+\frac{\sin(n+p)}{2^{n+p}}\right| \\ &\leqslant \frac{1}{2^{n+1}}+\frac{1}{2^{n+2}}+\cdots+\frac{1}{2^{n+p}} \\ &= \frac{1}{2^{n+1}}\frac{1-\left(\frac{1}{2}\right)^p}{1-\frac{1}{2}}<\frac{1}{2^n}<\frac{1}{n},\end{aligned}$$

从而对 $\forall\varepsilon>0$,取 $N=\left[\frac{1}{\varepsilon}\right]$,当 $n>N$ 时,对一切自然数 p,有

$$|x_{n+p}-x_n|<\varepsilon.$$

由柯西收敛准则知 $\{x_n\}$ 收敛.

例 2.25 设数列 $\{x_n\}$ 满足

$$|x_{n+2}-x_{n+1}|<\frac{1}{2}|x_{n+1}-x_n|,\quad n=1,2,\cdots,$$

证明 $\lim\limits_{n\to\infty}x_n$ 存在.

证明 对任何自然数 n,p,有

$$|x_{n+2}-x_{n+1}|<\frac{1}{2}|x_{n+1}-x_n|<\left(\frac{1}{2}\right)^2|x_n-x_{n-1}|<\cdots<\left(\frac{1}{2}\right)^n|x_2-x_1|,$$

故

$$\begin{aligned}|x_{n+p}-x_n|&\leqslant|x_{n+p}-x_{n+p-1}|+|x_{n+p-1}-x_{n+p-2}|+\cdots+|x_{n+1}-x_n|\\&<\left(\frac{1}{2}\right)^{n+p-2}|x_2-x_1|+\left(\frac{1}{2}\right)^{n+p-3}|x_2-x_1|+\cdots+\left(\frac{1}{2}\right)^{n-1}|x_2-x_1|\\&=\left(\frac{1}{2}\right)^{n-1}\cdot\frac{1-\left(\frac{1}{2}\right)^p}{1-\frac{1}{2}}\cdot|x_2-x_1|\\&\leqslant\frac{1}{2^{n-1}}\cdot 2|x_2-x_1|=\frac{1}{2^{n-1}}\cdot M<\frac{M}{n},\end{aligned}$$

其中 $M=2|x_2-x_1|$.

故对 $\forall\varepsilon>0$,取 $N=\left[\frac{M}{\varepsilon}\right]>0$,当 $n>N$ 时,对任何自然数 p,有

$$|x_{n+p}-x_n|<\frac{M}{n}<\varepsilon.$$

由柯西收敛准则,$\lim\limits_{n\to\infty}x_n$ 存在.

习 题 2.1

1. 利用数列极限的 ε-N 定义证明下列极限:

(1) $\lim\limits_{n\to\infty}\frac{n+5}{3n+1}=\frac{1}{3}$; (2) $\lim\limits_{n\to\infty}(\sqrt{n+7}-\sqrt{n+1})=0$;

(3) $\lim\limits_{n\to\infty}\frac{\sqrt[3]{n^2}\sin(n!)}{n+1}=0$; (4) $\lim\limits_{n\to\infty}\frac{1+2+\cdots+n}{n^2}=\frac{1}{2}$;

(5) $\lim\limits_{n\to\infty}\left(\frac{1}{1\cdot 2}+\frac{1}{2\cdot 3}+\cdots+\frac{1}{n\cdot(n+1)}\right)=1$; (6) $\lim\limits_{n\to\infty}\frac{2^n}{n!}=0$.

2. 证明:若 $\lim\limits_{n\to\infty}a_n=a$,则对于任何自然数 p,有 $\lim\limits_{n\to\infty}a_{n+p}=a$.

3. 利用迫敛性求下列极限:

(1) $\lim\limits_{n\to\infty}\left[\dfrac{1}{n^2}+\dfrac{1}{(n+1)^2}+\cdots+\dfrac{1}{(n+n)^2}\right]$；

(2) 设 $\lim\limits_{n\to\infty}a_n=a$，求 (i) $\lim\limits_{n\to\infty}\dfrac{[na_n]}{n}$；(ii) 若 $a>0$，求 $\lim\limits_{n\to\infty}\sqrt[n]{a_n}$.

4. 计算下列极限：

(1) $\lim\limits_{n\to\infty}\dfrac{(n+1)(n+2)(n+3)}{n^3}$；

(2) $\lim\limits_{n\to\infty}\dfrac{3^n+(-1)^n}{3^{n+1}+(-2)^{n+1}}$；

(3) $\lim\limits_{n\to\infty}\left(\sqrt{n^2+n}-n\right)$；

(4) $\lim\limits_{n\to\infty}\dfrac{1+a+a^2+\cdots+a^n}{1+b+b^2+\cdots+b^n}$，　$|a|<1,|b|<1$；

(5) $\lim\limits_{n\to\infty}\left(\sqrt{2}\cdot\sqrt[4]{2}\cdot\cdots\cdot\sqrt[2^n]{2}\right)$；

(6) $\lim\limits_{n\to\infty}\left(\dfrac{1}{2}+\dfrac{3}{2^2}+\cdots+\dfrac{2n-1}{2^n}\right)$.

5. 利用单调有界收敛定理证明下列数列收敛，并求其极限：

(1) 设 $a>0$，$x_1=\sqrt{a},\cdots,x_n=\sqrt{a+\sqrt{a+\cdots+\sqrt{a}}}$；

(2) 设 $a>1$，k 为自然数，$a_n=\dfrac{n^k}{a^n}$，$n=1,2,\cdots$.

6. 设 $a>0,b>0$，作数列 $\{a_n\}$ 和 $\{b_n\}$ 为

$$a_1=\frac{a+b}{2},\quad b_1=\sqrt{ab},\quad a_{n+1}=\frac{a_n+b_n}{2},\quad b_{n+1}=\sqrt{a_nb_n},\quad n\geqslant 1.$$

证明：$\{a_n\}$ 和 $\{b_n\}$ 均收敛且极限相等.

7. 若有数列 $\{a_n\}$ 且存在常数 M，对一切 n 有

$$A_n=|a_2-a_1|+|a_3-a_2|+\cdots+|a_n-a_{n-1}|\leqslant M,$$

证明：(1) $\{A_n\}$ 为收敛数列；(2) $\{a_n\}$ 为收敛数列.

8. 证明：若 $\{x_n\}$ 递增，$\{y_n\}$ 递减且 $\lim\limits_{n\to\infty}(x_n-y_n)=0$，则 $\{x_n\}$，$\{y_n\}$ 都收敛且极限相同.

9. 设 $\lim\limits_{n\to\infty}a_n=a$，证明：

(i) $\lim\limits_{n\to\infty}\dfrac{a_1+a_2+\cdots+a_n}{n}=a$；　(ii) 若 $a_n>0$，$\lim\limits_{n\to\infty}\sqrt[n]{a_1a_2\cdots a_n}=a$，

并根据以上结论计算下列极限：

(1) $\lim\limits_{n\to\infty}\dfrac{1+\sqrt{2}+\cdots+\sqrt[n]{n}}{n}$；

(2) $\lim\limits_{n\to\infty}\dfrac{1+\frac{1}{2}+\frac{1}{3}+\cdots+\frac{1}{n}}{n}$；

(3) $\lim\limits_{n\to\infty}\sqrt[n]{n}=1$；

(4) $\lim\limits_{n\to\infty}\dfrac{n}{\sqrt[n]{n!}}=\mathrm{e}$；

(5) 若 $\lim\limits_{n\to\infty}\dfrac{b_{n+1}}{b_n}=a$，$b_n>0$，则 $\lim\limits_{n\to\infty}\sqrt[n]{b_n}=a$；

(6) 若 $\lim\limits_{n\to\infty}(a_n-a_{n-1})=a$，则 $\lim\limits_{n\to\infty}\dfrac{a_n}{n}=a$.

10. 求下列极限：

(1) $\lim\limits_{n\to\infty}\left(\frac{1+n}{n}\right)^{2n}$；　　(2) $\lim\limits_{n\to\infty}\left(\frac{n}{n+1}\right)^{n}$；

(3) $\lim\limits_{n\to\infty}\left(\frac{2n+3}{2n+1}\right)^{n}$；　　(4) $\lim\limits_{n\to\infty}\left(\frac{n-1}{n}\right)^{kn}$.

11. 设 $f(x)$满足

(1) $a\leqslant f(x)\leqslant b$；

(2) $|f(x)-f(y)|<L|x-y|,\quad 0<L<1,\forall x,y\in[a,b]$.

任取 $x_0\in[a,b]$，作序列 $x_{n+1}=\frac{1}{2}(x_n+f(x_n))$，$n=0,1,2,\cdots$. 证明：$\{x_n\}$是柯西列，从而$\{x_n\}$收敛.

2.2 函数的极限

2.2.1 x 趋于∞时函数的极限

设函数 $f(x)$定义在$[a,+\infty)$上，类似于数列极限，研究当自变量 x 趋于$+\infty$时，对应的函数值能否无限地趋近与某个常数 A. 类似数列极限的定义，有

定义 2.6 设 $f(x)$为$[a,+\infty)$上的函数，A 是常数. 若对 $\forall\varepsilon>0$，$\exists M>0$，当 $x>M$ 时，有

$$|f(x)-A|<\varepsilon,$$

则称 A **是函数** $f(x)$**当** $x\to+\infty$**时的极限**. 记作

$$\lim_{x\to+\infty}f(x)=A \text{ 或 } f(x)\to A,\quad x\to+\infty.$$

类似可给出 $x\to-\infty$时的极限定义：

设 $f(x)$为$(-\infty,a)$上的函数，A 是常数. 若对 $\forall\varepsilon>0$，$\exists M>0$，当 $x<-M$ 时，有

$$|f(x)-A|<\varepsilon,$$

则称 A **是函数** $f(x)$**当** $x\to-\infty$**时的极限**. 记作

$$\lim_{x\to-\infty}f(x)=A \text{ 或 } f(x)\to A,\quad x\to-\infty.$$

类似也可以定义极限$\lim\limits_{x\to\infty}f(x)=A$.

对于函数当自变量趋于无穷的极限，同样有极限的唯一性、保号性、四则运算法则、迫敛性等，不再写出.

例 2.26 利用极限定义证明：

(1) $\lim\limits_{x\to+\infty}\frac{x-1}{x+1}=1$；(2) $\lim\limits_{x\to-\infty}10^x=0$；(3) $\lim\limits_{x\to\infty}\frac{3x^2+2x-2}{x^2-1}=3$.

证明 (1) 由于 $x\to+\infty$，不妨限定 $x>0$，则对 $\forall\varepsilon>0$，要使

$$\left|\frac{x-1}{x+1}-1\right|=\frac{2}{x+1}<\frac{2}{x}<\varepsilon,$$

只需 $x>\frac{2}{\varepsilon}$. 故取 $M=\frac{2}{\varepsilon}>0$，则当 $x>M$ 时，有

$$\left|\frac{x-1}{x+1}-1\right|<\varepsilon,$$

所以

$$\lim_{x\to+\infty}\frac{x-1}{x+1}=1.$$

(2) 由于 $x\to-\infty$，不妨限定 $x<0$，则对 $\forall\varepsilon>0,\varepsilon<1$，要使

$$|10^x-0|=10^x<\varepsilon,$$

只需 $x<\frac{\ln\varepsilon}{\ln 10}$. 故取 $M=-\frac{\ln\varepsilon}{\ln 10}>0$，则当 $x<-M$ 时，有

$$|10^x-0|<\varepsilon,$$

所以

$$\lim_{x\to-\infty}10^x=0.$$

(3) 对 $\forall\varepsilon>0$，要使

$$\left|\frac{3x^2+2x-2}{x^2-1}-3\right|=\left|\frac{2x+1}{x^2-1}\right|\leqslant\frac{2|x|+1}{|x|^2-1}<\frac{2(|x|+1)}{|x|^2-1}$$
$$<\frac{2(|x|+1)}{(|x|+1)(|x|-1)}=\frac{2}{|x|-1}<\varepsilon,$$

只需 $|x|>\frac{2}{\varepsilon}+1$. 故取 $M=\frac{2}{\varepsilon}+1>0$，则当 $|x|>M$ 时，有

$$\left|\frac{3x^2+2x-2}{x^2-1}-3\right|<\varepsilon,$$

所以

$$\lim_{x\to\infty}\frac{3x^2+2x-2}{x^2-1}=3.$$

例 2.27　求极限 $\lim\limits_{x\to+\infty}\frac{4x^2+8x-1}{2x^2-9x+5}$.

解　$$\lim_{x\to+\infty}\frac{4x^2+8x-1}{2x^2-9x+5}=\lim_{x\to+\infty}\frac{4+\frac{8}{x}-\frac{1}{x^2}}{2-\frac{9}{x}+\frac{5}{x^2}}=\frac{\lim\limits_{x\to+\infty}\left(4+\frac{8}{x}-\frac{1}{x^2}\right)}{\lim\limits_{x\to+\infty}\left(2-\frac{9}{x}+\frac{5}{x^2}\right)}=\frac{4}{2}=2.$$

2.2.2　x 趋于 x_0 时函数的极限

对于函数 $f(x)=x^2$，当 x 无限趋于 0 时，对应函数值 $f(x)$ 也无限趋于 0. 对于函数 $g(x)=\frac{x^2-1}{x-1}$，$x\neq1$，$g(x)=\frac{x^2-1}{x-1}=x+1$，当 x 趋于 1 时，对应函数值 $g(x)$ 趋于 2.

上述例子说明,当自变量趋于某一定数时,对应的函数值也趋于某一定数 A. 这类函数极限的定义如下:

定义 2.7 设函数 $f(x)$在 x_0 的某空心邻域 $U^\circ(x_0)$有定义,A 是常数,若对 $\forall\varepsilon>0$,存在正数 δ,对满足不等式 $0<|x-x_0|<\delta$ 的一切 x,有

$$|f(x)-A|<\varepsilon,$$

则称 A **为函数** $f(x)$**当** $x\to x_0$ **时的极限**. 记作

$$\lim_{x\to x_0}f(x)=A \text{ 或 } f(x)\to A,\quad x\to x_0.$$

这个定义也称为函数极限的 ε-δ 定义.

也可以用邻域来描述函数极限的 ε-δ 定义,即

对 $\forall\varepsilon>0$, $\exists\delta>0$,只要 $x\in U^\circ(x_0,\delta)$,就有 $f(x)\in U(A,\varepsilon)$.

注 2.4 定义 2.7 中的 δ 依赖于 ε 和 x_0 且并不唯一. 在极限 $\lim\limits_{x\to x_0}f(x)=A$ 中,只研究 x 趋于 x_0(并不等于 x_0)过程中函数值的变化趋势,从而在定义中只要求 $f(x)$在 x_0 的某一空心邻域内有意义,而不考虑 $f(x)$在 x_0 处是否有定义,或取什么值.

例 2.28 证明 $\lim\limits_{x\to 1}\dfrac{x^2-6x+5}{x^2-3x+2}=4$.

证明 对 $\forall\varepsilon>0$,由于 $x\neq 1$,则

$$\begin{aligned}|f(x)-A|&=\left|\frac{x^2-6x+5}{x^2-3x+2}-4\right|=\left|\frac{(x-1)(x-5)}{(x-1)(x-2)}-4\right|\\&=\left|\frac{x-5}{x-2}-4\right|=\frac{3}{|x-2|}|x-1|.\end{aligned}$$

因 $x\to 1$, $x\neq 1$,故不妨限制 $0<|x-1|<\dfrac{1}{2}$,即 $\dfrac{1}{2}\leqslant x\leqslant\dfrac{3}{2}$,从而

$$-\frac{3}{2}\leqslant x-2\leqslant-\frac{1}{2} \text{ 或 } \frac{1}{2}\leqslant|x-2|\leqslant\frac{3}{2},$$

于是

$$\left|\frac{x^2-6x+5}{x^2-3x+2}-4\right|\leqslant 6|x-1|.$$

故要使

$$\left|\frac{x^2-6x+5}{x^2-3x+2}-4\right|<\varepsilon,$$

只需 $6|x-1|<\varepsilon$ 或 $|x-1|<\dfrac{\varepsilon}{6}$. 从而取 $\delta=\min\left\{\dfrac{1}{2},\dfrac{\varepsilon}{6}\right\}$,则当 $0<|x-1|<\delta$ 时,有

$$\left|\frac{x^2-6x+5}{x^2-3x+2}-4\right|<\varepsilon.$$

所以

$$\lim_{x\to 1}\frac{x^2-6x+5}{x^2-3x+2}=4.$$

本例中在条件 $x\to 1, x\neq 1$ 下，限制 $0<|x-1|<\frac{1}{2}$ 的方法，称为“**条件放大法**”. 使用条件放大法时，要结合题目作出恰当的限制. 本例若限制 $0<|x-1|\leqslant 1$ 或 $0<|x-1|\leqslant 2$ 则不行.

例 2.29　证明 $\lim\limits_{x\to a}\sqrt{x}=\sqrt{a}, a>0$.

证明　因为 $\left|\sqrt{x}-\sqrt{a}\right|=\left|\frac{x-a}{\sqrt{x}+\sqrt{a}}\right|\leqslant\frac{1}{\sqrt{a}}|x-a|$，所以对 $\forall\varepsilon>0$，要使

$$\left|\sqrt{x}-\sqrt{a}\right|<\varepsilon,$$

只需 $\frac{1}{\sqrt{a}}|x-a|<\varepsilon$. 取 $\delta=\sqrt{a}\cdot\varepsilon$，则当 $0<|x-a|<\delta$，有

$$\left|\sqrt{x}-\sqrt{a}\right|<\varepsilon,$$

即

$$\lim_{x\to a}\sqrt{x}=\sqrt{a}.$$

例 2.30　证明对任何 $x_0\in(-\infty,+\infty)$，有 $\lim\limits_{x\to x_0}\sin x=\sin x_0$.

证明　由于

$$|\sin x-\sin x_0|=\left|2\sin\frac{x-x_0}{2}\cos\frac{x+x_0}{2}\right|\leqslant 2\left|\sin\frac{x-x_0}{2}\right|$$

$$\leqslant 2\cdot\frac{|x-x_0|}{2}=|x-x_0|.$$

对 $\forall\varepsilon>0$，取 $\delta=\varepsilon$，则当 $0<|x-x_0|<\delta$ 时，必有

$$|\sin x-\sin x_0|<\varepsilon,$$

即

$$\lim_{x\to x_0}\sin x=\sin x_0.$$

类似可证

$$\lim_{x\to x_0}\cos x=\cos x_0,\quad \lim_{x\to x_0}x=x_0,\quad \lim_{x\to x_0}c=c,\quad x_0\in(-\infty,+\infty).$$

在讨论极限 $\lim\limits_{x\to x_0}f(x)=A$ 时，x 趋于 x_0 可以由 x_0 的左右两侧趋向 x_0. 但有些情况下，只能考虑 x 从 x_0 的某一侧趋于 x_0. 例如，分段函数 $\operatorname{sgn}x$ 在分段点 $x_0=0$ 的两侧所对应的解析表达式不同，在研究 $x\to 0$ 时符号函数的极限，自然要分别考虑从 x_0 的左侧和右侧趋于 0 的情况.

定义 2.8　设函数 $f(x)$ 在 $U_+^\circ(x_0,\delta')$（或 $U_-^\circ(x_0,\delta')$）内有定义，若对 $\forall\varepsilon>0$，$\exists\, 0<\delta<\delta'$，当 $x_0<x<x_0+\delta$（或 $x_0-\delta<x<x_0$）时，

$$|f(x)-A|<\varepsilon,$$

则称**函数** $f(x)$**在** x_0 **点的右极限(或左极限)存在**,记作

$$\lim_{x\to x_0^+} f(x)=A \text{ 或 } f(x_0+0)=A$$

$$(\text{或} \lim_{x\to x_0^-} f(x)=A \text{ 或 } f(x_0-0)=A).$$

右极限与左极限皆称为**单侧极限**.

利用极限定义不难证明

$\lim\limits_{x\to x_0} f(x)=A$ 的充要条件是 $f(x_0+0)=f(x_0-0)=A$.

例 2.31 设

$$f(x)=\begin{cases} \dfrac{\sqrt{x^2+1}-1}{x^2}, & x<0, \\ \dfrac{x+1}{2}, & 0\leqslant x\leqslant 3, \\ \dfrac{1}{x-2}, & x>3. \end{cases}$$

讨论当 $x\to 0$ 与 $x\to 3$ 时,$f(x)$的极限.

解 由于

$$\lim_{x\to 0^-} f(x)=\lim_{x\to 0^-}\frac{\sqrt{x^2+1}-1}{x^2}=\lim_{x\to 0^-}\frac{1}{\sqrt{x^2+1}+1}=\frac{1}{2},$$

$$\lim_{x\to 0^+} f(x)=\lim_{x\to 0^+}\frac{x+1}{2}=\frac{1}{2}.$$

故

$$\lim_{x\to 0} f(x)=\frac{1}{2}.$$

同理

$$\lim_{x\to 3^-} f(x)=\lim_{x\to 3^-}\frac{x+1}{2}=2, \quad \lim_{x\to 3^+} f(x)=\lim_{x\to 3^+}\frac{1}{x-2}=1.$$

故 $\lim\limits_{x\to 3} f(x)$ 不存在.

2.2.3 无穷小量及其性质

前面已经讨论过无穷小数列及其性质,下面讨论一般情形.

定义 2.9 设函数 $f(x)$在 $U^\circ(x_0)$内有定义,若 $\lim\limits_{x\to x_0} f(x)=0$,则称 $f(x)$为**当 $x\to x_0$ 时的无穷小量**. 记为

$$f(x)=o(1), \quad x\to x_0.$$

在上面叙述中也可将 $x\to x_0$ 换成其他极限过程.

无穷小量具有如下性质：

(1) 若 $f(x)$,$g(x)$为无穷小量,则 $\alpha f(x)\pm\beta g(x)$,$f(x)\cdot g(x)$(α,β 为常数)仍为无穷小量；

(2) 若 $f(x)$为无穷小量,$g(x)$为有界函数,则 $f(x)\cdot g(x)$为无穷小量；

(3) $\lim\limits_{x\to x_0}f(x)=A$ 的充要条件是 $f(x)=A+o(1)$,$x\to x_0$.

例 2.32　计算$\lim\limits_{x\to 0}x\sin\dfrac{1}{x}$与$\lim\limits_{x\to 1}(x-1)\arctan(\ln x)$.

解　由于 $\sin\dfrac{1}{x}$为有界函数,则

$$\lim_{x\to 0}x\sin\frac{1}{x}=0.$$

同理可得

$$\lim_{x\to 1}(x-1)\arctan(\ln x)=0.$$

注 2.5　无穷小量不是很小很小的数,而是极限为零的一种特殊的变量. 特别地,规定函数 $f(x)\equiv 0$ 也是无穷小量.

2.2.4　函数极限的性质

在前面引入了下述 6 种类型的极限：

$$\lim_{x\to+\infty}f(x),\quad \lim_{x\to-\infty}f(x),\quad \lim_{x\to\infty}f(x),\quad \lim_{x\to x_0}f(x),\quad \lim_{x\to x_0^+}f(x),\quad \lim_{x\to x_0^-}f(x).$$

下面仅以第 4 种类型的极限为代表来叙述并证明函数极限的性质.

定理 2.15　(1)(唯一性)　若$\lim\limits_{x\to x_0}f(x)$存在,则极限唯一.

(2)(局部有界性)　若$\lim\limits_{x\to x_0}f(x)$存在,则 $f(x)$在 x_0 的某空心邻域$U^\circ(x_0)$内有界.

(3)(局部保号性)　若$\lim\limits_{x\to x_0}f(x)=A>0$,则对任意数 c,$0<c<A$,存在 x_0 的某空心邻域 $U^\circ(x_0)$,对任意 $x\in U^\circ(x_0)$有 $f(x)>c>0$.

对于$\lim\limits_{x\to x_0}f(x)=A<0$,也有相应的结论：

(4)(局部保序性)　设$\lim\limits_{x\to x_0}f(x)=A$,$\lim\limits_{x\to x_0}g(x)=B$,

(i) 若 $B<A$,则在 x_0 的某空心邻域 $U^\circ(x_0)$内有 $g(x)<f(x)$；

(ii) 若在某空心邻域 $U^\circ(x_0)$内,$g(x)\leqslant f(x)$,则 $B\leqslant A$.

(5)(迫敛性)　若在 x_0 的某空心邻域 $U^\circ(x_0)$内满足 $f(x)\leqslant h(x)\leqslant g(x)$且$\lim\limits_{x\to x_0}f(x)=\lim\limits_{x\to x_0}g(x)$,则$\lim\limits_{x\to x_0}h(x)$存在,且

$$\lim_{x\to x_0}h(x)=\lim_{x\to x_0}f(x)=\lim_{x\to x_0}g(x).$$

证明 仅证(3),(5),其余的留给读者.

(3) 取 $\varepsilon=A-c>0$,由 $\lim\limits_{x\to x_0}f(x)=A$,$\exists\delta>0$,当 $x\in U^\circ(x_0)$ 时,有

$$A-\varepsilon<f(x)<A+\varepsilon,$$

从而

$$f(x)>A-\varepsilon=c>0.$$

(5) 设 $\lim\limits_{x\to x_0}f(x)=\lim\limits_{x\to x_0}g(x)=A$,对 $\forall\varepsilon>0$,$\exists\delta>0$,使当 $x\in U^\circ(x_0)$ 时,有

$$A-\varepsilon<f(x)<A+\varepsilon \text{ 且 } A-\varepsilon<g(x)<A+\varepsilon.$$

从而当 $x\in U^\circ(x_0)$ 时,有

$$A-\varepsilon<f(x)\leqslant h(x)\leqslant g(x)<A+\varepsilon,$$

即

$$|h(x)-A|<\varepsilon.$$

所以

$$\lim_{x\to x_0}h(x)=A.$$

定理 2.16 若 $\lim\limits_{x\to x_0}f(x)=A$,$\lim\limits_{x\to x_0}g(x)=B$,则

$$\lim_{x\to x_0}[f(x)\pm g(x)],\quad \lim_{x\to x_0}f(x)\cdot g(x),\quad \lim_{x\to x_0}\frac{f(x)}{g(x)},\quad B\neq 0$$

均存在,并且

(1) $\lim\limits_{x\to x_0}[f(x)\pm g(x)]=A\pm B$;

(2) $\lim\limits_{x\to x_0}f(x)\cdot g(x)=A\cdot B$;

(3) $\lim\limits_{x\to x_0}\dfrac{f(x)}{g(x)}=\dfrac{A}{B}$.

例 2.33 求 $\lim\limits_{x\to 2}\dfrac{\sqrt{x+2}-2}{x-2}$.

解 当 $x\neq 2$ 时,

$$\frac{\sqrt{x+2}-2}{x-2}=\frac{x-2}{(x-2)(\sqrt{x+2}+2)}=\frac{1}{\sqrt{x+2}+2},$$

故

$$\lim_{x\to 2}\frac{\sqrt{x+2}-2}{x-2}=\lim_{x\to 2}\frac{1}{\sqrt{x+2}+2}=\frac{1}{\lim\limits_{x\to 2}\sqrt{x+2}+2}=\frac{1}{4}.$$

例 2.34 求极限 $\lim\limits_{x\to 0^+}\dfrac{x}{\sqrt[3]{x^2}+1}\sin\dfrac{1}{x}$.

解 由于 $0\leqslant\dfrac{x}{\sqrt[3]{x^2}+1}\leqslant x$,又 $\lim\limits_{x\to 0^+}x=0$,利用迫敛性知

$$\lim_{x\to0^+}\frac{x}{\sqrt[3]{x^2}+1}=0.$$

而$\left|\sin\dfrac{1}{x}\right|\leqslant1$，即 $\sin\dfrac{1}{x}$为有界量，所以

$$\lim_{x\to0^+}\frac{x}{\sqrt[3]{x^2}+1}\sin\frac{1}{x}=0.$$

例 2.35　求 $\lim\limits_{x\to+\infty}\dfrac{1}{x}\cdot[x]$.

解　对任何 x，有 $x-1<[x]\leqslant x$. 由于 $x\to+\infty$，不妨设 $x>0$，所以

$$1-\frac{1}{x}\leqslant\frac{1}{x}\cdot[x]\leqslant1.$$

而 $\lim\limits_{x\to+\infty}\left(1-\dfrac{1}{x}\right)=1$，利用迫敛性得

$$\lim_{x\to+\infty}\frac{1}{x}\cdot[x]=1.$$

2.2.5　重要极限

1. $\lim\limits_{x\to0}\dfrac{\sin x}{x}=1$

证明　(1) 先设 $0<x<\dfrac{\pi}{2}$. 在单位圆中(图 2.1)，$\triangle ABO$ 的面积<扇形 ABO 的面积<$\triangle ACO$ 的面积，即

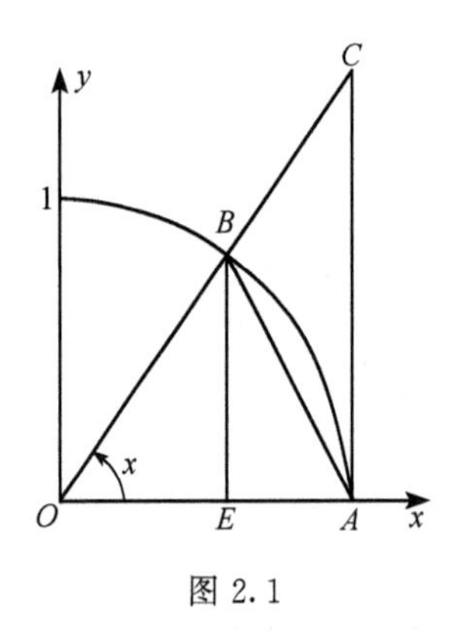

图 2.1

$$\frac{1}{2}\cdot OA\cdot BE<\frac{1}{2}\cdot OA^2\cdot x<\frac{1}{2}\cdot OA\cdot AC$$

或

$$\frac{1}{2}\sin x<\frac{1}{2}x<\frac{1}{2}\tan x,$$

化简得

$$\cos x<\frac{\sin x}{x}<1.$$

由 $\lim\limits_{x\to0^+}\cos x=\cos0=1$，得

$$\lim_{x\to0^+}\frac{\sin x}{x}=1.$$

(2) 当 $x<0$ 时，令 $t=-x$，则由 $t>0$ 及(1)中结论有

$$\lim_{x\to0^-}\frac{\sin x}{x}=\lim_{t\to0^+}\frac{\sin(-t)}{-t}=\lim_{t\to0^+}\frac{\sin t}{t}=1.$$

由于

$$\lim_{x\to 0^+}\frac{\sin x}{x}=\lim_{x\to 0^-}\frac{\sin x}{x}=1,$$

故

$$\lim_{x\to 0}\frac{\sin x}{x}=1.$$

这里顺便证明了当 $0<x<\frac{\pi}{2}$ 时，$0<\sin x<x$. 从而当 $0\leqslant x<+\infty$ 时，$\sin x\leqslant x$. 故对一切 $x\in(-\infty,+\infty)$，有

$$|\sin x|\leqslant|x|.$$

一般地，若 $\lim\limits_{x\to x_0}\varphi(x)=0$，$\varphi(x)\neq 0$，则 $\lim\limits_{x\to x_0}\frac{\sin\varphi(x)}{\varphi(x)}=1$.

例 2.36 求 $\lim\limits_{x\to 0}\frac{x^2}{\arcsin x}$.

解 令 $t=\arcsin x$，当 $x\to 0$ 时，$t\to 0$，故

$$\lim_{x\to 0}\frac{x^2}{\arcsin x}=\lim_{t\to 0}\frac{\sin^2 t}{t}=\lim_{t\to 0}\frac{\sin t}{t}\cdot\sin t=1\times 0=0.$$

例 2.37 求 $\lim\limits_{x\to 0}\frac{1-\cos x}{x^2}$.

解 $\lim\limits_{x\to 0}\frac{1-\cos x}{x^2}=\lim\limits_{x\to 0}\frac{2\sin^2\frac{x}{2}}{x^2}=\lim\limits_{x\to 0}\left(\frac{\sin\frac{x}{2}}{\frac{x}{2}}\right)^2\cdot\frac{1}{2}=\frac{1}{2}$.

2. $\lim\limits_{x\to\infty}\left(1+\frac{1}{x}\right)^x=\mathrm{e}$

证明 (1) 先证 $\lim\limits_{x\to+\infty}\left(1+\frac{1}{x}\right)^x=\mathrm{e}$. 对任何 $x>1$，必存在自然数 n，使 $n\leqslant x<n+1$. 从而

$$1<1+\frac{1}{n+1}<1+\frac{1}{x}\leqslant 1+\frac{1}{n},$$

故

$$\left(1+\frac{1}{n+1}\right)^n\leqslant\left(1+\frac{1}{n+1}\right)^x<\left(1+\frac{1}{x}\right)^x\leqslant\left(1+\frac{1}{n}\right)^x<\left(1+\frac{1}{n}\right)^{n+1},$$

即

$$\left(1+\frac{1}{n+1}\right)^{-1}\left(1+\frac{1}{n+1}\right)^{n+1}<\left(1+\frac{1}{x}\right)^x<\left(1+\frac{1}{n}\right)^n\left(1+\frac{1}{n}\right).$$

在 $(1,+\infty)$ 上定义分段函数如下：

$$f(x)=\left(1+\frac{1}{n+1}\right)^{-1}\left(1+\frac{1}{n+1}\right)^{n+1},\quad n\leqslant x<n+1,$$

$$g(x)=\left(1+\frac{1}{n}\right)^n\left(1+\frac{1}{n}\right),\quad n\leqslant x<n+1,$$

则有

$$f(x)<\left(1+\frac{1}{x}\right)^x<g(x),\quad x\in[1,+\infty).$$

由于

$$\lim_{x\to+\infty}f(x)=\lim_{n\to+\infty}\left(1+\frac{1}{n+1}\right)^{-1}\left(1+\frac{1}{n+1}\right)^{n+1}=\mathrm{e},$$

$$\lim_{x\to+\infty}g(x)=\lim_{n\to+\infty}\left(1+\frac{1}{n}\right)^n\left(1+\frac{1}{n}\right)=\mathrm{e},$$

故

$$\lim_{x\to+\infty}\left(1+\frac{1}{x}\right)^x=\mathrm{e}.$$

(2) 再证 $\lim\limits_{x\to-\infty}\left(1+\dfrac{1}{x}\right)^x=\mathrm{e}$. 令 $t=-x$，当 $x\to-\infty$ 时，$t\to+\infty$. 于是

$$\lim_{x\to-\infty}\left(1+\frac{1}{x}\right)^x=\lim_{t\to+\infty}\left(1-\frac{1}{t}\right)^{-t}=\lim_{t\to+\infty}\left(\frac{t}{t-1}\right)^t$$

$$=\lim_{t\to+\infty}\left(1+\frac{1}{t-1}\right)^{t-1}\left(1+\frac{1}{t-1}\right)=\mathrm{e}.$$

综合(1)，(2)知

$$\lim_{x\to\infty}\left(1+\frac{1}{x}\right)^x=\mathrm{e}.$$

上述极限的另一形式为

$$\lim_{x\to0}(1+x)^{\frac{1}{x}}=\mathrm{e}.$$

一般情况下有

(1) 若 $\lim\limits_{x\to x_0}\varphi(x)=0$，$\varphi(x)\neq0$，则 $\lim\limits_{x\to x_0}(1+\varphi(x))^{\frac{1}{\varphi(x)}}=\mathrm{e}$；

(2) 若 $\lim\limits_{x\to x_0}\varphi(x)=\infty$，则 $\lim\limits_{x\to x_0}\left(1+\dfrac{1}{\varphi(x)}\right)^{\varphi(x)}=\mathrm{e}$.

例 2.38　求 $\lim\limits_{x\to\infty}\left(\dfrac{x+2}{x+1}\right)^x$.

解　$\lim\limits_{x\to\infty}\left(\dfrac{x+2}{x+1}\right)^x=\dfrac{\lim\limits_{x\to\infty}\left(1+\dfrac{2}{x}\right)^x}{\lim\limits_{x\to\infty}\left(1+\dfrac{1}{x}\right)^x}=\dfrac{\mathrm{e}^2}{\mathrm{e}}=\mathrm{e}.$

例 2.39　求(1) $\lim\limits_{x\to0}(1+3x^2)^{\frac{1}{x^2}}$；(2) $\lim\limits_{x\to\infty}\left(\dfrac{x}{1+x}\right)^x$.

解　(1) $\lim\limits_{x\to0}(1+3x^2)^{\frac{1}{x^2}}=\lim\limits_{x\to0}[(1+3x^2)^{\frac{1}{3x^2}}]^3=[\lim\limits_{x\to0}(1+3x^2)^{\frac{1}{3x^2}}]^3=\mathrm{e}^3.$

(2) $\lim\limits_{x\to\infty}\left(\dfrac{x}{1+x}\right)^x=\lim\limits_{x\to\infty}\dfrac{1}{\left(\dfrac{1+x}{x}\right)^x}=\lim\limits_{x\to\infty}\dfrac{1}{\left(1+\dfrac{1}{x}\right)^x}=\dfrac{1}{\mathrm{e}}$.

2.2.6 无穷小量阶的比较与无穷大量

在同一极限过程中的无穷小量趋向于零的过程中快慢差异很大. 例如,当 $x\to 0$ 时,x^2,$\sin^2 x$,x^3 均为无穷小量,而

$$\lim_{x\to 0}\frac{x^3}{x^2}=\lim_{x\to 0}x=0,$$

$$\lim_{x\to 0}\frac{\sin^2 x}{x^2}=\lim_{x\to 0}\left(\frac{\sin x}{x}\right)^2=1.$$

由此,考察两个无穷小量的比以便对它们的收敛速度做出判断.

以下定义中始终设 $\lim\limits_{x\to x_0}f(x)=0$,$\lim\limits_{x\to x_0}g(x)=0$,$g(x)\neq 0$.

定义 2.10 若 $\lim\limits_{x\to x_0}\dfrac{f(x)}{g(x)}=0$,则称当 $x\to x_0$ 时,$f(x)$是较 $g(x)$的**高阶无穷小量**,记作

$$f(x)=o(g(x)),\quad x\to x_0.$$

例如,由 $\lim\limits_{x\to 0}\dfrac{1-\cos x}{\sin x}=\lim\limits_{x\to 0}\dfrac{1-\cos x}{x^2}\cdot\dfrac{x}{\sin x}\cdot x=\dfrac{1}{2}\cdot 1\cdot 0=0$,可得

$$1-\cos x=o(\sin x),\quad x\to 0.$$

定义 2.11 若 $\lim\limits_{x\to x_0}\dfrac{f(x)}{g(x)}=1$,则称当 $x\to x_0$ 时,$f(x)$与 $g(x)$为**等价无穷小量**,记作

$$f(x)\sim g(x),\quad x\to x_0.$$

易知当 $x\to 0$ 时,

$$x\sim\sin x\sim\arcsin x\sim\tan x\sim\arctan x,\quad 1-\cos x\sim\frac{x^2}{2}.$$

定义 2.12 若存在 $K>0$ 和 $M>0$,使在 x_0 的某空心邻域 $U^\circ(x_0)$内有 $K\leqslant\left|\dfrac{f(x)}{g(x)}\right|\leqslant M$,则称 $x\to x_0$ 时,$f(x)$与 $g(x)$为**同阶无穷小量**.

注 2.6 若 $\lim\limits_{x\to x_0}\dfrac{f(x)}{g(x)}=L\neq 0$,则显然 $f(x)$与 $g(x)$为 $x\to x_0$ 时同阶无穷小量.

注 2.7 若无穷小量 $f(x)$与 $g(x)$满足关系式

$$\left|\frac{f(x)}{g(x)}\right|\leqslant M,$$

则记作

$$f(x)=O(g(x)),\quad x\to x_0.$$

特别地，若 $f(x)$ 在 $U^{\circ}(x_0)$ 内有界，则可记为

$$f(x) = O(1),\quad x \to x_0.$$

例如，

$$1-\cos x = O(x^2),\quad x(1+\sin x) = O(x),\quad x\to 0;$$
$$\cos x = O(1),\quad x \to x_0.$$

注 2.8　在上述定义中可将 $x \to x_0$ 换成其他类型极限过程.

注 2.9　上述定义中的等式 $f(x)=o(g(x))(x\to x_0)$ 与 $f(x)=O(g(x))(x\to x_0)$ 等，与通常等式的含义是不同的. 这里等式左边是一个函数，右边是一个函数类，而中间的等号的含义是"属于".

等价无穷小量在求极限运算中有重要作用.

定理 2.17　设 $f(x)\sim g(x)$，$x\to x_0$.

(1) 若 $\lim\limits_{x\to x_0}\dfrac{h(x)}{f(x)}=A$，则 $\lim\limits_{x\to x_0}\dfrac{h(x)}{g(x)}=A$；

(2) 若 $\lim\limits_{x\to x_0}f(x)\cdot h(x)=A$，则 $\lim\limits_{x\to x_0}g(x)\cdot h(x)=A$.

证明　注意到 $\lim\limits_{x\to x_0}\dfrac{f(x)}{g(x)}=\lim\limits_{x\to x_0}\dfrac{g(x)}{f(x)}=1$，故定理的证明由下面两式即得：

$$\frac{h(x)}{g(x)} = \frac{h(x)}{f(x)}\cdot\frac{f(x)}{g(x)},\quad g(x)\cdot h(x) = f(x)\cdot h(x)\cdot\frac{g(x)}{f(x)}.$$

例 2.40　求 $\lim\limits_{x\to 0}\dfrac{x^4+x^3}{\left(\sin\dfrac{x}{2}\right)^3}$.

解　由 $\sin\dfrac{x}{2}\sim\dfrac{x}{2}$，$x\to 0$，于是

$$\lim_{x\to 0}\frac{x^4+x^3}{\left(\sin\dfrac{x}{2}\right)^3} = \lim_{x\to 0}\frac{x^4+x^3}{\left(\dfrac{x}{2}\right)^3} = \lim_{x\to 0}8(x+1) = 8.$$

注 2.10　在利用等价无穷小量代换求极限时，应注意：只有对所求极限式中的相乘或相除的因式才能用等价无穷小量来代换，而对极限式中的相加或相减部分则不能随意代换. 例如，

$$\lim_{x\to 0}\frac{\tan x-\sin x}{\sin x^3} = \lim_{x\to 0}\frac{x-x}{x^3} = 0$$

是错误的，正确计算过程为

$$\lim_{x\to 0}\frac{\tan x-\sin x}{\sin x^3} = \lim_{x\to 0}\frac{\dfrac{\sin x}{\cos x}(1-\cos x)}{x^3}$$
$$= \lim_{x\to 0}\frac{1}{\cos x}\cdot\frac{\sin x}{x}\cdot\frac{1-\cos x}{x^2} = \frac{1}{2}.$$

定义 2.13 设函数 $f(x)$ 在某空心邻域 $U^\circ(x_0)$ 内有定义.若对于任给正数 G，存在 $\delta>0$，使当 $x\in U^\circ(x_0,\delta)\subset U^\circ(x_0)$ 时，有

$$|f(x)|>G,$$

则称函数 $f(x)$ 当 $x\to x_0$ 时有非正常极限 ∞，记作

$$\lim_{x\to x_0}f(x)=\infty.$$

类似可以定义 $\lim\limits_{x\to x_0}f(x)=+\infty$ 和 $\lim\limits_{x\to x_0}f(x)=-\infty$.

关于函数 $f(x)$ 在自变量 x 的其他不同变化过程的非正常极限的定义，以及数列 $\{a_n\}$ 当 $n\to\infty$ 时的非正常极限的定义，都可类似地给出.

定义 2.14 对于自变量 x 的某种趋向(或 $n\to\infty$)，所有以 ∞，$+\infty$ 或 $-\infty$ 为非正常极限的函数(包括数列)都称为**无穷大量**.

例 2.41 证明 $\lim\limits_{x\to 0}\dfrac{1}{x^2}=+\infty$.

证明 任给 $G>0$，要使

$$\frac{1}{x^2}>G,$$

只需 $|x|<\dfrac{1}{\sqrt{G}}$. 因此令 $\delta=\dfrac{1}{\sqrt{G}}$，则对一切 $x\in U^\circ(0,\delta)$，有

$$\frac{1}{x^2}>G,$$

即

$$\lim_{x\to 0}\frac{1}{x^2}=+\infty.$$

注 2.11 无穷大量不是很大很大的数，而是具有非正常极限的函数.

注 2.12 若 $f(x)$ 为 $x\to x_0$ 时的无穷大量，则易知 $f(x)$ 为 $U^\circ(x_0)$ 上的无界函数.但无界函数却不一定是无穷大量.例如，$f(x)=x\sin x$ 在 $U(+\infty)$ 上无界，因为任给 $G>0$，取 $x=2n\pi+\dfrac{\pi}{2}$，这里正整数 $n>\dfrac{G}{2\pi}$，则有

$$f(x)=\left(2n\pi+\frac{\pi}{2}\right)\sin\left(2n\pi+\frac{\pi}{2}\right)=2n\pi+\frac{\pi}{2}>G.$$

但 $\lim\limits_{x\to+\infty}f(x)\neq\infty$. 下一节的归结原则可以完整解释这一结论.

无穷大量与无穷小量的关系如下：

(1) 若 $f(x)$ 为 $x\to x_0$ 时的无穷大量，则 $\dfrac{1}{f(x)}$ 为 $x\to x_0$ 时的无穷小量；

(2) 若 $f(x)$ 为 $x\to x_0$ 时的无穷小量，且在某空心邻域 $U^\circ(x_0)$ 内 $f(x)\neq 0$，则 $\dfrac{1}{f(x)}$ 为 $x\to x_0$ 时的无穷大量.

所以无穷大量的问题总可化为无穷小量来讨论.

2.2.7　归结原则与柯西准则

数列极限$\lim\limits_{n\to\infty}x_n=a$的等价定义为

对$\forall\varepsilon>0$,邻域$(a-\varepsilon,a+\varepsilon)$之外至多只有$\{x_n\}$的有限多项.

反之,若$\{x_n\}$不以a为极限,则一定存在某$\varepsilon_0>0$,在邻域$(a-\varepsilon_0,a+\varepsilon_0)$之外有$\{x_n\}$的无穷多项,即任给一个自然数$N$,总可以找到元素$x_{n_0}$,$n_0>N$,使其在邻域$(a-\varepsilon_0,a+\varepsilon_0)$之外,也即$|x_{n_0}-a|\geqslant\varepsilon_0$.从而$\{x_n\}$不以$a$为极限的正面陈述为

$$\exists\varepsilon_0>0,\quad 对\ \forall N>0,\quad \exists n_0>N,有\ |x_{n_0}-a|\geqslant\varepsilon_0.$$

同样,函数$f(x)$当$x\to x_0$时不以A为极限的正面陈述为

$$\exists\varepsilon_0>0,\quad 对\ \forall\delta>0,\quad \exists x',\quad 尽管\ 0<|x_0-x'|<\delta,$$

$$但\ |f(x')-A|\geqslant\varepsilon_0.$$

下述定理体现了函数极限与数列极限的关系.

定理 2.18(归结原则)　函数$f(x)$在某空心邻域$U^\circ(x_0)$有定义,则$\lim\limits_{x\to x_0}f(x)=A$的充要条件是对任何$\{x_n\}\subset U^\circ(x_0)$,当$x_n\to x_0$,$n\to\infty$时,有

$$\lim_{n\to\infty}f(x_n)=A.$$

证明　必要性.若$\lim\limits_{x\to x_0}f(x)=A$,则对$\forall\varepsilon>0$,$\exists\delta>0$,当$x\in U^\circ(x_0,\delta)$时,有

$$|f(x)-A|<\varepsilon.$$

由于$\lim\limits_{n\to+\infty}x_n=x_0$,从而对上述的$\delta>0$,$\exists N>0$,当$n>N$时,必有

$$|x_n-x_0|<\delta,$$

即

$$x_n\in U^\circ(x_0,\delta).$$

所以

$$|f(x_n)-A|<\varepsilon,$$

即

$$\lim_{n\to\infty}f(x_n)=A.$$

充分性.假设$\lim\limits_{x\to x_0}f(x)\neq A$,则$\exists\varepsilon_0>0$,对$\forall\delta>0$,存在$x'$,尽管$0<|x'-x_0|<\delta$,但$|f(x')-A|\geqslant\varepsilon_0$.由$\delta$的任意性,依次取$\delta_n=\dfrac{1}{n}>0$,则相应存在$x_n$,满足

$$0<|x_n-x_0|<\frac{1}{n},\ 但\ |f(x_n)-A|\geqslant\varepsilon_0,$$

亦即$\lim\limits_{n\to\infty}x_n=x_0$,但$|f(x_n)-A|\geqslant\varepsilon_0$.这与假设条件$\lim\limits_{n\to\infty}f(x_n)=A$矛盾.从而有

$$\lim_{x\to x_0} f(x) = A.$$

归结原则提供了判别极限 $\lim\limits_{x\to x_0} f(x)$ 不存在的方法：

推论 2.3 若存在 $\{x_n\}$，使 $\lim\limits_{n\to\infty} x_n = x_0$，但 $\lim\limits_{n\to\infty} f(x_n)$ 不存在，则 $\lim\limits_{x\to x_0} f(x)$ 不存在.

推论 2.4 若存在两个数列 $\{x_n'\}$，$\{x_n''\}$，使 $\lim\limits_{n\to\infty} x_n' = x_0$，$\lim\limits_{n\to\infty} x_n'' = x_0$，但

$$\lim_{n\to\infty} f(x_n') \neq \lim_{n\to\infty} f(x_n''),$$

则 $\lim\limits_{x\to x_0} f(x)$ 不存在.

例 2.42 证明 $\lim\limits_{x\to 0}\sin\dfrac{1}{x}$ 不存在.

证明 取 $x_n' = \dfrac{1}{2n\pi}$，$x_n'' = \dfrac{1}{2n\pi + \dfrac{\pi}{2}}$，$n = 1, 2, \cdots$，则

$$\lim_{n\to\infty} x_n' = 0, \quad \lim_{n\to\infty} x_n'' = 0.$$

但 $f(x'_n) = \sin 2n\pi = 0$，$f(x_n'') = \sin\left(2n\pi + \dfrac{\pi}{2}\right) = 1$，$n = 1, 2, \cdots$. 故

$$\lim_{n\to\infty} f(x_n') = 0 \neq 1 = \lim_{n\to\infty} f(x_n'').$$

从而极限 $\lim\limits_{x\to 0}\sin\dfrac{1}{x}$ 不存在.

例 2.43 设 $D(x)$ 为狄利克雷函数，即

$$D(x) = \begin{cases} 1, & x \text{ 为有理数}, \\ 0, & x \text{ 为无理数}, \end{cases} \quad x \in (-\infty, +\infty).$$

求证 $D(x)$ 在任何一点 x_0 处，$\lim\limits_{x\to x_0} D(x)$ 不存在.

证明 对任意 $x_0 \in (-\infty, +\infty)$，

(1) 取有理点列 $\{x_n'\}$ 且使 $\lim\limits_{n\to\infty} x_n' = x_0$，由于 $D(x_n') = 1$，$n = 1, 2, \cdots$，从而

$$\lim_{n\to\infty} D(x_n') = 1;$$

(2) 取无理点列 $\{x_n''\}$ 且使 $\lim\limits_{n\to\infty} x_n'' = x_0$，此时 $D(x_n'') = 0$，$n = 1, 2, \cdots$，从而

$$\lim_{n\to\infty} D(x_n'') = 0.$$

故

$$\lim_{n\to\infty} D(x_n') \neq \lim_{n\to\infty} D(x_n''),$$

即

$$\lim_{x\to x_0} D(x) \text{ 不存在}.$$

作为归结原则的应用，来证明函数极限的柯西准则.

定理 2.19（柯西准则） 设函数 $f(x)$ 在 x_0 的某空心邻域 $U^\circ(x_0)$ 内有定义，则

极限$\lim\limits_{x\to x_0} f(x)$存在的充要条件是

对$\forall \varepsilon>0$，$\exists \delta>0$，当$x_1, x_2\in U^\circ(x_0,\delta)\subset U^\circ(x_0)$时，有

$$|f(x_1)-f(x_2)|<\varepsilon.$$

证明　必要性. 设$\lim\limits_{x\to x_0} f(x)=A$，则对$\forall \varepsilon>0$，$\exists \delta>0$，当$x\in U^\circ(x_0,\delta)\subset U^\circ(x_0)$时，有$|f(x)-A|<\dfrac{\varepsilon}{2}$. 于是对任何$x_1, x_2\in U^\circ(x_0,\delta)\subset U^\circ(x_0)$，有

$$|f(x_1)-A|<\frac{\varepsilon}{2},\quad |f(x_2)-A|<\frac{\varepsilon}{2}.$$

从而就有

$$|f(x_1)-f(x_2)|\leqslant |f(x_1)-A|+|f(x_2)-A|<\varepsilon.$$

充分性. 若对任意$x_1, x_2\in U^\circ(x_0,\delta)$，有

$$|f(x_1)-f(x_2)|<\varepsilon.$$

任取数列$\{x_n\}\subset U^\circ(x_0,\delta)$且$\lim\limits_{n\to\infty} x_n=x_0$，则对$\delta>0$，$\exists N>0$，当$n, m>N$时，$x_n$，$x_m\in U^\circ(x_0,\delta)$，从而

$$|f(x_n)-f(x_m)|<\varepsilon.$$

根据数列的柯西收敛准则知$\{f(x_n)\}$极限存在，记$\lim\limits_{n\to\infty} f(x_n)=A$.

设另一数列$\{x_n'\}\subset U^\circ(x_0,\delta)$且$\lim\limits_{n\to\infty} x_n'=x_0$. 如上所证，$\lim\limits_{n\to\infty} f(x_n')$存在，记为$B$. 考虑数列

$$\{x_n''\}=\{x_1, x_1', x_2, x_2', \cdots, x_n, x_n', \cdots\},$$

易知$\{x_n''\}\subset U^\circ(x_0,\delta)$且$\lim\limits_{n\to\infty} x_n''=x_0$. 如上所证，$\{f(x_n'')\}$也收敛. 于是$\{f(x_n'')\}$的两个子列$\{f(x_n')\}$和$\{f(x_n)\}$必有相同的极限，即$A=B$. 故由归结原理得

$$\lim_{x\to x_0} f(x)=A.$$

对于$x\to+\infty$时相应的柯西准则为

定理 2.20　极限$\lim\limits_{x\to+\infty} f(x)$存在的充要条件是对$\forall \varepsilon>0$，$\exists M>0$，当$x_1, x_2>M$时，有

$$|f(x_1)-f(x_2)|<\varepsilon.$$

证明类似于定理 2.19 的情形.

习　题　2.2

1. 用肯定语气叙述下列极限：

(1) $\lim\limits_{x\to\infty} f(x)=A$；　　(2) $\lim\limits_{x\to x_0} f(x)=+\infty$；

(3) $\lim\limits_{x\to\infty} f(x)=+\infty$；　　(4) $\lim\limits_{x\to+\infty} f(x)=-\infty$.

2. 利用函数极限定义证明下列极限：

(1) $\lim\limits_{x\to 0}\dfrac{x-3}{x^2-9}=\dfrac{1}{3}$；

(2) $\lim\limits_{x\to 1}\dfrac{x^2-1}{2x^2-x-1}=\dfrac{2}{3}$；

(3) $\lim\limits_{x\to 2}\dfrac{x^2-3x+2}{x^2+x-6}=\dfrac{1}{5}$；

(4) $\lim\limits_{x\to -1}\dfrac{x-3}{x^2-9}=\dfrac{1}{2}$；

(5) $\lim\limits_{x\to 0}\dfrac{x^2-1}{2x^2-x-1}=1$；

(6) $\lim\limits_{x\to -2}\dfrac{x^2+9x+14}{x^2-x-6}=-1$；

(7) $\lim\limits_{x\to -\infty}2^x=0$；

(8) $\lim\limits_{x\to 0^-}2^{\frac{1}{x}}=0$.

3. 证明：若 $\lim\limits_{x\to x_0}f(x)=A>0$，则 $\lim\limits_{x\to x_0}\sqrt[k]{f(x)}=\sqrt[k]{A}$，$k$ 为某自然数.

4. 求下列极限：

(1) $\lim\limits_{x\to\infty}x\cdot\sin\dfrac{1}{x}$；

(2) $\lim\limits_{x\to 0}x\cdot\sin\dfrac{1}{x}$；

(3) $\lim\limits_{x\to\infty}\dfrac{\sin x}{x}$；

(4) $\lim\limits_{x\to\infty}\left(\sqrt{x^2+1}-\sqrt{x^2-1}\right)$；

(5) $\lim\limits_{x\to 4}\dfrac{x^2-6x+8}{x^2-5x+4}$；

(6) $\lim\limits_{x\to 4}\dfrac{\sqrt{2x+1}-3}{\sqrt{x-2}-\sqrt{2}}$；

(7) $\lim\limits_{x\to 0}\dfrac{\sin 2x}{\sin 6x}$；

(8) $\lim\limits_{x\to 0}\dfrac{\arcsin x}{x}$；

(9) $\lim\limits_{x\to 0}\dfrac{\arctan x}{x}$；

(10) $\lim\limits_{x\to 0}\dfrac{\sin x^3}{(\sin x)^2}$；

(11) $\lim\limits_{x\to 0}\dfrac{(\arcsin x)^2}{x\cdot\sin x}$；

(12) $\lim\limits_{x\to 0}(1+\alpha x)^{\frac{1}{x}}$，$\alpha\neq 0$；

(13) $\lim\limits_{x\to\infty}\left(\dfrac{3x+2}{3x-2}\right)^{2x+1}$；

(14) $\lim\limits_{x\to\frac{\pi}{2}}(1+\cot x)^{\tan x}$.

5. 证明下列极限：

(1) $\lim\limits_{n\to\infty}(1+x)(1+x^2)\cdots(1+x^{2^n})=\dfrac{1}{1-x}$，$|x|<1$；

(2) $\lim\limits_{n\to\infty}\cos\dfrac{x}{2}\cdot\cos\dfrac{x}{4}\cdot\cdots\cdot\cos\dfrac{x}{2^n}=\dfrac{\sin x}{x}$.

6. 试给出函数 f 的例子，使 $f(x)>0$ 恒成立，而在某一点 x_0 处有 $\lim\limits_{x\to x_0}f(x)=0$. 这同极限的局部保号性有矛盾吗？

7. 设 $f(x)=x\cos x$，试作数列

(1) $\{x_n\}$ 使得 $x_n\to\infty(n\to\infty)$，$f(x_n)\to 0(n\to\infty)$；

(2) $\{y_n\}$ 使得 $y_n\to\infty(n\to\infty)$，$f(y_n)\to+\infty(n\to\infty)$.

8. 试确定 a 的值，使下列函数与 x^a 当 $x\to 0$ 时为同阶无穷小量：

(1) $\sin 2x-2\sin x$；

(2) $\dfrac{1}{1+x}-(1-x)$；

(3) $\sqrt{1+\tan x}-\sqrt{1-\sin x}$；

(4) $\sqrt[5]{3x^2-4x^3}$.

9. 利用等价无穷小代换计算下列极限：

(1) $\lim\limits_{x\to\infty}\dfrac{x\arctan\dfrac{1}{x}}{x-\cos x}$；　　　　(2) $\lim\limits_{x\to 0}\dfrac{\sqrt{1+x^2}-1}{1-\cos x}$；

(3) $\lim\limits_{x\to+\infty}\left(\sin\sqrt{x+1}-\sin\sqrt{x}\right)$.

2.3　函数的连续性

2.3.1　函数的连续性

定义 2.15　设函数 $f(x)$ 在某 $U(x_0)$ 内有定义. 若 $\lim\limits_{x\to x_0}f(x)=f(x_0)$，则称函数 $f(x)$ 在点 x_0 **连续**，也称 x_0 为 $f(x)$ 的**连续点**. 否则，称 x_0 为 $f(x)$ 的**间断点**.

$f(x)$ 在 x_0 点连续的 ε-δ 定义为

对 $\forall\varepsilon>0$，$\exists\delta>0$，当 $|x-x_0|<\delta$ 时，有 $|f(x)-f(x_0)|<\varepsilon$.

函数 $f(x)$ 在 x_0 点连续的几何解释(图 2.2)：以 $f(x_0)$ 为中心线，做宽为 2ε 的横带，必然存在以 x_0 为中心，宽为 2δ 的直带，使直带内的函数曲线全部落在宽为 2ε 的横带内.

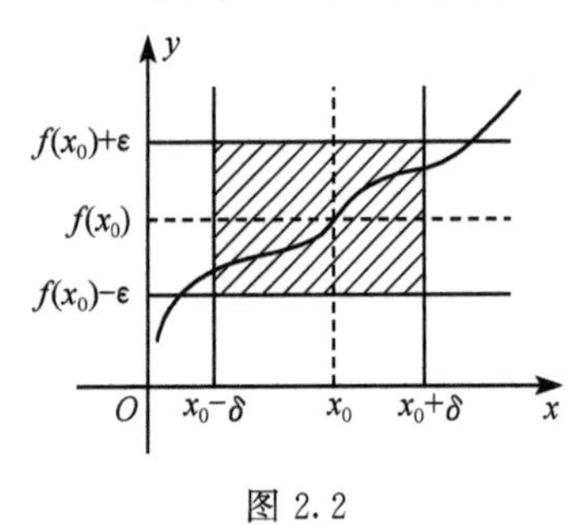

图 2.2

设 $x_0\in(a,b)$，对 (a,b) 内的自变量 x，令 $x-x_0=\Delta x$，Δx 可正、可负也可为 0，称 Δx 为自变量 x 的**增量或改变量**. 于是 $x=x_0+\Delta x$，$f(x)=f(x_0+\Delta x)$. 记 $\Delta y=f(x_0+\Delta x)-f(x_0)$，称 Δy 为函数 y 的**增量或改变量**. 函数 $f(x)$ 在 x_0 点连续也可叙述为

对 $\forall\varepsilon>0$，$\exists\delta>0$，当 $|\Delta x|<\delta$ 时，有 $|\Delta y|<\varepsilon$，亦即

$$\lim_{\Delta x\to 0}\Delta y=0.$$

定义 2.16　设函数 $f(x)$ 在 x_0 点的右邻域 $U_+(x_0,\delta)$ 内有定义. 若 $\lim\limits_{x\to x_0^+}f(x)=f(x_0)$，则称 $f(x)$ 在 x_0 点**右连续**.

类似可定义 $f(x)$ 在 x_0 点**左连续**.

函数 $f(x)$ 在 x_0 点连续的**充要条件**：$f(x)$ 在 x_0 点既是左连续，又是右连续.

若函数 $f(x)$ 在区间 I 上每一点都连续，则称 $f(x)$ 为 I 上的连续函数. 对于闭区间的端点上的连续性则按左、右连续来确定.

例 2.44　证明 $f(x)=\sqrt{x}$ 在 $[0,+\infty)$ 上连续.

证明　任取 $x_0\in[0,+\infty)$，

(1) 若 $x_0=0$，对 $\forall\varepsilon>0$，要使

$$\left|\sqrt{x}-0\right|=\sqrt{x}<\varepsilon,$$

只需 $x<\varepsilon^2$，故取 $\delta=\varepsilon^2$，当 $0\leqslant x<\delta$ 时，有

$$\left|\sqrt{x}-0\right|=\sqrt{x}<\varepsilon.$$

故 $f(x)=\sqrt{x}$在 $x_0=0$ 右连续.

(2) 若 $x_0\neq 0$，对 $\forall\,\varepsilon>0$，要使

$$\left|\sqrt{x}-\sqrt{x_0}\right|=\left|\frac{x-x_0}{\sqrt{x}+\sqrt{x_0}}\right|\leqslant\frac{1}{\sqrt{x_0}}\left|x-x_0\right|<\varepsilon,$$

只需 $|x-x_0|<x_0\varepsilon$，故取 $\delta=\sqrt{x_0}\cdot\varepsilon$，当 $|x-x_0|<\varepsilon$ 时，有

$$\left|\sqrt{x}-\sqrt{x_0}\right|\leqslant\frac{1}{\sqrt{x_0}}\left|x-x_0\right|<\varepsilon,$$

即 $f(x)=\sqrt{x}$在 $x_0\neq 0$ 点连续.

综合(1)与(2)，$f(x)$在$[0,+\infty)$上连续.

例 2.45 讨论函数 $f(x)=\begin{cases}x+1, & x\leqslant 0,\\ \sin x+x^2+1, & x>0\end{cases}$在点 $x=0$ 的连续性.

解 因 $f(0)=1$ 且

$$\lim_{x\to 0^+}f(x)=\lim_{x\to 0^+}(\sin x+x^2+1)=1=f(0),$$

$$\lim_{x\to 0^-}f(x)=\lim_{x\to 0^-}(x+1)=1=f(0),$$

即 $f(x)$在 $x=0$ 点既左连续又右连续，故 $f(x)$在 $x=0$ 点连续.

2.3.2 间断点及其类型

根据函数连续的定义，函数 $f(x)$在 x_0 点连续，必须具备 3 个条件：

(1) x_0 点属于函数 $f(x)$的定义域；

(2) $\lim\limits_{x\to x_0}f(x)$存在；

(3) $\lim\limits_{x\to x_0}f(x)=f(x_0)$.

若上述 3 个条件之一不成立，则称 x_0 为 $f(x)$的**间断点或不连续点**，也称函数 $f(x)$在 x_0 点**间断**.

把相应所产生的间断点，给出分类如下. 设 x_0 为 $f(x)$的间断点，

(1) 若 $f(x_0-0)$，$f(x_0+0)$均存在，则称 x_0 为 $f(x)$的**第一类间断点**. 第一类间断点包括下面两种情况：

(i) $f(x_0-0)=f(x_0+0)$，但 $f(x)$在 x_0 点无定义或 $f(x)$在 x_0 点虽有定义，但$\lim\limits_{x\to x_0}f(x)\neq f(x_0)$，则称 x_0 为 $f(x)$的**可去间断点**.

例如，$f(x)=\dfrac{x^2-1}{x-1}$，$x\neq 1$，函数 $f(x)$在 $x=1$ 无定义但$\lim\limits_{x\to 1}\dfrac{x^2-1}{x-1}=\lim\limits_{x\to 1}(x+1)=2$，故 $x=1$ 是 $f(x)$的可去间断点. 若定义 $f(1)=2$，则$\lim\limits_{x\to 1}f(x)=2=f(1)$，即 $f(x)$

在 $x=1$ 连续.

若 x_0 为 $f(x)$ 的可去间断点，只需补充定义或改变 $f(x)$ 在 x_0 处的函数值，可使 $f(x)$ 在点 x_0 变为连续.

(ii) 若 $f(x_0-0)\neq f(x_0+0)$，称 x_0 为 $f(x)$ 的**跳跃间断点**.

例如，符号函数 $f(x)=\mathrm{sgn}x$ 在 $x=0$ 处为跳跃间断点.

(2) 若 $f(x)$ 在 x_0 处的左极限或右极限不存在，则称 x_0 是 $f(x)$ 的**第二类间断点**.

例如，函数 $f(x)=\frac{1}{x}$. 因 $\lim\limits_{x\to0^+}f(x)$ 与 $\lim\limits_{x\to0^-}f(x)$ 均不存在，故 $x=0$ 为 $f(x)=\frac{1}{x}$ 的第二类间断点. 再如 $f(x)=\sin\frac{1}{x}$，由于 $\lim\limits_{x\to0^+}f(x)$ 与 $\lim\limits_{x\to0^-}f(x)$ 均不存在，所以 $x=0$ 也是 $f(x)=\sin\frac{1}{x}$ 的第二类间断点.

2.3.3　连续函数的局部性质

利用函数的极限性质知道，若函数 $f(x)$ 在 x_0 连续，则在 x_0 的某邻域 $U(x_0)$ 内具有局部有界性，局部保号性等. 若 $f(x)$，$g(x)$ 在 x_0 点连续，则 $\alpha f(x)+\beta g(x)$，$f(x)\cdot g(x)$，$\frac{f(x)}{g(x)}(g(x_0)\neq0)$ 均在 x_0 点连续.

定理 2.21（复合函数的连续性）　设函数 $y=f(u)$ 在 u_0 点连续，$u=g(x)$ 在 x_0 点连续且 $u_0=g(x_0)$，则复合函数 $y=f(g(x))$ 在 x_0 点连续.

证明　由函数 $f(u)$ 在 u_0 连续，对 $\forall\varepsilon>0$，$\exists\eta>0$，当 $|u-u_0|<\eta$ 时，有

$$|f(u)-f(u_0)|<\varepsilon.$$

另外函数 $u=g(x)$ 在 x_0 连续，对上述的 $\eta>0$，$\exists\delta>0$，当 $|x-x_0|<\delta$ 时，有

$$|g(x)-g(x_0)|<\eta \text{ 或 } |u-u_0|<\eta.$$

从而对 $\forall\varepsilon>0$，$\exists\delta>0$，只要 $|x-x_0|<\delta$(此时也有 $|u-u_0|<\eta$)，就有

$$|f(u)-f(u_0)|=|f(g(x))-f(g(x_0))|<\varepsilon.$$

故复合函数 $y=f(g(x))$ 在 x_0 连续.

注 2.13　若 $y=f(u)$ 在 u_0 连续，$u=g(x)$ 在 x_0 连续，$u_0=g(x_0)$，则

$$\lim_{x\to x_0}f(g(x))=f(\lim_{x\to x_0}g(x))=f(g(\lim_{x\to x_0}x)).$$

这给求极限带来极大方便. 上式对于 $x\to\pm\infty$，$x\to\infty$ 或 $x\to x_0^{\pm}$ 类型的极限也是成立的.

例 2.46　计算极限：

(1) $\lim\limits_{x\to\infty}\sqrt{1-\frac{\sin x}{x}}$；(2) $\lim\limits_{x\to a}\frac{\ln x-\ln a}{x-a}$，$a>0$.

解 (1) $\lim\limits_{x\to\infty}\sqrt{1-\frac{\sin x}{x}}=\sqrt{1-\lim\limits_{x\to\infty}\frac{\sin x}{x}}=\sqrt{1-0}=1$;

(2) $\lim\limits_{x\to a}\frac{\ln x-\ln a}{x-a}=\lim\limits_{x\to a}\frac{1}{x-a}\ln\frac{x}{a}=\lim\limits_{x\to a}\ln\left(1+\frac{x-a}{a}\right)^{\frac{1}{x-a}}$

$$=\lim_{x\to a}\ln\left(\left(1+\frac{x-a}{a}\right)^{\frac{a}{x-a}}\right)^{\frac{1}{a}}=\frac{1}{a}\ln\left(\lim_{x\to a}\left(1+\frac{x-a}{a}\right)^{\frac{a}{x-a}}\right)$$

$$=\frac{1}{a}\ln e=\frac{1}{a}.$$

2.3.4 连续函数的整体性质

若函数 $f(x)$在 x_0 点连续,则 $f(x)$在 x_0 的某邻域$U(x_0)$内具有某些性质.现在来研究,若 $f(x)$在闭区间$[a,b]$上连续,$f(x)$所具有的性质.

定理 2.22 若 $f(x)$在闭区间$[a,b]$上连续,则 $f(x)$在闭区间$[a,b]$上有界.

该定理将在下册中证明.

定理 2.23 若 $f(x)$在闭区间$[a,b]$上连续,则 $f(x)$在闭区间$[a,b]$上必能取得最大值和最小值.

证明 由定理 2.22 知 $f(x)$在$[a,b]$上有界,从而存在上确界和下确界.令

$$M=\sup_{x\in[a,b]}f(x),\quad m=\inf_{x\in[a,b]}f(x).$$

下面证明必存在 $x_1,x_2\in[a,b]$,使 $f(x_1)=M,f(x_2)=m$.

假设对任何 $x\in[a,b]$,$f(x)\neq M$,则一定有 $f(x)<M$.设

$$\varphi(x)=\frac{1}{M-f(x)},\quad x\in[a,b],$$

由连续函数的性质知 $\varphi(x)$在闭区间$[a,b]$上连续,从而 $\varphi(x)$在$[a,b]$上有界,即存在 $\mu>0$,使 $0<\varphi(x)\leqslant\mu$ 或 $0<\frac{1}{M-f(x)}\leqslant\mu$,故有

$$f(x)\leqslant M-\frac{1}{\mu}<M.$$

这与 M 是 $f(x)$的上确界矛盾.所以存在 $x_1\in[a,b]$,使 $f(x_1)=M$.

类似可证存在 $x_2\in[a,b]$,使 $f(x_2)=m$.

注 2.14 定理 2.22 与定理 2.23 中条件"$f(x)$在$[a,b]$上连续"必不可少,否则定理不真.例如,$f(x)=\frac{1}{x}$,$x\in(0,1)$,$f(x)$在$(0,1)$内连续,但在$(0,1)$内无界且在$(0,1)$内不存在最大值和最小值.

下面来证明连续函数的零值(点)定理,先给出一个重要的定理——闭区间套定理.这个定理将在下册讨论,这里只给出结论.

定理 2.24(闭区间套定理) 设$\{[a_n,b_n]\}$是一列闭区间,满足下列两个条件:

(1) 对任何正整数 n,$a_n\leqslant a_{n+1}<b_{n+1}\leqslant b_n$ 或$[a_{n+1},b_{n+1}]\subset[a_n,b_n]$;

(2) $\lim\limits_{n\to\infty}(b_n-a_n)=0$,

则存在唯一的实数 x_0,使 $x_0\in[a_n,b_n]$,$n=1,2,\cdots$.

满足条件(1),(2)的闭区间列$\{[a_n,b_n]\}$称为**闭区间套**.

定理 2.25(零点定理)　设 $f(x)$在闭区间$[a,b]$上连续,且

$$f(a)\cdot f(b)<0,$$

则至少存在一点 $x_0\in(a,b)$,使 $f(x_0)=0$.

证明　不妨设 $f(a)<0$,$f(b)>0$. 将$[a,b]$二等分,分点为 c_1. 若 $f(c_1)=0$,则定理证毕. 若 $f(c_1)\neq 0$,当 $f(c_1)>0$,就记$[a,c_1]=[a_1,b_1]$,当 $f(c_1)<0$,就记$[c_1,b]=[a_1,b_1]$.

不论哪种取法总有 $f(a_1)<0$,$f(b_1)>0$,$[a_1,b_1]\subset[a,b]$且 $b_1-a_1=\dfrac{b-a}{2}$. 如此进行下去……若进行到某一步,获得一分点 c_k,使 $f(c_k)=0$,则定理得证. 不然的话,这个过程无限进行下去,则得到一个闭区间列$\{[a_n,b_n]\}$,满足条件

(1) $[a_{n+1},b_{n+1}]\subset[a_n,b_n]$,$n=1,2,\cdots$;

(2) $b_n-a_n=\dfrac{b-a}{2^n}$,从而$\lim\limits_{n\to\infty}(b_n-a_n)=0$;

(3) $f(a_n)<0$,$f(b_n)>0$,$n=1,2,\cdots$.

由(1),(2)与闭区间套定理,存在唯一的 x_0,使

$$x_0\in[a_n,b_n],\quad n=1,2,\cdots \text{ 或 } a_n\leqslant x_0\leqslant b_n.$$

由$\lim\limits_{n\to\infty}(b_n-a_n)=0$,从而

$$0\leqslant\lim_{n\to\infty}(b_n-x_0)\leqslant\lim_{n\to\infty}(b_n-a_n)=0,$$
$$0\leqslant\lim_{n\to\infty}(x_0-a_n)\leqslant\lim_{n\to\infty}(b_n-a_n)=0,$$

得

$$\lim_{n\to\infty}a_n=\lim_{n\to\infty}b_n=x_0.$$

由 $f(x)$在 x_0 连续,所以

$$\lim_{n\to\infty}f(a_n)=f(x_0),\quad \lim_{n\to\infty}f(b_n)=f(x_0).$$

而

$$\lim_{n\to\infty}f(a_n)\leqslant 0,\quad \lim_{n\to\infty}f(b_n)\geqslant 0,$$

即

$$f(x_0)\leqslant 0 \text{ 且 } f(x_0)\geqslant 0.$$

从而有

$$f(x_0)=0.$$

注 2.15　零点定理的**几何解释**:若 $f(x)$在$[a,b]$上连续,则 $y=f(x)$的图像是

一条连绵不断的连续曲线. 若 $f(a)\cdot f(b)<0$,即曲线的两个端点一个在 x 轴上方,一个在 x 轴下方,从而曲线必然至少通过 x 轴一次.

零点定理也称为**根的存在性定理**.

推论 2.5(介值定理) 设 $f(x)$ 在闭区间 $[a,b]$ 上连续,$f(a)\neq f(b)$,则介于 $f(a)$ 与 $f(b)$ 之间的任何实数 C,至少存在一点 $x_0\in(a,b)$,使得 $f(x_0)=C$.

证明 令 $g(x)=f(x)-C$,并设 $f(a)<f(b)$,则

$$g(a)=f(a)-C<0,\quad g(b)=f(b)-C>0,$$

从而 $g(a)\cdot g(b)<0$. 由零点定理,存在 $x_0\in(a,b)$,使 $g(x_0)=0$,即

$$f(x_0)=C.$$

推论 2.6 设 $f(x)$ 在闭区间 $[a,b]$ 上连续,M 和 m 分别为 $f(x)$ 在 $[a,b]$ 上的最大值与最小值,则对于任何实数 C,$m<C<M$,必至少存在一点 $x_0\in(a,b)$,使得 $f(x_0)=C$.

证明 由于 $f(x)$ 在闭区间 $[a,b]$ 上连续,故存在 $x_1,x_2\in[a,b]$,使 $f(x_1)=m$,$f(x_2)=M$. 不妨设 $x_1<x_2$,令 $g(x)=f(x)-C$,于是

$$g(x_1)=m-C<0,\quad g(x_2)=M-C>0.$$

由零点定理,存在 $x_0\in(x_1,x_2)\subset(a,b)$,使 $g(x_0)=0$,即 $f(x_0)=C$.

推论 2.6 中连续函数的这一性质,称作**连续函数的介值性**.

注 2.16 连续函数在闭区间 $[a,b]$ 上具有介值性. 但是反过来,若函数 $f(x)$ 在 $[a,b]$ 上具有介值性,$f(x)$ 不一定连续. 例如,

$$f(x)=\begin{cases}\sin\dfrac{1}{x-a}, & x\neq a,\\ 0, & x=a.\end{cases}$$

函数 $f(x)$ 在任何闭区间 $[a,b]$ 上,可取得介于 -1 与 1 之间的一切值,但 $f(x)$ 在 $x=a$ 处不连续.

例 2.47 证明方程 $x^3=\sin x+\cos x$ 在 $[-2,2]$ 内至少有一根.

证明 方程变形为 $x^3-\sin x-\cos x=0$,令 $f(x)=x^3-\sin x-\cos x$,则 $f(x)$ 为 $[-2,2]$ 上的连续函数,且

$$f(-2)=-8-\sin(-2)-\cos(-2)\leqslant-8+1+1<0,$$
$$f(2)=8-\sin 2-\cos 2\geqslant 8-1-1>0,$$

即 $f(-2)\cdot f(2)<0$. 由零点定理,存在 $x_0\in(-2,2)$,使 $f(x_0)=0$,即 $x_0^3=\sin x_0+\cos x_0$,故结论成立.

例 2.48 设函数 $f(x)$ 在 $[a,b]$ 上连续,试证:对 $[a,b]$ 上任何 n 个点 x_1,$x_2,\cdots,x_n$,必存在 $\xi\in[a,b]$,使

$$f(\xi)=\frac{1}{n}\sum_{k=1}^{n}f(x_k).$$

证明　由 $f(x)$ 在 $[a,b]$ 上连续，故存在最大值 M 和最小值 m. 对任何 $x_1, x_2, \cdots, x_n \in [a,b]$，有

$$m \leqslant f(x_k) \leqslant M, \quad k = 1,2,\cdots.$$

于是

$$n \cdot m \leqslant \sum_{k=1}^{n} f(x_k) \leqslant n \cdot M,$$

即

$$m \leqslant \frac{1}{n}\sum_{k=1}^{n} f(x_k) \leqslant M.$$

由推论 2.2，存在 $\xi \in [a,b]$，使 $f(\xi) = \dfrac{1}{n}\sum_{k=1}^{n} f(x_k)$.

2.3.5　反函数的连续性

定理 2.26　若函数 $f(x)$ 在 $[a,b]$ 上严格递增（或递减）且连续，则 $f(x)$ 的反函数 $f^{-1}(y)$ 存在，且在定义域 $[f(a), f(b)]$（或 $[f(b), f(a)]$）上严格递增（或递减）且连续.

证明　仅证 $f(x)$ 在 $[a,b]$ 上严格递增的情形.

由 $f(x)$ 在 $[a,b]$ 上严格递增且连续，故 $f(x)$ 的值域是 $[f(a), f(b)]$. 再由定理 1.2 知 $f(x)$ 存在反函数 $f^{-1}(y)$，且 $f^{-1}(y)$ 在 $[f(a), f(b)]$ 上也是严格递增的，下面只证 $f^{-1}(y)$ 在 $[f(a), f(b)]$ 上连续即可.

对 $\forall y_0 \in (f(a), f(b))$，则 $\exists x_0 \in (a,b)$，使得 $x_0 = f(y_0)$.

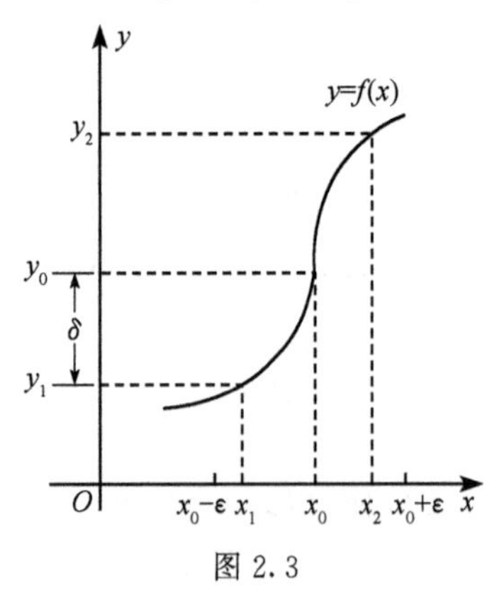

图 2.3

因此对 $\forall \varepsilon > 0$，取 $x_1 \in (a, x_0)$，$x_2 \in (x_0, b)$，使 $0 < x_0 - x_1 = x_2 - x_0 < \varepsilon$（图 2.3）. 记 $y_1 = f(x_1)$，$y_2 = f(x_2)$. 由 $f(x)$ 的严格递增性知 $y_1 < y_0 < y_2$. 取 $0 < \delta \leqslant \min\{y_0 - y_1, y_2 - y_0\}$，当 $|y - y_0| < \delta$ 时，则对应的值 $x = f^{-1}(y)$ 都落在 (x_1, x_2) 内，即

$$|x - x_0| < \varepsilon \text{ 或 } |f^{-1}(y) - f^{-1}(y_0)| < \varepsilon.$$

这就证明了 $x = f^{-1}(y)$ 在点 y_0 连续.

应用左右连续定义，同理可证 $x = f^{-1}(y)$ 在 $f(a), f(b)$ 两点的连续性（单侧）.

例 2.49　反三角函数 $\arcsin x, \arccos x, \arctan x, \text{arccot}\, x$ 分别在其定义区间上连续.

解　由于 $y = \sin x$ 在区间 $\left[-\dfrac{\pi}{2}, \dfrac{\pi}{2}\right]$ 上严格递增且连续，故其反函数 $\arcsin x$

在$[-1,1]$上连续.

同理可得 $\arccos x$, $\arctan x$, $\text{arccot}x$ 的连续性.

2.3.6 一致连续性

函数 $f(x)$在区间 I 内每一点都连续,即对 $\forall x_0\in I$, $\forall\varepsilon>0$, $\exists\delta>0$,当$|x-x_0|<\delta$时,有$|f(x)-f(x_0)|<\varepsilon$.一般来说,$\delta$与$\varepsilon$及$x_0$之间有一定依存关系.若对于函数$y=f(x)(x\in I)$,能找到一个公共的$\delta>0$,这个$\delta$仅与$\varepsilon$有关,而与点$x_0$的取法无关,即对$\forall\varepsilon>0$,$\exists\delta>0$,对一切$x'\in I$,只要$|x-x'|<\delta$,就有$|f(x)-f(x')|<\varepsilon$,称这种更强的连续性为**一致连续性**.

定义 2.17 设函数 $f(x)$在某区间 I 上有定义,若对$\forall\varepsilon>0$,$\exists\delta>0$,对任何$x_1,x_2\in I$,当$|x_1-x_2|<\delta$时,就有$|f(x_1)-f(x_2)|<\varepsilon$,则称 $f(x)$在区间 I 上**一致连续**.

例 2.50 证明 $f(x)=\dfrac{1}{x}$在$[a,+\infty)$上一致连续,$a>0$.

证明 任取 $x_1,x_2\in[a,+\infty)$,考察

$$|f(x_1)-f(x_2)|=\left|\frac{1}{x_1}-\frac{1}{x_2}\right|=\frac{|x_1-x_2|}{x_1x_2}\leqslant\frac{|x_1-x_2|}{a^2},$$

则对$\forall\varepsilon>0$,取$\delta=a^2\cdot\varepsilon>0$,对任何$x_1,x_2\in[a,+\infty)$,当$|x_1-x_2|<\delta$时,有

$$|f(x_1)-f(x_2)|\leqslant\frac{|x_1-x_2|}{a^2}<\varepsilon.$$

故 $f(x)=\dfrac{1}{x}$在$[a,+\infty)$上一致连续.

例 2.51 证明 $f(x)=\sqrt{x}$在$[0,+\infty)$上一致连续.

证明 任取 $x_1,x_2\in[0,+\infty)$,不妨设$x_1<x_2$.考察

$$\begin{aligned}|f(x_1)-f(x_2)|^2&=|\sqrt{x_1}-\sqrt{x_2}|^2=x_1+x_2-2\sqrt{x_1x_2}\\&\leqslant x_1+x_2-2\sqrt{x_1^2}=x_1+x_2-2x_1\\&=x_2-x_1=|x_2-x_1|,\end{aligned}$$

则对$\forall\varepsilon>0$,取$\delta=\varepsilon^2>0$,对$\forall x_1,x_2\in[0,+\infty)$,当$|x_1-x_2|<\delta$时,有

$$|f(x_1)-f(x_2)|<\varepsilon.$$

故 $f(x)=\sqrt{x}$在$[0,+\infty)$上一致连续.

定理 2.27 若函数 $f(x)$在闭区间$[a,b]$上连续,则 $f(x)$在$[a,b]$上一致连续.

该定理将在下册中给出证明.

例 2.52 设函数 $f(x)$在有限开区间(a,b)内连续,证明 $f(x)$在(a,b)内一致连续的充要条件是极限 $f(a+0)$与 $f(b-0)$存在.

证明 必要性.若 $f(x)$在(a,b)内一致连续,即对$\forall\varepsilon>0$,$\exists\delta>0$,对任何x_1,

$x_2\in(a,b)$，当$|x_1-x_2|<\delta$时，就有

$$|f(x_1)-f(x_2)|<\varepsilon.$$

故对上述$\delta>0$，当$x_1,x_2\in(a,a+\delta)$时，同样有

$$|f(x_1)-f(x_2)|<\varepsilon.$$

根据柯西收敛准则，$f(a+0)$存在. 同理，$f(b-0)$也存在.

充分性. 补充定义，构造函数

$$F(x)=\begin{cases}f(a+0), & x=a,\\ f(x), & a<x<b,\\ f(b-0), & x=b,\end{cases}$$

则$F(x)$在$[a,b]$上连续. 由定理2.27知$F(x)$在$[a,b]$上一致连续，当然$F(x)$在(a,b)上也一致连续. 而在(a,b)上，$F(x)\equiv f(x)$，所以$f(x)$在(a,b)上也一致连续.

2.3.7 初等函数的连续性

从前面内容知道在基本初等函数中，三角函数与反三角函数在其定义域内连续.

下面讨论指数函数、对数函数、幂函数的连续性.

例 2.53 证明指数函数$y=a^x(a>0,a\neq1)$在定义域$(-\infty,+\infty)$内是连续函数.

证明 设$a>1$，先证a^x在$x=0$处连续.

由于$\lim\limits_{n\to\infty}\sqrt[n]{a}=1$，则对$\forall\varepsilon>0$，$\exists N>0$，使得

$$0<a^{\frac{1}{N}}-1<\varepsilon.$$

故取$\delta=\dfrac{1}{N}$，则当$0<x<\delta$时，有

$$0<a^x-1<a^{\frac{1}{N}}-1<\varepsilon.$$

所以

$$\lim_{x\to0^+}a^x=1.$$

令$x=-t$，则有

$$\lim_{x\to0^-}a^x=\lim_{t\to0^+}a^{-t}=\frac{1}{\lim\limits_{t\to0^+}a^t}=1.$$

综合上述得到$\lim\limits_{x\to0}a^x=1=a^0$，所以$a^x$在$x=0$处连续.

再证a^x在任一点$x_0\in(-\infty,+\infty)$处连续，由于

$$\Delta y=a^{x_0+\Delta x}-a^{x_0}=a^{x_0}(a^{\Delta x}-1)$$

及

$$\lim_{\Delta x\to 0}a^{\Delta x}=1,$$

所以

$$\lim_{\Delta x\to 0}\Delta y=\lim_{\Delta x\to 0}a^{x_0}(a^{\Delta x}-1)=0,$$

即 $y=a^x$ 在 x_0 处连续.

若 $0<a<1$,令 $b=\frac{1}{a}>1$,则对 $\forall x_0\in(-\infty,+\infty)$,有

$$\lim_{x\to x_0}a^x=\lim_{x\to x_0}\frac{1}{b^x}=\frac{1}{b^{x_0}}=a^{x_0}.$$

这样 $y=a^x$ 在 $(-\infty,+\infty)$ 内连续.

由此及反函数的连续性,对数函数 $y=\log_a x\ (a>0,a\neq 1)$ 在定义域内为连续函数. 又由复合函数的连续性知,幂函数 $y=x^\alpha=e^{\alpha\ln x}$ (α 为实数)在定义域内连续. 至此得到如下结论:

定理 2.28 一切基本初等函数在其定义区间内是连续函数.

由连续函数的四则运算性质和复合函数的连续性,得到下述结论:

定理 2.29 任何初等函数都是其定义区间内的连续函数.

注 2.17 所谓定义区间是指含在定义域内的区间.

例 2.54 求 $\lim\limits_{x\to 0}\frac{\log_a(1+x)}{x}$, $a>0,a\neq 1$.

解 由于 $\lim\limits_{x\to 0}(1+x)^{\frac{1}{x}}=e$,根据复合函数的连续性得

$$\lim_{x\to 0}\frac{\log_a(1+x)}{x}=\lim_{x\to 0}\log_a(1+x)^{\frac{1}{x}}=\log_a\left(\lim_{x\to 0}(1+x)^{\frac{1}{x}}\right)=\log_a e.$$

特别地,

$$\lim_{x\to 0}\frac{\ln(1+x)}{x}=1\ \text{或}\ \ln(1+x)\sim x,\quad x\to 0.$$

例 2.55 求 $\lim\limits_{x\to 0}\frac{a^x-1}{x}$, $a>0,a\neq 1$.

解 令 $u=a^x-1$,则 $x=\log_a(1+u)$ 且当 $x\to 0$ 时,$u\to 0$,由例 2.47 知

$$\lim_{x\to 0}\frac{a^x-1}{x}=\lim_{u\to 0}\frac{u}{\log_a(1+u)}=\frac{1}{\log_a e}=\ln a.$$

特别地,

$$\lim_{x\to 0}\frac{e^x-1}{x}=1\ \text{或}\ e^x-1\sim x,\quad x\to 0.$$

例 2.56 求 $\lim\limits_{x\to 0}\frac{(1+x)^\alpha-1}{x}$, α 为实数.

解 令 $u=(1+x)^\alpha-1$,则 $1+u=(1+x)^\alpha$. 等式两边取对数得

$$\ln(1+u)=\alpha\ln(1+x)\ \text{或}\ 1=\frac{\alpha\ln(1+x)}{\ln(1+u)}.$$

于是

$$\frac{(1+x)^\alpha-1}{x}=\frac{u}{x}=\frac{u}{x}\cdot\frac{\alpha\ln(1+x)}{\ln(1+u)}=\alpha\frac{u}{\ln(1+u)}\cdot\frac{\ln(1+x)}{x}.$$

当 $x\to 0$ 时，$u\to 0$，故

$$\lim_{x\to 0}\frac{(1+x)^\alpha-1}{x}=\alpha\lim_{u\to 0}\frac{u}{\ln(1+u)}\cdot\lim_{x\to 0}\frac{\ln(1+x)}{x}=\alpha.$$

特别地，

$$(1+x)^\alpha-1\sim\alpha x,\quad x\to 0.$$

例 2.57　若 $\lim\limits_{x\to x_0}f(x)=a,a>0,a\neq 1,\lim\limits_{x\to x_0}g(x)=b$，则

$$\lim_{x\to x_0}[f(x)]^{g(x)}=[\lim_{x\to x_0}f(x)]^{\lim\limits_{x\to x_0}g(x)}=a^b.$$

解　由于 $[f(x)]^{g(x)}=e^{g(x)\ln f(x)}$，根据指数函数和对数函数的连续性，得

$$\begin{aligned}\lim_{x\to x_0}[f(x)]^{g(x)}&=\lim_{x\to x_0}e^{g(x)\ln f(x)}=e^{\lim\limits_{x\to x_0}g(x)\ln f(x)}\\&=e^{\lim\limits_{x\to x_0}g(x)\cdot\lim\limits_{x\to x_0}\ln f(x)}=e^{b\ln a}=a^b.\end{aligned}$$

习　题　2.3

1. 利用连续的定义证明下列函数在其定义域上是连续的：

(1) $f(x)=\cos x$；

(2) $f(x)=ax^2+bx+c$，其中 a,b,c 是不为零的实数.

2. 指出下列函数的间断点并说明其类型：

(1) $f(x)=\dfrac{x^2-1}{x-1}$；　　(2) $f(x)=x\cdot\sin\dfrac{1}{x}$；

(3) $f(x)=\begin{cases}\dfrac{1}{x}, & x\neq 0,\\ 0, & x=0;\end{cases}$　　(4) $f(x)=\operatorname{sgn}x$.

3. 若函数 $f(x)$ 在 (a,b) 内连续，且 $f(a+0)$，$f(b-0)$ 均存在，证明：$f(x)$ 在 (a,b) 上有界.

4. 若 $f(x)$ 是定义在 (a,b) 内的单调函数，$x_0\in(a,b)$ 且为 $f(x)$ 的间断点，则 x_0 是 $f(x)$ 的跳跃间断点.

5. 设 $f(x)$ 是 $[a,b]$ 上连续函数，证明：

(1) 若对于 $[a,b]$ 上一切有理数 r，恒有 $f(r)=0$，则 $f(x)$ 在 $[a,b]$ 上恒为零；

(2) 若对于 $[a,b]$ 上一切有理数 r_1,r_2，当 $r_1<r_2$ 时有 $f(r_1)<f(r_2)$，则 $f(x)$ 在 $[a,b]$ 上是严格递增函数.

6. 证明：方程 $x=a\cdot\sin x+b(a>0,b>0)$ 至少有一正根，并且此根不超过 $a+b$.

7. 证明：方程 $e^x=x+2$ 至少有一正根.

8. 设 $f(x)$ 是 (a,b) 内连续函数且 $f(a+0)=-\infty$，$f(b-0)=+\infty$，则至少存在一点 $\xi\in(a,b)$，使 $f(\xi)=0$.

9. 设 $f(x)$ 是实系数奇次多项式，证明：在 $(-\infty,+\infty)$ 内至少存在一点 x_0，使 $f(x_0)=0$.

10. 设函数 $f(x)=\begin{cases}\sin\dfrac{1}{x-a}, & x\neq a,\\ 0, & x=a,\end{cases}$ 证明：$f(x)$在任何闭区间$[a,b]$上可取-1和1之间的一切值，但$f(x)$在$x=a$处不连续.

11. 设$f(x)$在$[a,b]$上连续且$\lim\limits_{x\to a^+}\dfrac{f(x)}{x-a}=A>0$，$\lim\limits_{x\to b^-}\dfrac{f(x)}{x-b}=B>0$，则至少存在一点$\xi\in(a,b)$，使$f(\xi)=0$.

12. 用定义证明下列函数的一致连续性：

(1) $f(x)=\sin\dfrac{1}{x}$，$x\in[a,b]$，$a>0$；

(2) $f(x)=\cos x$，$x\in(-\infty,+\infty)$；

(3) $f(x)=\sqrt{1+x^2}$，$x\in[a,b]$.

13. 设$f(x)$在区间I上一致连续，且存在$c>0$，使$|f(x)|\geqslant c$，则$\dfrac{1}{f(x)}$在I上一致连续.

14. 若$f(x)$在$[a,+\infty)$上连续，且$\lim\limits_{x\to+\infty}f(x)$存在，证明：

(1) $f(x)$在$[a,+\infty)$上有界；(2) $f(x)$在$[a,+\infty)$上一致连续.

第 2 章总练习题

1. 设数列x_n与y_n满足$\lim\limits_{n\to\infty}x_ny_n=0$，则下列断言正确的是________.

(A) 若x_n发散，则y_n必发散；　(B) 若x_n有界，则y_n必为无穷小；

(C) 若x_n无界，则y_n必无界；　(D) 若$\dfrac{1}{x_n}$为无穷小，则y_n必为无穷小.

2. 当$x\to0$时，变量$\dfrac{1}{x^2}\sin\dfrac{1}{x}$是________.

(A) 无穷小；　(B) 无穷大；

(C) 无界的，但不是无穷大；　(D) 有界的，但不是无穷小.

3. 设对任意的x，总有$\varphi(x)\leqslant f(x)\leqslant g(x)$，且$\lim\limits_{x\to\infty}[g(x)-\varphi(x)]=0$，则$\lim\limits_{x\to\infty}f(x)$________.

(A) 存在且一定等于零；　(B) 不一定存在；

(C) 一定不存在；　(D) 存在但不一定为零.

4. 设函数$f(x)=\dfrac{x}{a+\mathrm{e}^{bx}}$在$(-\infty,+\infty)$内连续，且$\lim\limits_{x\to-\infty}f(x)=0$，则常数$a,b$满足________.

(A) $a<0,b<0$；　(B) $a>0,b>0$；

(C) $a\leqslant0,b<0$；　(D) $a\geqslant0,b<0$.

5. 设$f(x)$和$g(x)$在$(-\infty,+\infty)$上有定义，$f(x)$为连续函数，且$f(x)\neq0$，$g(x)$有间断点，则________.

(A) $g(f(x))$必有间断点；　(B) $(g(x))^2$必有间断点；

(C) $f(g(x))$必有间断点；　(D) $\dfrac{g(x)}{f(x)}$必有间断点.

6. 设$\{a_n\}$,$\{b_n\}$,$\{c_n\}$均为非负数列,且$\lim\limits_{n\to\infty}a_n=0$,$\lim\limits_{n\to\infty}b_n=1$,$\lim\limits_{n\to\infty}c_n=\infty$,则必有________.

(A) $a_n<b_n$ 对任意 n 成立;　　(B) $b_n<c_n$ 对任意 n 成立;

(C) 极限$\lim\limits_{n\to\infty}a_nc_n$ 不存在;　　(D) 极限$\lim\limits_{n\to\infty}b_nc_n$ 不存在.

7. 设$\lim\limits_{x\to a}f(x)=A$,用 ε-δ 方法证明下列各题:

(1) $\lim\limits_{x\to a}|f(x)|=|A|$;　　(2) $\lim\limits_{x\to a}\sqrt{f(x)}=\sqrt{A}$, $A>0$;

(3) $\lim\limits_{x\to a}\sqrt[3]{f(x)}=\sqrt[3]{A}$;　　(4) $\lim\limits_{x\to a}\dfrac{1}{\sqrt{f(x)}}=\dfrac{1}{\sqrt{A}}$, $A>0$.

8. 设 $f(x)$在集合 E 上定义,则 $f(x)$在 E 上无上界的充要条件是$\exists x_n\in E$,$n=1,2,\cdots$,使$\lim\limits_{n\to\infty}f(x_n)=+\infty$.

9. 设 $0<x_1<3$,$x_{n+1}=\sqrt{x_n(3-x_n)}$,$n=1,2,\cdots$,证明:数列$\{x_n\}$的极限存在,并求此极限.

10. 讨论函数 $f(x)=\dfrac{x\arctan\dfrac{1}{x-1}}{\sin\dfrac{\pi}{2}x}$的连续性,并指出间断点的类型.

11. 设 $f(x)$在$[0,2a]$上连续,其中 $a>0$,$f(0)=f(2a)$.证明:方程 $f(x)=f(x+a)$在$[0,a]$上至少有一个根.

12. 设 $f(x)$在$[a,b]$上连续,$c,d\in(a,b)$,$t_1>0$,$t_2>0$.证明:在$[a,b]$内必有点 ξ,使得

$$t_1f(c)+t_2f(d)=(t_1+t_2)f(\xi).$$

13. 设 $f(x)$在$[0,1]$上连续,$f(0)=f(1)$.证明对自然数 $n\geqslant2$,必有 $\xi\in(0,1)$,使得 $f(\xi)=f\left(\xi+\dfrac{1}{n}\right)$.

14. 求下列极限:

(1) $\lim\limits_{x\to0^+}\dfrac{1-\sqrt{\cos x}}{x\left(1-\cos\sqrt{x}\right)}$;　　(2) $\lim\limits_{x\to0}\dfrac{\sin ax-\sin bx}{e^{ax}-e^{bx}}$,$a\neq b$;

(3) $\lim\limits_{x\to0}(2\sin x+e^x)^{\frac{2}{x}}$.

15. 已知 $\lim\limits_{x\to+\infty}\left(\sqrt{x^2-x+1}-ax-b\right)=0$,求 a,b 的值.

16. 已知$\lim\limits_{x\to0}\dfrac{\sqrt{1+\dfrac{1}{x}f(x)}-1}{x^2}=A(\neq0)$,试确定常数 a,b,使得

$$f(x)\sim ax^b,\quad x\to0.$$

17. 求极限$\lim\limits_{t\to x}\left(\dfrac{\sin t}{\sin x}\right)^{\frac{x}{\sin t-\sin x}}$.记此极限为 $f(x)$,求函数 $f(x)$的间断点并指出其类型.

18. 设对$\forall x,y\in[a,b]$,有$|f(x)-f(y)|\leqslant L|x-y|$,且 $f(a)f(b)<0$,求证存在 $\xi\in[a,b]$,使得 $f(\xi)=0$.

19. 设 $f(x)$在$[0,n]$($n\geqslant2$ 为正整数)上连续,$f(0)=f(n)$,求证存在 $\xi\in[0,n-1]$,使得$f(\xi)=f(\xi+1)$.

第 3 章　一元函数的微分学

3.1　导数与微分

3.1.1　导数和微分

问题Ⅰ　物体在自由落体运动中,时间 t 与物体下落高度 h 的函数关系是

$$h(t)=\frac{1}{2}gt^2,\quad t\in[0,T],$$

其中 g 是重力加速度.求落体在 t_0 时刻的瞬时速度 $v(t_0)$.

解　物体由 t_0 时刻到 t 时刻下落高度为 $h(t)-h(t_0)$.若物体是做匀速运动,则物体在任何时刻的速度都等于路程的增量 $h(t)-h(t_0)$除以时间的增量 $t-t_0$,即

$$v=\frac{h(t)-h(t_0)}{t-t_0}.$$

但是自由落体运动是变速运动,这时$\dfrac{h(t)-h(t_0)}{t-t_0}$是落体从 t_0 时刻到 t 时刻这段时间的平均速度 $\bar{v}$,即

$$\bar{v}=\frac{h(t)-h(t_0)}{t-t_0}.$$

当 t 比较接近 t_0 时,$\bar{v}$ 可以近似地反映落体在 t_0 时刻的瞬时速度,而且 t 越接近 t_0,这个平均速度 $\bar{v}$ 越接近瞬时速度 $v(t_0)$.从而令 $t\to t_0$,则可以认为平均速度 $\bar{v}$ 的极限就是落体在 t_0 时刻的瞬时速度 $v(t_0)$,即

$$v(t_0)=\lim_{t\to t_0}\bar{v}=\lim_{t\to t_0}\frac{h(t)-h(t_0)}{t-t_0}.$$

记 $\Delta h=h(t)-h(t_0)$,$\Delta t=t-t_0$,则瞬时速度也可以表示为

$$v(t_0)=\lim_{t\to t_0}\bar{v}=\lim_{\Delta t\to 0}\frac{\Delta h}{\Delta t},$$

即函数在 t_0 的增量与自变量在 t_0 的增量比值的极限.

问题Ⅱ　设有一条平面曲线(图 3.1),它的方程为 $y=f(x)$.求过该曲线上一点 $P_0(x_0,y_0)(y_0=f(x_0))$的切线斜率.

解　未知的切线不是孤立的概念,它与已知的割线相联系.在曲线上任意另取一点 $Q(x,y)$,则割线 P_0Q 的斜率为

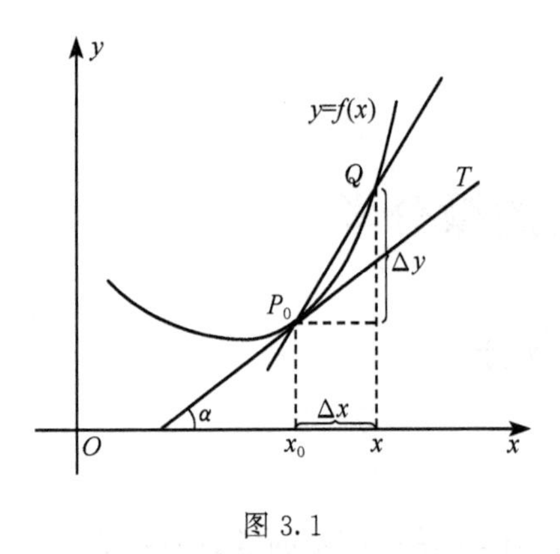

图 3.1

$$k' = \frac{f(x)-f(x_0)}{x-x_0}.$$

当 x 变化时，即点 Q 沿曲线变化时，割线 P_0Q 的斜率 k' 也随之改变，当 x 接近 x_0 时，割线 P_0Q 的斜率 k' 应当是曲线过点 P_0 的切线斜率的近似值. 所以当 $x\to x_0$ 时，即点 Q 沿着曲线无限接近于 P_0 时，割线 P_0Q 的极限位置就是曲线过点 P_0 的切线，同时 k' 的极限就是曲线过点 P_0 的切线斜率 k，即

$$k = \tan\alpha = \lim_{x\to x_0}\frac{f(x)-f(x_0)}{x-x_0}.$$

若记 $\Delta y=f(x)-f(x_0)$，$\Delta x=x-x_0$，则曲线过点 P_0 的切线斜率也可表示为

$$k = \lim_{x\to x_0}\frac{\Delta y}{\Delta x}.$$

在上面两个问题中，落体的瞬时速度与切线的斜率都归结为函数的增量与自变量的增量之比的极限. 将上述两个问题抽象化，有下述导数定义.

定义 3.1　设函数 $y=f(x)$ 在 x_0 的某邻域 $U(x_0)$ 内有定义，若极限

$$\lim_{x\to x_0}\frac{f(x)-f(x_0)}{x-x_0} \tag{3.1}$$

存在，则称 $f(x)$ 在 x_0 点可导，并称该极限值为 **$f(x)$ 在 x_0 点的导数**，记作

$$f'(x_0),\quad y'\big|_{x=x_0},\quad \frac{\mathrm{d}y}{\mathrm{d}x}\bigg|_{x=x_0} \text{ 或 } \frac{\mathrm{d}f}{\mathrm{d}x}\bigg|_{x=x_0}.$$

显然导数还可写成如下形式：

$$f'(x_0) = \lim_{\Delta x\to 0}\frac{f(x_0+\Delta x)-f(x_0)}{\Delta x} = \lim_{\Delta x\to 0}\frac{\Delta y}{\Delta x}, \tag{3.2}$$

即 $f(x)$ 在 x_0 点的导数等于函数增量与自变量增量比值的极限. 若式(3.1)(或(3.2))的极限不存在，则称 **$f(x)$ 在 x_0 不可导**.

注 3.1　由导数定义可知，落体在 t_0 时刻的瞬时速度为 $v(t_0)=h'(t_0)$；曲线 $y=f(x)$ 过 $P_0(x_0,y_0)$ 的切线斜率为 $k=f'(x_0)$(**导数的几何意义**).

注 3.2　由导数定义，若 $f(x)\equiv C$(常数)，$x\in(-\infty,+\infty)$，则对任何 x，有 $\Delta y=f(x+\Delta x)-f(x)\equiv 0$，故 $f'(x)=0$，即 $(C)'=0$.

注 3.3　$f'(x_0)$ 与 $(f(x_0))'$ 的含义完全不同. $f'(x_0)$ 是函数 $f(x)$ 在 x_0 点的导数；而 $(f(x_0))'$ 是常数 $f(x_0)$ 的导数，即 $(f(x_0))'\equiv 0$.

类似于左右极限与左右连续，还有

定义 3.2　设函数 $y=f(x)$ 在 x_0 的某右邻域 $U_+(x_0,\delta)$ 有定义，若右极限

$$\lim_{\Delta x \to 0^+} \frac{\Delta y}{\Delta x} = \lim_{\Delta x \to 0^+} \frac{f(x_0 + \Delta x) - f(x_0)}{\Delta x} = \lim_{x \to x_0^+} \frac{f(x) - f(x_0)}{x - x_0}$$

存在,则称此极限值为 $f(x)$在点 x_0 的**右导数**,记作 $f'_+(x_0)$.

类似地,$f(x)$在点 x_0 的**左导数**定义为

$$f'_-(x_0) = \lim_{\Delta x \to 0^-} \frac{\Delta y}{\Delta x} = \lim_{\Delta x \to 0^-} \frac{f(x_0 + \Delta x) - f(x_0)}{\Delta x} = \lim_{x \to x_0^-} \frac{f(x) - f(x_0)}{x - x_0}.$$

左导数和右导数统称为**单侧导数**.

定理 3.1 若 $f(x)$在 x_0 的某邻域$U(x_0)$内有定义,则 $f(x)$在 x_0 处可导的充要条件是 $f'_+(x_0)$,$f'_-(x_0)$均存在且

$$f'_+(x_0) = f'_-(x_0).$$

若函数 $y=f(x)$在区间 I 上每一点都可导(对于闭区间的左、右端点,仅要求其右、左单侧导数存在),则称 $f(x)$**在区间 I 上可导**,也称 $f(x)$**为 I 上的可导函数**. 这时对每一个 $x\in I$,都有 $f(x)$的一个导数值 $f'(x)$(在闭区间的左、右端点,则是 $f'_+(x)$或 $f'_-(x)$)与之对应. 这样就确定了一个定义在 I 上的函数,称为 $f(x)$在 I 上的**导函数**,也简称导数,记作 $f'(x)$,y'或$\frac{\mathrm{d}y}{\mathrm{d}x}$,即

$$f'(x) = \lim_{\Delta x \to 0} \frac{f(x + \Delta x) - f(x)}{\Delta x}, \quad x \in I.$$

例 3.1 求函数 $f(x)=\frac{1}{x}$在点 $x_0(x_0\neq 0)$的导数.

解 对任意的 $x_0\neq 0$,由于

$$\Delta y = f(x_0 + \Delta x) - f(x_0) = \frac{1}{x_0 + \Delta x} - \frac{1}{x_0} = \frac{-\Delta x}{x_0(x_0 + \Delta x)},$$

故

$$f'(x_0) = \lim_{\Delta x \to 0} \frac{\Delta y}{\Delta x} = \lim_{\Delta x \to 0} \frac{-1}{x_0(x_0 + \Delta x)} = -\frac{1}{x_0^2}.$$

例 3.2 求函数 $\sin x$ 与 $\cos x$ 的导(函)数.

解 对 $x\in(-\infty,+\infty)$,有

$$\Delta y = \sin(x + \Delta x) - \sin x = 2\sin\frac{\Delta x}{2}\cos\frac{2x + \Delta x}{2}.$$

于是

$$(\sin x)' = \lim_{\Delta x \to 0} \frac{\Delta y}{\Delta x} = \lim_{\Delta x \to 0} \frac{\sin\frac{\Delta x}{2}}{\frac{\Delta x}{2}}\cos\frac{2x + \Delta x}{2} = \cos x.$$

同理

$$(\cos x)' = -\sin x.$$

例 3.3　证明$(a^x)'=a^x\cdot\ln a, a>0$ 且 $a\neq1$.

证明　设 $y=a^x$，由于

$$\Delta y=a^{x+\Delta x}-a^x=a^x(a^{\Delta x}-1),$$

则

$$\lim_{\Delta x\to0}\frac{a^{\Delta x}-1}{\Delta x}=\ln a.$$

所以

$$(a^x)'=\lim_{\Delta x\to0}\frac{\Delta y}{\Delta x}=\lim_{\Delta x\to0}a^x\frac{a^{\Delta x}-1}{\Delta x}=a^x\ln a.$$

特别地，有

$$(\mathrm{e}^x)'=\mathrm{e}^x.$$

例 3.4　讨论函数 $f(x)=\begin{cases}x\sin\dfrac{1}{x}, & x\neq0,\\ 0, & x=0\end{cases}$ 在 $x=0$ 处的连续性与可导性.

解　由于

$$\lim_{x\to0}f(x)=\lim_{x\to0}x\sin\frac{1}{x}=0=f(0),$$

所以 $f(x)$在 $x=0$ 处连续. 又因为

$$\frac{f(x)-f(0)}{x-0}=\sin\frac{1}{x}.$$

当 $x\to0$ 时，上式的极限不存在，故 $f(x)$在 $x=0$ 处不可导.

例 3.5　设 $f(x)=|x|$，讨论 $f(x)$在 $x=0$ 处的可导性.

解　因为

$$f'_-(0)=\lim_{x\to0^-}\frac{f(x)-f(0)}{x-0}=\lim_{x\to0^-}\frac{-x-0}{x}=-1,$$

$$f'_+(0)=\lim_{x\to0^+}\frac{f(x)-f(0)}{x-0}=\lim_{x\to0^+}\frac{x-0}{x}=1.$$

由于 $f'_-(0)\neq f'_+(0)$，故 $f(x)$在 $x=0$ 处不可导.

例 3.6　已知 $f'(3)=2$，求$\lim\limits_{h\to0}\dfrac{f(3-h)-f(3)}{2h}$.

解

$$\lim_{h\to0}\frac{f(3-h)-f(3)}{2h}=-\frac{1}{2}\lim_{h\to0}\frac{f(3-h)-f(3)}{-h}=-\frac{1}{2}f'(3)=-1.$$

例 3.7　求曲线 $f(x)=\dfrac{1}{x}$在点(1,1)处的切线方程和法线方程.

解　由例 3.1 知 $f'(x_0)=-\dfrac{1}{x_0^2}$，则曲线在点(1,1)的切线斜率为

$$k = f'(1) = -1.$$

从而曲线在点(1,1)处的切线方程为

$$y - 1 = -(x - 1)$$

或

$$x + y - 2 = 0$$

且易求得法线方程为

$$x - y = 0.$$

问题Ⅲ 已知条件同问题Ⅰ,求落体从 t_0 时刻到 $t_0 + \Delta t$ 时刻高度的改变量 Δh 的近似值.

解 由于

$$h(t_0) = \frac{1}{2}gt_0^2,\quad h(t_0 + \Delta t) = \frac{1}{2}g(t_0 + \Delta t)^2 = \frac{1}{2}gt_0^2 + gt_0\Delta t + \frac{1}{2}g\Delta t^2,$$

从而

$$\Delta h = h(t_0 + \Delta t) - h(t_0) = gt_0 \cdot \Delta t + \frac{1}{2}g(\Delta t)^2.$$

上式是落体由时刻 t_0 到时刻 $t_0 + \Delta t$,高度的增量 Δh 的表达式.易知 Δh 由两部分组成,第一部分 $gt_0 \cdot \Delta t$ 是 Δt 的线性函数,第二部分 $\frac{1}{2}g \cdot (\Delta t)^2$ 是当 $\Delta t \to 0$ 时关于 Δt 的高阶无穷小,即

$$\Delta h = gt_0 \cdot \Delta t + o(\Delta t),\quad \Delta t \to 0.$$

当 $|\Delta t|$ 充分小时,$o(\Delta t)$ 可以忽略不计,从而 Δh 的近似值为

$$\Delta h \approx gt_0 \cdot \Delta t.$$

因此用 Δt 的线性函数 $gt_0 \cdot \Delta t$ 近似代替 Δh,所产生的误差是

$$\Delta h - gt_0 \cdot \Delta t = o(\Delta t).$$

定义 3.3 设函数 $y=f(x)$ 在 x_0 的某邻域 $U(x_0)$ 内有定义,若存在与 Δx 无关的常数 A,使

$$\Delta y = f(x_0 + \Delta x) - f(x_0) = A \cdot \Delta x + o(\Delta x),$$

则称函数 $f(x)$ 在 x_0 点**可微**,并称 $A \cdot \Delta x$ 是 $f(x)$ 在点 x_0 的**微分**,记作

$$\mathrm{d}y\big|_{x=x_0} = A \cdot \Delta x \text{ 或 } \mathrm{d}f(x)\big|_{x=x_0} = A \cdot \Delta x.$$

显然,当 $|\Delta x|$ 充分小时有

$$\Delta y \approx \mathrm{d}y\big|_{x=x_0}.$$

注 3.4 由定义 3.3 知,落体在 Δt 时间间隔内的增量

$$\Delta h \approx \mathrm{d}\,h(t)\big|_{t=t_0} = gt_0 \cdot \Delta t.$$

3.1.2 函数连续、可导与可微的关系

定理 3.2 函数 $f(x)$ 在 x_0 点可微的充要条件是 $f(x)$ 在 x_0 可导.

证明　必要性.若 $f(x)$ 在 x_0 点可微,则存在与 Δx 无关的常数 A,使

$$\Delta y = A \cdot \Delta x + o(\Delta x), \quad \Delta x \to 0.$$

于是

$$\lim_{\Delta x \to 0} \frac{\Delta y}{\Delta x} = \lim_{\Delta x \to 0}\left(A + \frac{o(\Delta x)}{\Delta x}\right) = A.$$

故 $f(x)$ 在 x_0 点可导且 $f'(x_0)=A$.

充分性.若 $f(x)$ 在 x_0 点可导,则 $\lim\limits_{\Delta x \to 0}\dfrac{\Delta y}{\Delta x}=f'(x_0)$.从而

$$\frac{\Delta y}{\Delta x} = f'(x_0) + o(1), \quad \Delta x \to 0$$

或

$$\Delta y = f'(x_0)\Delta x + o(1)\Delta x, \quad \Delta x \to 0,$$

其中 $o(1)$ 是 Δx 的无穷小量,即 $\lim\limits_{\Delta x \to 0} o(1)=0$.

注意到

$$\lim_{\Delta x \to 0} \frac{o(1) \cdot \Delta x}{\Delta x} = \lim_{\Delta x \to 0} o(1) = 0,$$

所以

$$\Delta y = f'(x_0)\Delta x + o(\Delta x), \quad \Delta x \to 0.$$

由微分的定义可知函数 $f(x)$ 在 x_0 点可微.

注 3.5　由定理 3.2 知,若 $f(x)$ 在 x_0 点可导(或可微),则

$$\mathrm{d}y\,\big|_{x=x_0} = f'(x_0)\Delta x.$$

若 $f(x)$ 在 (a,b) 内可导,则 $f(x)$ 在 (a,b) 内的微分可表示为

$$\mathrm{d}y = f'(x) \cdot \Delta x. \tag{3.3}$$

注 3.6　若 $\varphi(x)=x$,由导数的定义可知 $\varphi'(x)=(x)'=1$,故

$$\mathrm{d}\varphi(x) = \mathrm{d}x = \Delta x.$$

由此约定 $\Delta x=\mathrm{d}x$,则式(3.3)改写成

$$\mathrm{d}y = f'(x)\mathrm{d}x \tag{3.4}$$

或

$$f'(x) = \frac{\mathrm{d}y}{\mathrm{d}x}.$$

这表明函数 $y=f(x)$ 的导数可看成是函数微分与自变量微分的商.因此导数也常称为**微商**.

注 3.7　**微分的几何意义**:AD 是曲线 $y=f(x)$ 在点 $A(x_0,f(x_0))$ 的切线(图 3.2),已知切线 AD 的斜率为 $k=\tan\alpha=f'(x_0)$.

$$\Delta y = f(x) - f(x_0) = BC,$$
$$\mathrm{d}y\big|_{x=x_0} = f'(x_0)\Delta x = \tan\alpha \cdot \Delta x = \frac{DC}{\Delta x} \cdot \Delta x = DC.$$

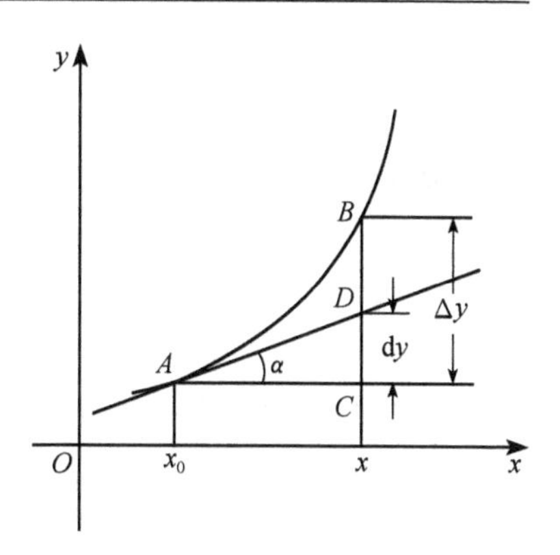

图 3.2

由此可见，$f(x)$在点 x_0 的微分就是曲线 $y=f(x)$在点 $A(x_0,f(x_0))$的切线 AD 的纵坐标的改变量. 于是 Δy 与 $\mathrm{d}y$ 之差 BD 为较 $\Delta x=x-x_0$ 高阶的无穷小量，即

$$BD = o(\Delta x), \quad \Delta x \to 0.$$

这就是函数微分的几何意义.

定理 3.3 若函数 $y=f(x)$在 x_0 点可导，则 $f(x)$在 x_0 处连续.

证明 由于 $f(x)$在 x_0 可导，故 $f(x)$在 x_0 可微且

$$\Delta y = f'(x_0)\Delta x + o(\Delta x), \quad \Delta x \to 0,$$

所以

$$\lim_{\Delta x \to 0}\Delta y = \lim_{\Delta x \to 0}(f'(x_0)\Delta x + o(\Delta x)) = 0,$$

即函数 $f(x)$在 x_0 处连续.

注 3.8 函数 $f(x)$在 x_0 处连续时未必在 x_0 可导. 例如，$f(x)=|x|$在 $x=0$ 连续，但在 $x=0$ 不可导. 又由定理 3.3 知，若函数 $f(x)$在 x_0 处不连续则在 x_0 必不可导.

3.1.3 导数与微分的运算性质

定理 3.4 设函数 $u(x)$和 $v(x)$在点 x 可导，则 $u(x)\pm v(x)$也在点 x 可导，且

$$(u(x) \pm v(x))' = u'(x) \pm v'(x).$$

证明 设 $y=u(x)\pm v(x)$，则

$$\begin{aligned}\Delta y &= (u(x+\Delta x) \pm v(x+\Delta x)) - (u(x) \pm v(x)) \\ &= (u(x+\Delta x) - u(x)) \pm (v(x+\Delta x) - v(x)) = \Delta u \pm \Delta v,\end{aligned}$$

所以

$$\frac{\Delta y}{\Delta x} = \frac{\Delta u}{\Delta x} \pm \frac{\Delta v}{\Delta x}.$$

已知函数 $u(x)$和 $v(x)$在点 x 可导，则

$$\lim_{\Delta x \to 0}\frac{\Delta u}{\Delta x} = u'(x), \quad \lim_{\Delta x \to 0}\frac{\Delta v}{\Delta x} = v'(x).$$

于是

$$\lim_{\Delta x \to 0}\frac{\Delta y}{\Delta x} = \lim_{\Delta x \to 0}\frac{\Delta u}{\Delta x} \pm \lim_{\Delta x \to 0}\frac{\Delta v}{\Delta x} = u'(x) \pm v'(x).$$

故 $u(x)\pm v(x)$在点 x 可导,且

$$(u(x)\pm v(x))'=u'(x)\pm v'(x).$$

注 3.9　应用归纳法,可将定理 3.4 推广到任意有限个函数的代数和的导数,即若 $u_1(x),u_2(x),\cdots,u_k(x)$都在点 x 可导,则 $u_1(x)+u_2(x)+\cdots+u_k(x)$也在点 x 可导,且

$$(u_1(x)+u_2(x)+\cdots+u_k(x))'=u_1'(x)+u_2'(x)+\cdots+u_k'(x).$$

注 3.10　由导数与微分的关系,若 $u(x)$和 $v(x)$在点 x 可微,则 $u(x)\pm v(x)$也在点 x 可微,且

$$\begin{aligned}\mathrm{d}(u(x)\pm v(x))&=(u(x)\pm v(x))'\mathrm{d}x\\&=(u'(x)\pm v'(x))\mathrm{d}x=\mathrm{d}u(x)\pm \mathrm{d}v(x),\end{aligned}$$

即两个函数的代数和的微分等于这两个函数微分的代数和.

定理 3.5　设 $u(x)$和 $v(x)$在 x 点可导,则 $u(x)\cdot v(x)$在 x 点可导,且

$$(u(x)\cdot v(x))'=u'(x)\cdot v(x)+u(x)\cdot v'(x).$$

证明　设 $y=u(x)v(x)$,则

$$\begin{aligned}\Delta y&=u(x+\Delta x)v(x+\Delta x)-u(x)v(x)\\&=(u(x+\Delta x)v(x+\Delta x)-u(x)v(x+\Delta x))\\&\quad+(u(x)v(x+\Delta x)-u(x)v(x))\\&=v(x+\Delta x)\Delta u+u(x+\Delta x)\Delta v,\end{aligned}$$

所以

$$\frac{\Delta y}{\Delta x}=v(x+\Delta x)\frac{\Delta u}{\Delta x}\pm u(x+\Delta x)\frac{\Delta v}{\Delta x}.$$

已知函数 $u(x)$和 $v(x)$在点 x 可导,则

$$\lim_{\Delta x\to 0}\frac{\Delta u}{\Delta x}=u'(x),\quad \lim_{\Delta x\to 0}\frac{\Delta v}{\Delta x}=v'(x).$$

又 $u(x)$和 $v(x)$在点 x 连续,则

$$\lim_{\Delta x\to 0}u(x+\Delta x)=u(x),\quad \lim_{\Delta x\to 0}v(x+\Delta v)=v(x).$$

于是

$$\begin{aligned}\lim_{\Delta x\to 0}\frac{\Delta y}{\Delta x}&=\lim_{\Delta x\to 0}\frac{\Delta u}{\Delta x}\cdot\lim_{\Delta x\to 0}v(x+\Delta x)+\lim_{\Delta x\to 0}u(x+\Delta x)\cdot\lim_{\Delta x\to 0}\frac{\Delta v}{\Delta x}\\&=u'(x)v(x)+u(x)v'(x).\end{aligned}$$

故 $u(x)\cdot v(x)$在点 x 可导,且

$$(u(x)\cdot v(x))'=u'(x)\cdot v(x)+u(x)\cdot v'(x).$$

注 3.11　$(u(x)\cdot v(x))'\neq u'(x)\cdot v'(x)$.

注 3.12　特别地,若 $v(x)\equiv k$(常数),则有$(ku(x))'=ku'(x)$.

注 3.13　若 $u_1(x),u_2(x),\cdots,u_k(x)$都在点 x 可导,则

$$u_1(x)\cdot u_2(x)\cdot\cdots\cdot u_k(x)$$

也在点 x 可导,且

$$\begin{aligned}&(u_1(x)\cdot u_2(x)\cdot\cdots\cdot u_k(x))'\\&=u_1'(x)u_2(x)\cdots u_k(x)+u_1(x)u_2'(x)\cdots u_k(x)+\cdots+u_1(x)u_2(x)\cdots u_k'(x).\end{aligned}$$

注 3.14 由导数与微分的关系,若 $u(x)$,$v(x)$在点 x 可微,则 $u(x)v(x)$也在点 x 可微,且

$$\begin{aligned}\mathrm{d}(u(x)v(x))&=(u(x)v(x))'\mathrm{d}x=(u'(x)v(x)+u(x)v'(x))\mathrm{d}x\\&=v(x)\mathrm{d}u(x)+u(x)\mathrm{d}v(x),\end{aligned}$$

即两个函数的乘积的微分等于第一个函数的微分乘以第二个函数,再加上第一个函数乘以第二个函数的微分.

定理 3.6 设 $u(x)$和 $v(x)$在 x 点可导且 $v(x)\neq 0$,则$\dfrac{u(x)}{v(x)}$在 x 点可导,且

$$\left(\frac{u(x)}{v(x)}\right)'=\frac{u'(x)v(x)-u(x)v'(x)}{v^2(x)}.$$

证明 设 $y=\dfrac{u(x)}{v(x)}$,则类似于定理 3.5 的证明过程

$$\begin{aligned}\Delta y&=\frac{u(x+\Delta x)}{v(x+\Delta x)}-\frac{u(x)}{v(x)}=\frac{u(x+\Delta x)v(x)-u(x)v(x+\Delta x)}{v(x+\Delta x)v(x)}\\&=\frac{v(x)\Delta u-u(x)\Delta v}{v(x+\Delta x)v(x)},\end{aligned}$$

所以

$$\frac{\Delta y}{\Delta x}=\frac{\dfrac{\Delta u}{\Delta x}v(x)-u(x)\dfrac{\Delta v}{\Delta x}}{v(x+\Delta x)v(x)},$$

$$\lim_{x\to 0}\frac{\Delta y}{\Delta x}=\lim_{x\to 0}\frac{\dfrac{\Delta u}{\Delta x}v(x)-u(x)\dfrac{\Delta v}{\Delta x}}{v(x+\Delta x)v(x)}=\frac{u'(x)v(x)-u(x)v'(x)}{v^2(x)}.$$

故$\dfrac{u(x)}{v(x)}$在 x 点可导,且

$$\left(\frac{u(x)}{v(x)}\right)'=\frac{u'(x)v(x)-u(x)v'(x)}{v^2(x)}.$$

注 3.15 $\left(\dfrac{u(x)}{v(x)}\right)'\neq\dfrac{u'(x)}{v'(x)}$.

注 3.16 特别地,若 $u(x)=1$,则有

$$\left(\frac{1}{v(x)}\right)'=-\frac{v'(x)}{v^2(x)}.$$

注 3.17 由导数与微分的关系,若 $u(x)$,$v(x)$在点 x 可微,且 $v(x)\neq 0$,则$\dfrac{u(x)}{v(x)}$在点 x 可微,且

$$\mathrm{d}\left(\frac{u(x)}{v(x)}\right)=\frac{v(x)\mathrm{d}u(x)-u(x)\mathrm{d}v(x)}{v^2(x)}.$$

定理 3.7(复合函数的求导公式)　设 $f'(u_0)$ 与 $g'(x_0)$ 存在,且 $u_0=g(x_0)$,则复合函数 $y=f(g(x))$ 在 x_0 点可导,且

$$(f(g(x)))'\big|_{x=x_0}=f'(u_0)\cdot g'(x_0)=f'(g(x_0))\cdot g'(x_0).$$

证明　定义函数

$$H(u)=\begin{cases}\dfrac{f(u)-f(u_0)}{u-u_0}, & u\neq u_0,\\ f'(u_0), & u=u_0,\end{cases}$$

则函数 $H(u)$ 在 u_0 点连续,即 $\lim\limits_{u\to u_0}H(u)=H(u_0)=f'(u_0)$. 所以

$$\begin{aligned}\frac{f(g(x))-f(g(x_0))}{x-x_0}&=\frac{f(g(x))-f(g(x_0))}{g(x)-g(x_0)}\cdot\frac{g(x)-g(x_0)}{x-x_0}\\&=H(u)\cdot\frac{g(x)-g(x_0)}{x-x_0}.\end{aligned}$$

令 $x\to x_0$,得

$$(f(g(x)))'\big|_{x=x_0}=f'(u_0)\cdot g'(x_0)=f'(g(x_0))\cdot g'(x_0).\tag{3.5}$$

注 3.18　引入函数 $H(u)$ 是为了避免在直接写表达式

$$\frac{f(g(x))-f(g(x_0))}{x-x_0}=\frac{f(u)-f(u_0)}{u-u_0}\cdot\frac{g(x)-g(x_0)}{x-x_0}$$

中当 $x\neq x_0$ 时,可能会出现 $u=u_0$ 的情况,导致右端前一个式子分母为零.

注 3.19　若函数 $y=f(u)$ 的定义域包含 $u=g(x)$ 的值域,且两个函数在各自的定义域上可导,则复合函数 $y=f(g(x))$ 在 $g(x)$ 的定义域上可导,且

$$(f(g(x)))'=f'(g(x))\cdot g'(x)$$

或

$$\frac{\mathrm{d}y}{\mathrm{d}x}=\frac{\mathrm{d}y}{\mathrm{d}u}\cdot\frac{\mathrm{d}u}{\mathrm{d}x}.\tag{3.6}$$

复合函数的求导公式(3.5)或(3.6)亦称为**链式法则**,该公式还可以推广到任意有限个函数复合而成的复合函数的情形.

注 3.20　相应地可以得到复合函数的微分公式

$$\mathrm{d}(f(g(x)))=(f(g(x)))'=f'(g(x))\cdot g'(x)\mathrm{d}x.$$

由于 $\mathrm{d}u=g'(x)\mathrm{d}x$,故上式又可写为

$$\mathrm{d}y=f'(u)\mathrm{d}u.$$

此式与 u 是自变量时的微分在形式上完全相同,这说明上式不仅在 u 为自变量时成立,当它是另一可微函数的因变量时也成立,这个性质称为**一阶微分形式的不变性**.

注 3.21 $f'(g(x))=f'(u)\big|_{u=g(x)}$与$(f(g(x)))'=f'(g(x))\cdot g'(x)$的含义是不同的,注意区分.

定理 3.8(反函数的求导法则) 若$y=f(x)$在x的某邻域$U(x)$内连续,严格单调且$f'(x)\neq0$,则$y=f(x)$的反函数$x=f^{-1}(y)$在相应的y点可导,且

$$(f^{-1}(y))' = \frac{1}{f'(x)}.$$

证明 设$\Delta y=f(x+\Delta x)-f(x)$,$\Delta x=f^{-1}(y+\Delta y)-f^{-1}(y)$,由$f$的严格单调性,当$\Delta x\neq0$时,也有$\Delta y\neq0$,从而

$$\frac{\Delta x}{\Delta y} = \frac{1}{\dfrac{\Delta y}{\Delta x}}.$$

因为f在点x连续,则$f^{-1}(y)$在相应y点也连续,故当$\Delta y\to0$时,$\Delta x\to0$. 又因为$f'(x)\neq0$,所以

$$(f^{-1}(y))' = \lim_{\Delta y\to0}\frac{\Delta x}{\Delta y} = \frac{1}{\lim\limits_{\Delta x\to0}\dfrac{\Delta y}{\Delta x}} = \frac{1}{f'(x)}.$$

3.1.4 基本求导公式与微分公式

1. 设$f(x)=x^\alpha$,$x>0$,α为实数,则$(x^\alpha)'=\alpha x^{\alpha-1}$

证明 因为对任意的$x>0$,有

$$x^\alpha = \mathrm{e}^{\alpha\ln x}.$$

而函数$\mathrm{e}^{\alpha\ln x}$是由$y=\mathrm{e}^u$与$u=\alpha\ln x$复合而成,由复合函数的求导法则,得

$$\frac{\mathrm{d}y}{\mathrm{d}x} = \frac{\mathrm{d}y}{\mathrm{d}u}\cdot\frac{\mathrm{d}u}{\mathrm{d}x} = \mathrm{e}^u\,\frac{\alpha}{x} = x^\alpha\,\frac{\alpha}{x} = \alpha x^{\alpha-1},$$

即

$$(x^\alpha)' = \alpha x^{\alpha-1}.$$

2. $(\tan x)'=\sec^2 x$, $(\cot x)'=-\csc^2 x$

证明 由导数的运算法则

$$(\tan x)' = \left(\frac{\sin x}{\cos x}\right)' = \frac{(\sin x)'\cos x - \sin x(\cos x)'}{\cos^2 x}$$
$$= \frac{\cos^2 x + \sin^2 x}{\cos^2 x} = \sec^2 x.$$

同理可得

$$(\cot x)' = -\csc^2 x.$$

3. $(\log_a^x)'=\dfrac{1}{x\ln a}$，　$x>0, a>0$ 且 $a\neq 1$

证明　设 $y=\log_a^x$，则其反函数为 $x=a^y$，利用反函数求导法则，得

$$(\log_a^x)'=\frac{1}{(a^y)'}=\frac{1}{a^y\cdot\ln a}=\frac{1}{x\ln a}.$$

特别地，有

$$(\ln x)'=\frac{1}{x}.$$

4. $(\arcsin x)'=\dfrac{1}{\sqrt{1-x^2}}$，　$x\in(-1,1)$

证明　设 $y=\arcsin x$，则其反函数为 $x=\sin y$. 由反函数求导法则，得

$$(\arcsin x)'=\frac{1}{(\sin y)'}=\frac{1}{\cos y}=\frac{1}{\sqrt{1-\sin^2 y}}=\frac{1}{\sqrt{1-x^2}}.$$

同理可证

$$(\arccos x)'=-\frac{1}{\sqrt{1-x^2}},\quad (\arctan x)'=\frac{1}{1+x^2},\quad (\text{arccot}\, x)'=-\frac{1}{1+x^2}.$$

5. $(\sec x)'=\sec x\cdot\tan x$，　$(\csc x)'=-\csc x\cdot\cot x$

证明略.

现在把基本初等函数的导数公式与微分公式对照列出如下：

$(C)'=0$，C 为常数；	$\mathrm{d}(C)=0$，C 为常数；
$(x^\alpha)'=\alpha x^{\alpha-1}$；	$\mathrm{d}(x^\alpha)=\alpha x^{\alpha-1}\mathrm{d}x$；
$(\sin x)'=\cos x$；	$\mathrm{d}(\sin x)=\cos x\mathrm{d}x$；
$(\cos x)'=-\sin x$；	$\mathrm{d}(\cos x)=-\sin x\mathrm{d}x$；
$(\tan x)'=\sec^2 x$；	$\mathrm{d}(\tan x)=\sec^2 x\mathrm{d}x$；
$(\cot x)'=-\csc^2 x$；	$\mathrm{d}(\cot x)=-\csc^2 x\mathrm{d}x$；
$(\sec x)'=\sec x\cdot\tan x$；	$\mathrm{d}(\sec x)=\sec x\cdot\tan x\mathrm{d}x$；
$(\csc x)'=-\csc x\cdot\cot x$；	$\mathrm{d}(\csc x)=-\csc x\cdot\cot x\mathrm{d}x$；
$(a^x)'=a^x\ln a$；	$\mathrm{d}(a^x)=a^x\ln a\mathrm{d}x$；
$(\mathrm{e}^x)'=\mathrm{e}^x$；	$\mathrm{d}(\mathrm{e}^x)=\mathrm{e}^x\mathrm{d}x$；
$(\log_a x)'=\dfrac{1}{x\ln a}$；	$\mathrm{d}(\log_a x)=\dfrac{1}{x\ln a}\mathrm{d}x$；
$(\ln x)'=\dfrac{1}{x}$；	$\mathrm{d}(\ln x)=\dfrac{1}{x}\mathrm{d}x$；
$(\arcsin x)'=\dfrac{1}{\sqrt{1-x^2}}$；	$\mathrm{d}(\arcsin x)=\dfrac{1}{\sqrt{1-x^2}}\mathrm{d}x$；

$(\arccos x)'=-\dfrac{1}{\sqrt{1-x^2}}$； $\mathrm{d}(\arccos x)=-\dfrac{1}{\sqrt{1-x^2}}\mathrm{d}x$；

$(\arctan x)'=\dfrac{1}{1+x^2}$； $\mathrm{d}(\arctan x)=\dfrac{1}{1+x^2}\mathrm{d}x$；

$(\mathrm{arccot}\,x)'=-\dfrac{1}{1+x^2}$. $\mathrm{d}(\mathrm{arccot}\,x)=-\dfrac{1}{1+x^2}\mathrm{d}x$.

例 3.8 设 $y=\ln\sin x$，求$\dfrac{\mathrm{d}y}{\mathrm{d}x}$.

解 因 $y=\ln\sin x$ 是由 $y=\ln u$，$u=\sin x$ 复合而成，由复合函数求导法则

$$\frac{\mathrm{d}y}{\mathrm{d}x}=\frac{\mathrm{d}y}{\mathrm{d}u}\cdot\frac{\mathrm{d}u}{\mathrm{d}x}=(\ln u)'\cdot(\sin x)'=\frac{1}{u}\cdot\cos x=\frac{\cos x}{\sin x}=\cot x.$$

例 3.9 设 $y=\sin(\sin x^2)$，求$\dfrac{\mathrm{d}y}{\mathrm{d}x}$.

解 由于 $y=\sin(\sin x^2)$可看成函数 $y=\sin u$，$u=\sin v$，$v=x^2$ 的复合，故

$$\begin{aligned}\frac{\mathrm{d}y}{\mathrm{d}x}&=\frac{\mathrm{d}y}{\mathrm{d}u}\cdot\frac{\mathrm{d}u}{\mathrm{d}v}\cdot\frac{\mathrm{d}v}{\mathrm{d}x}=(\sin u)'\cdot(\sin v)'\cdot(x^2)'\\&=\cos u\cdot\cos v\cdot 2x=2x\cdot\cos x^2\cdot\cos(\sin x^2).\end{aligned}$$

复合函数的求导运算熟练以后可以不再写出中间变量.

例 3.10 设 $y=\mathrm{e}^{\sin\frac{1}{x}}$，求 y'.

解

$$y'=(\mathrm{e}^{\sin\frac{1}{x}})'=\mathrm{e}^{\sin\frac{1}{x}}\cdot\left(\sin\frac{1}{x}\right)'=\mathrm{e}^{\sin\frac{1}{x}}\cdot\cos\frac{1}{x}\cdot\left(\frac{1}{x}\right)'=-\frac{1}{x^2}\cdot\cos\frac{1}{x}\cdot\mathrm{e}^{\sin\frac{1}{x}}.$$

例 3.11 设 $y=2^{\arctan(x^2+1)}$，求 y'.

解

$$\begin{aligned}y'&=(2^{\arctan(x^2+1)})'=2^{\arctan(x^2+1)}\cdot\ln 2\cdot(\arctan(x^2+1))'\\&=2^{\arctan(x^2+1)}\cdot\ln 2\cdot\frac{1}{1+(x^2+1)^2}\cdot(x^2+1)'\\&=\frac{2x\cdot\ln 2}{x^4+2x^2+2}\cdot 2^{\arctan(x^2+1)}.\end{aligned}$$

例 3.12 设 $y=f(x^2+\phi(x))$，其中 f,ϕ 均可导，求 y'.

解

$$\begin{aligned}y'&=(f(x^2+\phi(x)))'=f'(x^2+\phi(x))(x^2+\phi(x))'\\&=(2x+\phi'(x))\cdot f'(x^2+\phi(x)).\end{aligned}$$

例 3.13 $y=f(x)\cdot\mathrm{e}^{-\lambda x}$，其中 f 可导，求 y'.

解

$$y'=f'(x)\mathrm{e}^{-\lambda x}+f(x)\cdot(\mathrm{e}^{-\lambda x})'=f'(x)\mathrm{e}^{-\lambda x}-\lambda f(x)\mathrm{e}^{-\lambda x}.$$

例 3.14 设 $y=x^{\sin x}$，$x>0$，求 y'.

解 由于 $y=x^{\sin x}=e^{\sin x\ln x}$，故

$$
\begin{aligned}
y' &= (e^{\sin x\cdot\ln x})' = e^{\sin x\cdot\ln x}\cdot(\sin x\cdot\ln x)' \\
&= e^{\sin x\cdot\ln x}\left(\cos x\cdot\ln x+\sin x\cdot\frac{1}{x}\right) \\
&= x^{\sin x}\cdot\left(\cos x\cdot\ln x+\frac{\sin x}{x}\right).
\end{aligned}
$$

3.1.5 隐函数的导数

若函数 y 由自变量 x 的解析式来表达，如 $y=x^2$，$y=\sin x$ 等，则称其为显函数. 若变量 x，y 之间的函数关系是由某个方程 $F(x,y)=0$ 所确定，如 $2x-y+1=0$，$e^y+\sin(x+y)=0$ 等，称由这种方程所确定的函数关系为隐函数.

在一定条件下，有些方程 $F(x,y)=0$ 确定的隐函数可转化为显函数，如 $2x+y-1=0$ 等. 但有些方程 $F(x,y)=0$ 确定的隐函数不能转化为显函数，或转化为显函数十分困难，如 $e^y-xy+\sin(x+y)=0$ 等. 还有些方程 $F(x,y)=0$ 根本不确定函数关系，如 $x^2+y^2+2=0$ 等.

一般情况下，设有方程 $F(x,y)=0$，那么自然要问

(1) 方程 $F(x,y)=0$ 是否一定存在函数关系？

(2) 若方程 $F(x,y)=0$ 确定函数关系 $y=f(x)$，这个隐函数是否可导？

这些问题将在下册专门讨论. 此处设方程 $F(x,y)=0$ 确定隐函数，且隐函数可导. 下面介绍一种隐函数求导方法.

例 3.15 设方程 $e^y-xy=0$ 确定可导的隐函数 $y=f(x)$，求 $\frac{dy}{dx}$.

解 对方程两端关于 x 求导，注意到 y 是 x 的函数，则

$$e^y\cdot\frac{dy}{dx}-y-x\cdot\frac{dy}{dx}=0,$$

于是

$$\frac{dy}{dx}=\frac{y}{e^y-x}.$$

例 3.16 设方程 $y^2+\ln y=\sin x$ 确定可导的隐函数 $y=f(x)$，求 $\frac{dy}{dx}$.

解 对方程两端关于 x 求导，得

$$2y\cdot\frac{dy}{dx}+\frac{1}{y}\cdot\frac{dy}{dx}=\cos x,$$

于是

$$\frac{dy}{dx}=\frac{\cos x}{2y+\frac{1}{y}}=\frac{y\cos x}{1+2y^2}.$$

对某些由乘除运算表达的函数，可先对表达式的两边取对数，以便把乘除运算转化为加减运算，从而可以利用隐函数求导的思想简化求导过程．这种求导方法称为**对数求导法**．

例 3.17　设 $y=\sqrt[7]{\frac{(x+2)(x-3)^2}{(x^2+1)(\cos x+2)}}$，$x>3$，求 $\frac{dy}{dx}$.

解　两边同时取对数，有

$$\ln y=\frac{1}{7}[\ln(x+2)+2\ln(x-3)-\ln(x^2+1)-\ln(\cos x+2)].$$

两边同时关于 x 求导，可得

$$\begin{aligned}\frac{1}{y}\cdot\frac{dy}{dx}&=\frac{1}{7}\left[\frac{1}{x+2}(x+2)'+2\cdot\frac{1}{x-3}(x-3)'-\frac{1}{x^2+1}(x^2+1)'-\frac{(\cos x+2)'}{\cos x+2}\right]\\&=\frac{1}{7}\left(\frac{1}{x+2}+\frac{2}{x-3}-\frac{2x}{x^2+1}+\frac{\sin x}{\cos x+2}\right),\end{aligned}$$

于是

$$\frac{dy}{dx}=\sqrt[7]{\frac{(x+2)(x-3)^2}{(x^2+1)(\cos x+2)}}\cdot\frac{1}{7}\left(\frac{1}{x+2}+\frac{2}{x-3}-\frac{2x}{x^2+1}+\frac{\sin x}{\cos x+2}\right).$$

用隐函数求导法再来计算例 3.14，在等式 $y=x^{\sin x}$ 两边取对数，得

$$\ln y=\sin x\cdot\ln x.$$

两边同时对 x 求导，注意 y 是 x 的函数，$\ln y$ 是 x 的复合函数．于是

$$\frac{1}{y}\cdot\frac{dy}{dx}=(\sin x\cdot\ln x)'=\cos x\cdot\ln x+\frac{\sin x}{x},$$

所以

$$\frac{dy}{dx}=y\cdot\left(\cos x\cdot\ln x+\frac{\sin x}{x}\right)=x^{\sin x}\left(\cos x\cdot\ln x+\frac{\sin x}{x}\right).$$

3.1.6　参数方程的导数

参变量方程的一般形式为

$$\begin{cases}x=\varphi(t),\\y=\psi(t),\end{cases}\quad\alpha\leqslant t\leqslant\beta. \tag{3.7}$$

如果 $x=\varphi(t)$ 与 $y=\psi(t)$ 都可导，且 $\varphi'(t)\neq0$，又 $x=\varphi(t)$ 存在反函数 $t=\psi^{-1}(x)$，则 y 是 x 的复合函数，即

$$y=\psi(t),\quad t=\varphi^{-1}(x),$$

则由复合函数与反函数的求导法则，有

$$\frac{\mathrm{d}y}{\mathrm{d}x}=\frac{\mathrm{d}y}{\mathrm{d}t}\cdot\frac{\mathrm{d}t}{\mathrm{d}x}=\frac{\mathrm{d}y}{\mathrm{d}t}\Big/\frac{\mathrm{d}x}{\mathrm{d}t}=\frac{\psi'(t)}{\varphi'(t)}. \tag{3.8}$$

例 3.18　求由摆线的参数方程

$$\begin{cases}x=a(t-\sin t),\\ y=a(1-\cos t),\end{cases}\quad t\text{ 为参数}$$

所确定的函数 $y=y(x)$ 导数.

解　由公式(3.8)可得

$$\frac{\mathrm{d}y}{\mathrm{d}x}=\frac{\mathrm{d}y}{\mathrm{d}t}\cdot\frac{\mathrm{d}t}{\mathrm{d}x}=\frac{a\sin t}{a(1-\cos t)}=\cot\frac{t}{2}.$$

3.1.7　高阶导数与高阶微分

1. 高阶导数

如果函数 $y=f(x)$ 在区间 I 内可导,则在 I 内定义了导函数 $f'(x)$. 可以继续讨论导函数 $f'(x)$ 的导数问题. 如果函数 $f'(x)$ 仍在 I 内可导,则函数 $f'(x)$ 的导函数称为 $f(x)$ 的**二阶导数**,记作 $f''(x)$ 或 $\frac{\mathrm{d}^2y}{\mathrm{d}x^2}$. 一般地,可由 $f(x)$ 的 $n-1$ 阶导函数 $f^{(n-1)}(x)$ 定义 f 在区间 I 上的 n **阶导函数** $f^{(n)}(x)$.

二阶以及二阶以上的导数都称为**高阶导数**. 函数 $f(x)$ 在 x_0 处的 n 阶导数记作

$$f^{(n)}(x_0),\quad y^{(n)}\big|_{x=x_0},\quad \frac{\mathrm{d}^nf}{\mathrm{d}x^n}(x_0)\text{ 或 }\left.\frac{\mathrm{d}^ny}{\mathrm{d}x^n}\right|_{x=x_0}.$$

相应的 n 阶导函数记作

$$f^{(n)}(x),\quad y^{(n)}\text{ 或 }\frac{\mathrm{d}^ny}{\mathrm{d}x^n}.$$

例 3.19　证明 $(\sin x)^{(n)}=\sin\left(x+\frac{n}{2}\pi\right)$.

证明　当 $n=1$ 时,$(\sin x)'=\cos x=\sin\left(x+\frac{\pi}{2}\right)$,结论成立. 假设 $n=k$ 时,结论成立,即 $(\sin x)^{(k)}=\sin\left(x+k\cdot\frac{\pi}{2}\right)$,则当 $n=k+1$ 时,

$$\begin{aligned}(\sin x)^{(k+1)}&=((\sin x)^{(k)})'=\left(\sin\left(x+k\cdot\frac{\pi}{2}\right)\right)'\\&=\cos\left(x+k\cdot\frac{\pi}{2}\right)=\sin\left(x+(k+1)\cdot\frac{\pi}{2}\right).\end{aligned}$$

由归纳法知,对任何自然数 n,有

$$(\sin x)^{(n)}=\sin\left(x+n\cdot\frac{\pi}{2}\right).$$

类似可证

$$(\cos x)^{(n)} = \cos\left(x + n \cdot \frac{\pi}{2}\right).$$

对于函数乘积的高阶导数运算,有如下**莱布尼茨公式**:

若 $u(x)$,$v(x)$均 n 阶可导,则

$$(u \cdot v)^{(n)} = \sum_{m=0}^{n} C_n^m u^{(m)} \cdot v^{(n-m)}, \tag{3.9}$$

其中 C_n^m 是二项式系数,$u^{(0)}=u$ 且 $v^{(0)}=v$.

证明 当 $n=1$ 时,$(u \cdot v)'=u' \cdot v+u \cdot v'$,公式成立.设 $n=k$ 时公式(3.9)成立,即

$$(u \cdot v)^{(k)} = \sum_{m=0}^{k} C_k^m \cdot u^{(m)} \cdot v^{(k-m)},$$

则当 $n=k+1$ 时,注意到 $C_{k+1}^m=C_k^m+C_k^{m-1}$,$m=1,2,\cdots,k$.于是

$$\begin{aligned}
(u \cdot v)^{(k+1)} &= \left(\sum_{m=0}^{k} C_k^m \cdot u^{(m)} \cdot v^{(k-m)}\right)' = \sum_{m=0}^{k} C_k^m \left(u^{(m)} \cdot v^{(k-m)}\right)' \\
&= \sum_{m=0}^{k} C_k^m \left(u^{(m+1)} \cdot v^{(k-m)} + u^{(m)} \cdot v^{(k-m+1)}\right) \\
&= \sum_{m=1}^{k+1} C_k^{m-1} \cdot u^{(m)} \cdot v^{(k+1-m)} + \sum_{m=0}^{k} C_k^m \cdot u^{(m)} \cdot v^{(k+1-m)} \\
&= C_k^0 u v^{(k+1)} + \sum_{m=1}^{k} (C_k^m + C_k^{m-1}) u^{(m)} \cdot v^{(k+1-m)} + C_k^k u^{(k+1)} v \\
&= C_{k+1}^0 u v^{(k+1)} + \sum_{m=1}^{k} C_{k+1}^m u^{(m)} \cdot v^{(k+1-m)} + C_{k+1}^{k+1} u^{(k+1)} v \\
&= \sum_{m=0}^{k+1} C_{k+1}^m \cdot u^{(m)} \cdot v^{(k+1-m)},
\end{aligned}$$

即公式(3.9)成立.由归纳法知,对任意自然数 n,公式(3.9)成立.

例 3.20 设 $y=x^2 \cdot \cos x$,求 $y^{(50)}$.

解 由于$(x^2)^{(k)}=0$,$k=3,4,\cdots,50$,故

$$\begin{aligned}
(x^2 \cdot \cos x)^{(50)} &= (\cos x)^{(50)} \cdot x^2 + C_{50}^1 (\cos x)^{(49)} \cdot (x^2)' + C_{50}^2 (\cos x)^{(48)} \cdot (x^2)'' \\
&= x^2 \cdot \cos(x+25\pi) + 100x \cdot \cos\left(x + \frac{49}{2}\pi\right) + 2450 \cdot \cos(x+24\pi) \\
&= (2450 - x^2) \cdot \cos x - 100x \cdot \sin x.
\end{aligned}$$

设 φ,ψ 在$[\alpha,\beta]$上都是二阶可导,则由参数方程

$$\begin{cases} x = \varphi(t), \\ y = \psi(t) \end{cases}$$

所确定的函数的一阶导数为$\frac{\mathrm{d}y}{\mathrm{d}x}=\frac{\psi'(t)}{\varphi'(t)}$,从而

$$\frac{\mathrm{d}^2 y}{\mathrm{d}x^2}=\frac{\mathrm{d}}{\mathrm{d}x}\left(\frac{\mathrm{d}y}{\mathrm{d}x}\right)=\frac{\frac{\mathrm{d}}{\mathrm{d}t}\left(\frac{\psi'(t)}{\varphi'(t)}\right)}{\frac{\mathrm{d}x}{\mathrm{d}t}}=\frac{\left(\frac{\psi'(t)}{\varphi'(t)}\right)'}{\varphi'(t)}=\frac{\psi''(t)\varphi'(t)-\psi'(t)\varphi''(t)}{[\varphi'(t)]^3}.$$

例 3.21　试求由摆线的参数方程

$$\begin{cases} x=a(t-\sin t), \\ y=a(1-\cos t) \end{cases}$$

所确定的函数 $y=y(x)$的二阶导数.

解　由例 3.18 得$\frac{\mathrm{d}y}{\mathrm{d}x}=\cot\frac{t}{2}$,于是

$$\frac{\mathrm{d}^2 y}{\mathrm{d}x^2}=\frac{\left(\cot\frac{t}{2}\right)'}{(a(t-\sin t))'}=\frac{-\frac{1}{2}\csc^2\frac{t}{2}}{a(1-\cos t)}=-\frac{1}{4a}\csc^4\frac{t}{2}.$$

2. 高阶微分

若函数 $y=f(x)$在区间 I 上可导,则其微分为 $\mathrm{d}y=f'(x)\mathrm{d}x$. 由于 $\mathrm{d}x=\Delta x$ 是与 x 无关的量,故$(\mathrm{d}x)'=0$. 当 $y=f(x)$在 I 上二阶可导时,定义 $y=f(x)$的二阶微分 $\mathrm{d}^2y=\mathrm{d}(\mathrm{d}y)$. 而

$$\begin{aligned}\mathrm{d}(\mathrm{d}y)&=(f'(x)\cdot\mathrm{d}x)'\mathrm{d}x=(f''(x)\cdot\mathrm{d}x+f'(x)(\mathrm{d}x)')\mathrm{d}x\\&=f''(x)(\mathrm{d}x)^2=f''(x)\mathrm{d}x^2,\end{aligned}$$

即

$$\mathrm{d}^2y=f''(x)\mathrm{d}x^2,\text{其中 }\mathrm{d}x^2\text{ 表示}(\mathrm{d}x)^2.$$

注 3.22　(1) $\mathrm{d}^2y=\mathrm{d}(\mathrm{d}y)$表示 $y=f(x)$的二阶微分;$\mathrm{d}y^2=(\mathrm{d}y)^2$ 表示 $y=f(x)$的微分的平方;$\mathrm{d}(y^2)$表示对函数 y^2 的微分,即 $\mathrm{d}(y^2)=2y\cdot\mathrm{d}y$.

(2) 设 $y=f(x)$,当 x 为自变量时,

$$\mathrm{d}^2y=f''(x)\mathrm{d}x^2.$$

但当 $y=f(x)$,$x=\varphi(t)$时,复合函数 $y=f(\varphi(t))$是以 t 为自变量. 而 x 是中间变量,故

$$\begin{aligned}\mathrm{d}^2y&=(f(\varphi(t)))''\mathrm{d}t^2=(f'(\varphi(t))\cdot\varphi'(t))'\mathrm{d}t^2\\&=(f''(\varphi(t))\cdot(\varphi'(t))^2+f'(\varphi(t))\cdot\varphi''(t))\mathrm{d}t^2\\&=f''(\varphi(t))\cdot(\varphi'(t)\mathrm{d}t)^2+f'(\varphi(t))\cdot\varphi''(t)\mathrm{d}t^2\\&=f''(x)\mathrm{d}x^2+f'(x)\mathrm{d}^2x,\end{aligned}$$

亦即

$$\mathrm{d}^2y\neq f''(x)\mathrm{d}x^2.$$

这说明二阶及二阶以上的微分已不再具有微分形式不变性了,故高阶微分不具有微分形式不变性.

例 3.22　$y=f(\ln(1+x))$,其中 f 二阶可导,求 d^2y.

解　解法一　由于

$$y'=f'(\ln(1+x))\cdot\frac{1}{1+x},$$

$$y''=f''(\ln(1+x))\cdot\frac{1}{(1+x)^2}+f'(\ln(1+x))\cdot\frac{-1}{(1+x)^2}$$
$$=\frac{f''(\ln(1+x))-f'(\ln(1+x))}{(1+x)^2},$$

所以

$$d^2y=\frac{f''(\ln(1+x))-f'(\ln(1+x))}{(1+x)^2}dx^2.$$

解法二

$$dy=f'(\ln(1+x))d(\ln(1+x))$$
$$=f'(\ln(1+x))\frac{1}{1+x}d(1+x)$$
$$=\frac{1}{1+x}\cdot f'(\ln(1+x))dx,$$

$$d^2y=d(dy)=d\left\{\frac{1}{1+x}f'(\ln(1+x))dx\right\}$$
$$=\left\{\frac{1}{1+x}df'(\ln(1+x))+f'(\ln(1+x))d\left(\frac{1}{1+x}\right)\right\}dx$$
$$=\left\{\frac{1}{(1+x)^2}\cdot f''(\ln(1+x))dx-\frac{1}{(1+x)^2}f'(\ln(1+x))dx\right\}dx$$
$$=\frac{f''(\ln(1+x))-f'(\ln(1+x))}{(1+x)^2}dx^2.$$

习　题　3.1

1. 设函数 $f(x)$在 x_0 点可导,求下列极限值:

(1) $\lim\limits_{\Delta x\to 0}\frac{f(x_0+2\Delta x)-f(x_0)}{\Delta x}$;　　(2) $\lim\limits_{\Delta x\to 0}\frac{f(x_0-\Delta x)-f(x_0)}{\Delta x}$;

(3) $\lim\limits_{\Delta x\to 0}\frac{f(x_0+k\Delta x)-f(x_0)}{m\Delta x}$;　　(4) $\lim\limits_{\Delta x\to 0}\frac{f(x_0+\Delta x)-f(x_0-\Delta x)}{\Delta x}$.

2. 讨论下列函数在指定点的导数:

(1) $f(x)=\begin{cases}x^2\sin\frac{1}{x}, & x\neq 0,\\ 0, & x=0\end{cases}$ 在 $x=0$ 点;

(2) $f(x)=\begin{cases} x^2, & x\geqslant 0, \\ -x^2, & x<0 \end{cases}$ 在 $x=0$ 点.

3. 讨论函数 $f(x)=|\sin x|$ 在 $x=0$ 处的导数.

4. 设函数 $f(x)$ 和 $g(x)$ 在 $x=0$ 处可导，$f(0)=g(0)=0$ 且 $g'(0)\neq 0$，证明：$\lim\limits_{x\to 0}\dfrac{f(x)}{g(x)}=\dfrac{f'(0)}{g'(0)}$.

5. 设 $f(x)$ 为 $(-h,h)(h>0)$ 上的偶函数，且 $f'(0)$ 存在，证明：$f'(0)=0$.

6. 求下列函数的导数：

(1) $y=\cos x\cdot\ln x$；　　(2) $y=\sin(\ln x)$；

(3) $y=\arctan\dfrac{x}{2}$；　　(4) $y=(1+3\sin x)^{100}$；

(5) $y=\mathrm{e}^{x^2+2x+5}$；　　(6) $y=\ln\left(x+\sqrt{x^2+a^2}\right)$；

(7) $y=2^{\ln\frac{1}{x}}$；　　(8) $y=a^{x^x}+x^{x^a}$，$a>0,a\neq 1,x>0$；

(9) $y=x^{\sin x}$，$x>0$；　　(10) $y=\sqrt[x]{x}$，$x>0$；

(11) $y=a^{\sin^2 x}$，$a>0,a\neq 1$；　　(12) $y=\ln^3 x^2$；

(13) $y=(\ln x)^{\mathrm{e}^x}$；　　(14) $y=\sin\sqrt{x^2+1}$.

7. 设 f 可导，求下列函数的导数：

(1) $y=f(f(x))$；　　(2) $y=f(\mathrm{e}^x)\cdot\mathrm{e}^{f(x)}$；

(3) $y=\arctan(f(2x))$；　　(4) $y=\arcsin(f(x))$.

8. 设 $\varphi(x)$ 和 $\phi(x)$ 均可导，求下列函数的导数：

(1) $y=\sqrt{\varphi^2(x)+\phi^2(x)}$；　　(2) $y=\sqrt[\varphi(x)]{\phi(x)}$.

9. 设下列方程确定可导的隐函数 $y=f(x)$，求 $\dfrac{\mathrm{d}y}{\mathrm{d}x}$：

(1) $x^2+2xy-y^2=2x$；

(2) $\sin y=\ln(x+y)$；

(3) $\ln\sqrt{x^2+y^2}=\arctan\dfrac{y}{x}$.

10. 求下列函数的微分：

(1) $y=(x^2+x-1)^{10}$；　　(2) $y=\mathrm{e}^{\sin x^2}$；

(3) $y=f(\sin x-\cos x)$；　　(4) $y=f(x^2\cdot\mathrm{e}^x)$.

11. 利用对数求导法求下列函数的导数：

(1) $y=\dfrac{\sqrt{x-\cos x}}{(x-2)^2(x+\sin x)\sqrt[3]{x^2+1}}$；　　(2) $y=\sqrt{\dfrac{x-5}{\sqrt[3]{x^2+2}}}$.

12. 求下列函数的二阶微分：

(1) $y=2^x\cdot\ln x$；(2) $y=x^x$；(3) $y=f(\mathrm{e}^{-x})$，其中 f 二阶可微.

13. 设函数 $f(x)$ 在 $x=0$ 点可导，证明：

(1) 若 $|f(x)|\leqslant|\sin x|$，则 $|f'(0)|\leqslant 1$；

(2) 若 $f(x)=\sum_{k=1}^{n}a_k\sin kx$，且 $|f(x)|\leqslant|\sin x|$，则 $\left|\sum_{k=1}^{n}k\cdot a_k\right|\leqslant 1$.

14. 设 $f'(x_0)$存在，证明：

$$\lim_{h\to 0}\frac{f(x_0+\alpha h)-f(x_0-\beta h)}{h}=(\alpha+\beta)f'(x_0).$$

15. 证明：若 A 为有限数，则 $\lim\limits_{x\to a}\frac{f(x)-b}{x-a}=A$ 的充要条件是

$$\lim_{x\to a}\frac{e^{f(x)}-e^b}{x-a}=Ae^b.$$

16. 求下列函数的高阶导数：

(1) $f(x)=\ln(1+x)$，求 $f^{(5)}(x)$； (2) $f(x)=x^3e^x$，求 $f^{(10)}(x)$；

(3) $y=f(\ln x)$且 f 二阶可导，求 y''.

17. 求下列函数的 n 阶导数：

(1) $y=\frac{\ln x}{x}$；(2) $y=\frac{1}{x(1-x)}$；(3) $y=\sin^2 x$.

3.2 微分中值定理

本节进一步研究导数与微分的性质，阐述微分学的基本定理——微分中值定理，这是微分学的理论基础，它们是利用导数 $f'(x)$的已知性质来推断函数 $f(x)$的性质的有效工具.

3.2.1 费马定理

定义 3.4 若函数 $f(x)$在点 x_0 的某邻域 $U(x_0)$内对一切 $x\in U(x_0)$，有

$$f(x_0)\geqslant f(x)(\text{或 } f(x_0)\leqslant f(x)),$$

则称函数 $f(x)$是在点 x_0 取得**极大值**(或**极小值**)，极大(小)值为 $f(x_0)$. x_0 称为 $f(x)$的**极大值点**(或**极小值点**).

极小值、极大值统称为函数的**极值**，极大值点、极小值点统称为**极值点**.

思考 函数 $f(x)$的最大值与极大值有何区别与联系？

若函数 $f(x)$的图像如图 3.3 所示，则 $f(x)$在 x_1,x_3 处取得极大值，在 x_2,x_4 处取得极小值.

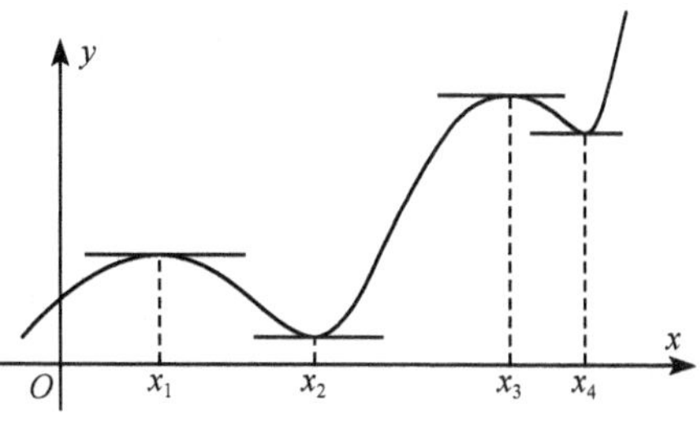

图 3.3

引理 3.1 若 $f'_+(x_0)>0$，则存在 $\delta>0$，当 $x\in(x_0,x_0+\delta)$时，有

$$f(x)>f(x_0).$$

证明 因为

$$f'_+(x_0)=\lim_{x\to x_0^+}\frac{f(x)-f(x_0)}{x-x_0}>0,$$

所以由保号性可知存在$\delta>0$,当$x\in(x_0,x_0+\delta)$时,有

$$\frac{f(x)-f(x_0)}{x-x_0}>0,$$

即

$$f(x)-f(x_0)>0 \text{ 或 } f(x)>f(x_0).$$

用类似的方法还可讨论$f'_+(x_0)<0,f'_-(x_0)>0$与$f'_-(x_0)<0$的情形.

注 3.23 由引理3.1可知,若$f'(x_0)$存在且$f'(x_0)\neq 0$,则x_0不是$f(x)$的极值点.

这样就有下面的费马定理:

定理 3.9(费马定理) 设函数$f(x)$在点x_0的某邻域$U(x_0)$内有定义,且$f(x)$在x_0点可导.若x_0为$f(x)$的极值点,则必有

$$f'(x_0)=0.$$

费马定理的几何意义非常明确:若函数$f(x)$在极值点x_0可导,则曲线$y=f(x)$上过点$(x_0,f(x_0))$的切线平行于x轴.

称满足方程$f'(x)=0$的点x_0为函数$f(x)$的**驻点**或**稳定点**.费马定理指出,x_0为可导函数$f(x)$的极值点的**必要条件**是x_0为$f(x)$的稳定点.但反之不成立,即若x_0为$f(x)$的稳定点,x_0未必是$f(x)$的极值点.例如,$f(x)=x^3$,虽然$x=0$是其稳定点,但却不是它的极值点.

3.2.2 微分中值定理

定理 3.10(罗尔中值定理) 设函数$f(x)$满足

(1) 在闭区间$[a,b]$上连续;

(2) 在开区间(a,b)内可导;

(3) $f(a)=f(b)$,

则至少存在一点$\xi\in(a,b)$,使

$$f'(\xi)=0. \tag{3.10}$$

证明 由于$f(x)$在闭区间$[a,b]$上连续,从而存在最大值M和最小值m.

(1) 若$M=m$,则对所有$x\in[a,b]$,都有$f(x)\equiv M$,即$f(x)$为常数函数,故$\forall x\in(a,b)$,有$f'(x)=0$.

(2) 若$M>m$,由$f(a)=f(b)$知,M和m不会同时为端点上的函数值$f(a)=f(b)$.不妨设$M\neq f(a)=f(b)$,故由最大值最小值定理得存在$\xi\in(a,b)$,使$f(\xi)=M$.由于f在(a,b)内可导并且$f(\xi)$是f的极大值,根据费马定理得

$$f'(\xi)=0.$$

罗尔定理的**几何意义**:若 $f(x)$ 满足罗尔定理的条件,则在曲线 $y=f(x)$ 上至少存在一点 $P(\xi,f(\xi))$,使在 P 点的切线平行于 x 轴(图 3.4),其中 $A(a,f(a))$,$B(b,f(b))$.

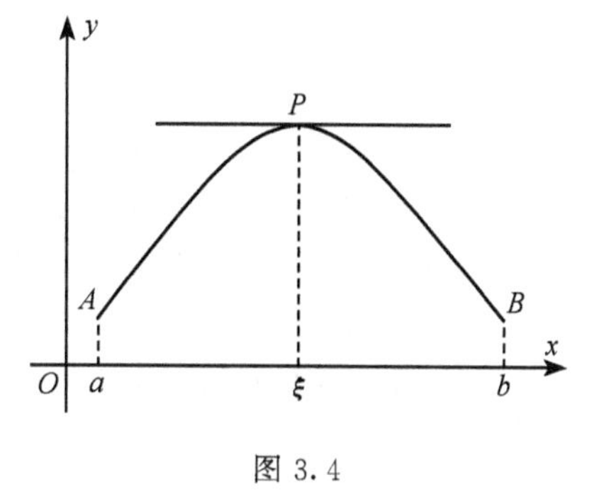

图 3.4

例 3.23 设 $a_1,a_2,\cdots,a_n$ 为任意 n 个实数,证明函数

$$f(x)=a_1\cos x+a_2\cos 2x+\cdots+a_n\cos nx$$

在 $(0,\pi)$ 内必有零点.

证明 作辅助函数

$$F(x)=a_1\sin x+\frac{1}{2}a_2\sin 2x+\cdots+\frac{1}{n}a_n\sin nx,\quad x\in[0,\pi],$$

则

$$F'(x)=a_1\cos x+a_2\cos 2x+\cdots+a_n\cos nx=f(x).$$

容易验证 $F(x)$ 在 $[0,\pi]$ 上满足罗尔中值定理条件,存在 $\xi\in(0,\pi)$,使 $F'(\xi)=0$,即 $f(\xi)=0$. 这表明 $f(x)$ 在 $(0,\pi)$ 内存在零点.

例 3.24 设函数 $f(x)$ 在区间 I 上可导,则 $f(x)$ 的两个零点之间一定存在 $f'(x)+f(x)$ 的零点.

证明 任取 $f(x)$ 的两个零点 x_1,x_2. 不妨设 $x_1<x_2$,作辅助函数

$$F(x)=f(x)\cdot e^x,$$

则 $F(x)$ 在 $[x_1,x_2]$ 上连续,在 (x_1,x_2) 内可导且 $F(x_1)=F(x_2)=0$. 由罗尔中值定理,存在 $\xi\in(x_1,x_2)$,使 $F'(\xi)=0$,即

$$f'(\xi)e^{\xi}+f(\xi)e^{\xi}=0.$$

而 $e^{\xi}\neq 0$,故必有

$$f'(\xi)+f(\xi)=0.$$

例 3.25 设函数 $f(x)$,$g(x)$ 在闭区间 $[a,b]$ 上连续,在 (a,b) 内可导,且对一切 $x\in(a,b)$ 有 $f'(x)\cdot g(x)-f(x)\cdot g'(x)\neq 0$. 证明 $f(x)$ 在 (a,b) 内任何两个零点之间,至少存在 $g(x)$ 的一个零点.

证明 任取 $f(x)$ 在 (a,b) 内的两个零点 x_1,x_2,设 $x_1<x_2$. 由于对一切 $x\in(a,b)$,有 $f'(x)\cdot g(x)-f(x)\cdot g'(x)\neq 0$. 从而 $g(x_1)\neq 0$. 同理,$g(x_2)\neq 0$.

假设在 (x_1,x_2) 内不存在 $g(x)$ 的零点,则 $\forall x\in[x_1,x_2]$,$g(x)\neq 0$. 作辅助函数

$$F(x)=\frac{f(x)}{g(x)}.$$

由题设条件知,$F(x)$ 在 $[x_1,x_2]$ 上连续、可导,且 $F(x_1)=F(x_2)=0$. 由罗尔定理,至少存在一点 $\xi\in(x_1,x_2)$,使 $F'(\xi)=0$,即

$$\frac{f'(\xi)g(\xi)-f(\xi)g'(\xi)}{g^2(\xi)}=0.$$

而 $g(\xi)\neq 0$，从而 $f'(\xi)\cdot g(\xi)-f(\xi)\cdot g'(\xi)=0$. 这与题设矛盾. 所以在 $f(x)$ 的任何两个零点之间，必至少有 $g(x)$ 的一个零点.

定理 3.11(拉格朗日中值定理) 设函数 $f(x)$ 满足

(1) 在闭区间 $[a,b]$ 上连续；

(2) 在开区间 (a,b) 内可导，

则至少存在一点 $\xi\in(a,b)$，使

$$f'(\xi)=\frac{f(b)-f(a)}{b-a}. \tag{3.11}$$

分析 先分析拉格朗日定理的几何意义(图 3.5)，可以看出连接 $A(a,f(a))$ 和 $B(b,f(b))$ 两点的直线的斜率为 $K_{AB}=\dfrac{f(b)-f(a)}{b-a}$. 拉格朗日定理表明，连接 A,B 两点的一段连续曲线上，如果每一点都有不垂直于 x 轴的切线，那么至少存在一点 $(\xi,f(\xi))$，使得曲线在这点的切线平行于线段 AB. 为利用罗尔中值定理来证明拉格朗日中值定理，需要构造辅助函数，使之除了与 $f(x)$ 有相应关系外，还要满足罗尔中值定理的第 3 个条件，连接 AB 两点的直线方程为

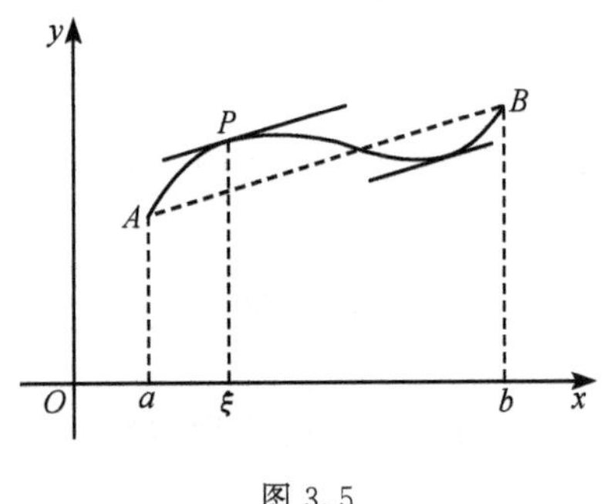

图 3.5

$$y=f(a)+\frac{f(b)-f(a)}{b-a}(x-a).$$

由于曲线 $y=f(x)$ 和直线 AB 都过点 A 和 B，故令

$$F(x)=f(x)-\left[f(a)+\frac{f(b)-f(a)}{b-a}(x-a)\right].$$

显然有 $F(b)=F(a)$，这正是所需要的辅助函数.

证明 作辅助函数

$$F(x)=f(x)-\left[f(a)+\frac{f(b)-f(a)}{b-a}(x-a)\right],\quad x\in[a,b].$$

显然 $F(x)$ 在 $[a,b]$ 上连续，在 (a,b) 内可导且 $F(b)=F(a)$. 由罗尔定理知，存在一点 $\xi\in(a,b)$，使 $F'(\xi)=0$，即

$$f'(\xi)=\frac{f(b)-f(a)}{b-a}.$$

注 3.24 公式(3.11)称为**拉格朗日公式**，它还有下列几种等价形式：

(1) $$f(b)-f(a)=f'(a+\theta(b-a))\cdot(b-a),\quad 0<\theta<1; \tag{3.12}$$

(2) $$f(x+\Delta x)-f(x)=f'(x+\theta\cdot\Delta x)\cdot\Delta x,\quad 0<\theta<1;\tag{3.13}$$

(3) $$f(x_2)-f(x_1)=f'(x_1+\theta(x_2-x_1))(x_2-x_1),\quad 0<\theta<1.\tag{3.14}$$

注 3.25 当 $f(a)=f(b)$时,拉格朗日定理的结论就变为罗尔定理的结论.这表明罗尔定理是拉格朗日定理的一个特殊情形.

注 3.26 证明拉格朗日中值定理时,辅助函数的取法还有

$$F(x)=f(x)-f(a)-\frac{f(b)-f(a)}{b-a}x;$$

$$G(x)=f(x)(b-a)-[f(b)-f(a)]x;$$

$$H(x)=[f(x)-f(a)](b-a)-(x-a)[f(b)-f(a)]$$

等.构造辅助函数的主要思想是使构造的辅助函数在 A,B 两个端点函数值相等,以便利用罗尔定理.

推论 3.1 若函数 $f(x)$在区间 I 上可导,且 $f'(x)\equiv 0,x\in I$,则 f 为 I 上的常值函数.

证明 任取两点 $x_1,x_2\in I$,不妨设 $x_1<x_2$,在闭区间$[x_1,x_2]$上应用拉格朗日定理,存在 $\xi\in(x_1,x_2)\subset I$,使得

$$f(x_2)-f(x_1)=f'(\xi)(x_1-x_2)\equiv 0.$$

由此得 $f(x)$区间 I 任意两点的函数值相等,故 f 为 I 上的一个常值函数.

由推论 3.1 立即得到如下结论:

推论 3.2 设 $f(x),g(x)$都在区间 I 上可导,且 $f'(x)=g'(x)$,则

$$f(x)=g(x)+C.$$

例 3.26 对函数 $f(x)=x^3$ 在区间$[0,1]$上验证拉格朗日中值定理,并求出满足定理结论的 ξ.

解 显然 $f(x)=x^3$ 在$[0,1]$上连续,在$(0,1)$内可导,满足拉格朗日中值定理的全部条件,故存在 $\xi\in(0,1)$,使得 $f(1)-f(0)=f'(\xi)$,即 $1-0=3\xi^2$,所以 $\xi=\frac{1}{\sqrt{3}}$.

例 3.27 证明对任何正数 $a,b(a<b)$有

$$\frac{b-a}{b}<\ln\frac{b}{a}<\frac{b-a}{a}.$$

证明 令 $f(x)=\ln x,x\in[a,b]$,则 $f(x)$在$[a,b]$上连续可导.应用拉格朗日中值定理,存在 $\xi\in(a,b)$,使

$$\ln b-\ln a=\frac{1}{\xi}(b-a).$$

注意到 $a<\xi<b$,所以$\frac{1}{b}<\frac{1}{\xi}<\frac{1}{a}$,即有

$$\frac{b-a}{b} < \ln\frac{b}{a} = \frac{1}{\xi}(b-a) < \frac{b-a}{a}.$$

例 3.28　设 $f(x)$在点 a 的邻域内连续,除 a 外可导,且

$$\lim_{x\to a} f'(x) = A,$$

则 $f(x)$在点 a 可导且 $f'(a)=A$.

证明　在点 a 的邻域内任取点 x,则 $f(x)$在$[a,x]$或$[x,a]$上满足拉格朗日中值定理的条件,即在 a 与 x 之间,存在 ξ_x,使得

$$\frac{f(x)-f(a)}{x-a} = f'(\xi_x).$$

当 $x\to a$ 时,有 $\xi_x\to a$. 于是

$$\lim_{x\to a}\frac{f(x)-f(a)}{x-a} = \lim_{\xi_x\to a} f'(\xi_x) = A.$$

再由导数定义,函数 $f(x)$在点 a 可导,且 $f'(a)=A$.

定理 3.12(柯西中值定理)　设函数 $f(x)$,$g(x)$满足

(1) 在闭区间$[a,b]$上连续,

(2) 在(a,b)内可导,且 $g'(x)\neq 0$,

则至少存在一点 $\xi\in(a,b)$,使

$$\frac{f(b)-f(a)}{g(b)-g(a)} = \frac{f'(\xi)}{g'(\xi)}. \tag{3.15}$$

证明　由定理条件知 $g(a)\neq g(b)$. 否则的话,由罗尔中值定理,存在 $\xi\in(a,b)$,使 $g'(\xi)=0$,这与 $g'(x)\neq 0$ 矛盾. 式(3.15)可改写成

$$[f(b)-f(a)]g'(\xi) - [g(b)-g(a)]f'(\xi) = 0.$$

为此作辅助函数

$$F(x) = [f(b)-f(a)]g(x) - [g(b)-g(a)]f(x), \quad x\in[a,b].$$

显然 $F(x)$在$[a,b]$上连续,在(a,b)内可导,且 $F(b)=F(a)$. 由罗尔中值定理知,存在一点 $\xi\in(a,b)$,使

$$F'(\xi) = [f(b)-f(a)]g'(\xi) - [g(b)-g(a)]f'(\xi) = 0,$$

即

$$\frac{f(b)-f(a)}{g(b)-g(a)} = \frac{f'(\xi)}{g'(\xi)}.$$

注 3.27　在柯西定理中,若令 $g(x)=x$,则为拉格朗日定理.

注 3.28　柯西定理与拉格朗日定理有同样的**几何意义**. 考虑参数方程

$$\begin{cases} u = g(x), \\ v = f(x), \end{cases} \quad a\leqslant x\leqslant b$$

所给出的连续曲线段$\overset{\frown}{AB}$，弦$\overline{AB}$的斜率为$\dfrac{f(b)-f(a)}{g(b)-g(a)}$. 因为曲线段上任一点$(u,v)$(对应参数为$x$)的切线的斜率为$\dfrac{\mathrm{d}v}{\mathrm{d}u}=\dfrac{f'(x)}{g'(x)}$，$\dfrac{f'(\xi)}{g'(\xi)}$，即为曲线在点$P(g(\xi),f(\xi))$的切线斜率，故公式(3.16)表示曲线上至少有一点P处的切线与弦$\overline{AB}$平行，见图 3.6.

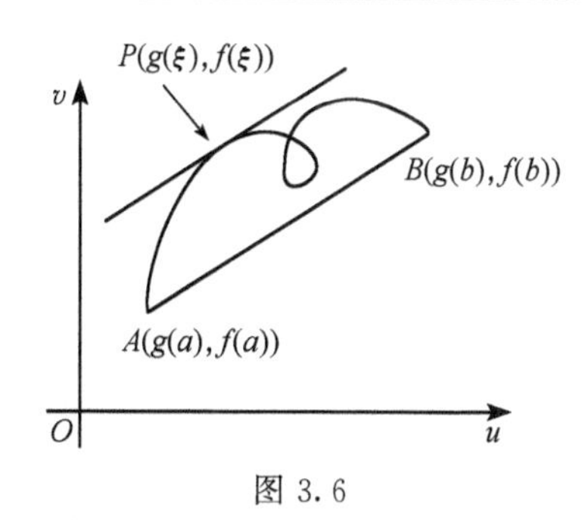

图 3.6

例 3.29 设函数$f(x)$在$[a,b]$上连续，在(a,b)内可导. 证明存在$\xi\in(a,b)$，使

$$f(b)-f(a)=\xi f'(\xi)\cdot\ln\frac{b}{a},\quad 0<a<b.$$

证明 因$f(x)$与$g(x)=\ln x$在$[a,b]$上连续，在(a,b)内可导，且$g'(x)=\dfrac{1}{x}\neq0$，$x\in[a,b]$. 由柯西定理，存在$\xi\in(a,b)$，使

$$\frac{f(b)-f(a)}{\ln b-\ln a}=\frac{f'(\xi)}{\dfrac{1}{\xi}}\text{ 或 }f(b)-f(a)=\xi f'(\xi)\ln\frac{b}{a}.$$

作为费马定理的一个应用，给出一个很有用的定理，即**导数的介值性定理**，也称**达布定理**.

例 3.30(达布定理) 设函数$f(x)$在$[a,b]$上可导，且$f'_+(a)\neq f'_-(b)$，则对介于$f'_+(a)$和$f'_-(b)$之间的任何实数C，至少存在一点$\xi\in(a,b)$，使得

$$f'(\xi)=C.$$

证明 不妨设$f'_+(a)<f'_-(b)$. 作辅助函数

$$F(x)=f(x)-C\cdot x,\quad x\in[a,b],$$

则$F(x)$在$[a,b]$上可导，且$F'_+(a)=f'_+(a)-C<0$，$F'_-(b)=f'_-(b)-C>0$. 由引理 3.1 知，存在$x_1\in(a,a+\delta)$与$x_2\in(b-\delta,b)$(δ充分小)，使得

$$F(x_1)<F(a),\quad F(x_2)<F(b).$$

又$F(x)$在$[a,b]$上连续，则在$[a,b]$上存在最小值m. 但由上式知，$F(x)$的最小值m不会在区间的端点a与b处取到，从而存在$\xi\in(a,b)$，使$F(\xi)=m$. 而$F(x)$在$[a,b]$上可导，且ξ为极小值点，故由费马定理，必有$F'(\xi)=0$，也即

$$f'(\xi)-C=0\text{ 或 }f'(\xi)=C.$$

习 题 3.2

1. 证明：若$a_0+\frac{a_1}{2}+\cdots+\frac{a_n}{n+1}=0$，则多项式

$$f(x)=a_0+a_1x+a_2x^2+\cdots+a_nx^n$$

在(0,1)内至少有一个实根.

2. 设函数 $f(x)$ 在 $[-a,a]$ 上连续，在 $(-a,a)$ 内可导，且 $f(-a)=f(a)=0$. 证明：对任何常数 k，存在 $\xi\in(-a,a)$，有 $f'(\xi)+kf(\xi)=0$.

3. 证明：方程 $x^n+px+q=0$（n 为自然数，p,q 为常数）当 n 为偶数时，最多有两个实根；当 n 为奇数时，最多有3个实根.

4. 若函数 $f(x)$ 在 $[a,b]$ 上非负且三阶可导，方程 $f(x)=0$ 在 (a,b) 内有两个不同的实根. 证明：存在 $\xi\in(a,b)$，使 $f'''(\xi)=0$.

5. 设函数 $f(x)$ 在 (a,b) 内 n 阶可导，$f(x)$ 在 $x_0,x_1,\cdots,x_n$ 处函数值相等，其中 $a<x_0<x_1<x_2<\cdots<x_n<b$. 证明：至少存在一点 $\xi\in(a,b)$，使

$$f^{(n)}(\xi)=0.$$

6. 设函数 $f(x)$ 在 $[a,b]$ 上连续，在 (a,b) 内可导，$ab>0$. 证明：存在 $\xi\in(a,b)$，使

$$2\xi[f(b)-f(a)]=(b^2-a^2)f'(\xi).$$

7. 设函数 $f(x)$ 在 $[a,b]$ 上连续，在 (a,b) 内可导，$ab>0$. 证明：在 (a,b) 内存在三点 x_1,x_2,x_3，使

$$f'(x_1)=(b+a)\frac{f'(x_2)}{2x_2}=(b^2+ab+a^2)\frac{f'(x_3)}{3x_3^2},\quad 0<a<b.$$

8. 若函数 $f(x),g(x),h(x)$ 在 $[a,b]$ 上连续，在 (a,b) 内可导，则存在 $\xi\in(a,b)$，使 $\begin{vmatrix} f(a) & g(a) & h(a) \\ f(b) & g(b) & h(b) \\ f'(\xi) & g'(\xi) & h'(\xi) \end{vmatrix}=0$，并由此结果推证拉格朗日定理和柯西定理.

9. 若 $x_1\cdot x_2>0$，证明：存在 ξ 介于 x_1,x_2 之间，使得

$$x_1\cdot e^{x_2}-x_2\cdot e^{x_1}=(1-\xi)e^{\xi}(x_1-x_2).$$

10. 设 $f(x),g(x)$ 在 $[a,b]$ 上存在二阶导数，且 $g''(x)\neq0$，$f(a)=f(b)=g(a)=g(b)=0$，证明：

(1) 在 (a,b) 内，$g(x)\neq0$；

(2) 存在 $\xi\in(a,b)$，有 $\dfrac{f(\xi)}{g(\xi)}=\dfrac{f''(\xi)}{g''(\xi)}$.

11. 应用拉格朗日定理证明下列不等式：

(1) $|\sin x_1-\sin x_2|\leqslant|x_1-x_2|$；

(2) $pa^{p-1}(b-a)\leqslant b^p-a^p\leqslant pb^{p-1}(b-a)$，$0<a<b$，$p>1$；

(3) $e^x\geqslant x+1$，$x>0$.

12. 若 $x>0$，证明：

(1) $\sqrt{x+1}-\sqrt{x}=\dfrac{1}{2\sqrt{x+\theta(x)}}$，其中 $\dfrac{1}{4}\leqslant\theta(x)<\dfrac{1}{2}$；

(2) $\lim\limits_{x\to0^+}\theta(x)=\dfrac{1}{4}$，$\lim\limits_{x\to+\infty}\theta(x)=\dfrac{1}{2}$.

13. 若函数 $f(x)$ 在 $[0,1]$ 上可导，且 $f(0)=0$. 对任意 $x\in[0,1]$，有 $|f'(x)|\leqslant|f(x)|$，则 $f(x)\equiv0$，$x\in[0,1]$.

14. 若函数 $f(x)$在$(a,+\infty)$内可导，且$|f'(x)|\leqslant M$，则 $\lim\limits_{x\to+\infty}\dfrac{f(x)}{x^2}=0$.

3.3 洛必达法则

当 $x\to x_0$(或 $x\to\infty$)时，两个函数 $f(x)$与 $g(x)$都趋于零或趋于无穷大，那么极限 $\lim\limits_{\substack{x\to x_0\\(x\to\infty)}}\dfrac{f(x)}{g(x)}$可能存在，也可能不存在. 称这类极限为**不定式极限**. 洛必达法则是解决不定式极限的有力工具. 常见的不定式主要有如下 7 种类型：

$$\frac{0}{0},\quad \frac{\infty}{\infty},\quad \infty-\infty,\quad 0\cdot\infty,\quad 0^0,\quad 1^\infty,\quad \infty^0.$$

后 5 种类型的不定式极限都可归结为$\dfrac{0}{0}$型或$\dfrac{\infty}{\infty}$型.

3.3.1 $\dfrac{0}{0}$型和$\dfrac{\infty}{\infty}$型不定式极限

定理 3.13(洛必达法则 I) 假设

(1) $\lim\limits_{x\to x_0}f(x)=0$，$\lim\limits_{x\to x_0}g(x)=0$；

(2) 函数 $f(x)$和 $g(x)$在 x_0 的邻域 $U^\circ(x_0)$内可导，且 $g'(x)\neq0$；

(3) $\lim\limits_{x\to x_0}\dfrac{f'(x)}{g'(x)}=A$，$A$ 为有限数，也可以为$\pm\infty$或∞，

则

$$\lim_{x\to x_0}\frac{f(x)}{g(x)}=\lim_{x\to x_0}\frac{f'(x)}{g'(x)}=A.$$

证明 由$\lim\limits_{x\to x_0}f(x)=0$，$\lim\limits_{x\to x_0}g(x)=0$，不妨设 $f(x_0)=0$，$g(x_0)=0$，则对任意 $x\in U^\circ(x_0)$，$f(x)$和 $g(x)$在以 x，x_0 为端点的区间上满足柯西定理的条件. 于是

$$\frac{f(x)}{g(x)}=\frac{f(x)-f(x_0)}{g(x)-g(x_0)}=\frac{f'(\xi)}{g'(\xi)},\quad \xi\text{ 介于 }x_0\text{ 与 }x\text{ 之间}.$$

若 $x\to x_0$，必有 $\xi\to x_0$，所以由条件(3)，得

$$\lim_{x\to x_0}\frac{f(x)}{g(x)}=\lim_{x\to x_0}\frac{f'(x)}{g'(x)}=A.$$

定理 3.14(洛必达法则 II) 假设

(1) $\lim\limits_{x\to x_0}f(x)=\infty$，$\lim\limits_{x\to x_0}g(x)=\infty$；

(2) 函数 $f(x)$和 $g(x)$在 x_0 的邻域 $U^\circ(x_0)$内可导，且 $g'(x)\neq0$；

(3) $\lim\limits_{x\to x_0}\dfrac{f'(x)}{g'(x)}=A$，$A$ 为有限数，也可以为$\pm\infty$或∞，

则

$$\lim_{x\to x_0}\frac{f(x)}{g(x)}=\lim_{x\to x_0}\frac{f'(x)}{g'(x)}=A.$$

注 3.29　定理 3.13,定理 3.14 中,$x\to x_0$ 换成 $x\to x_0^{\pm}$,$x\to\pm\infty$ 或 $x\to\infty$,则只需相应修正条件(1),结论仍成立.

此外,在运用洛必达法则求极限的过程中,应注意以下几点:

(1) 利用已知极限或等价无穷小(或无穷大)化简;

(2) 若有可约因子先约掉,若有极限是不为 0 的因子,可利用乘积极限运算法则分离出来;

(3) 如果 $\lim\limits_{x\to x_0}\dfrac{f'(x)}{g'(x)}$ 仍然是 $\dfrac{0}{0}$ 型或 $\dfrac{\infty}{\infty}$ 型不定式,且 $f'(x)$ 和 $g'(x)$ 仍满足定理 3.13 或定理 3.14 的条件,则可继续应用洛必达法则,从而有

$$\lim_{x\to x_0}\frac{f(x)}{g(x)}=\lim_{x\to x_0}\frac{f'(x)}{g'(x)}=\lim_{x\to x_0}\frac{f''(x)}{g''(x)}.$$

如果有必要,可以有限次地使用洛必达法则,直到求出极限为止.

(4) 每使用一次洛必达法则,都要进行整理、检验,看是否还是 $\dfrac{0}{0}$ 型或 $\dfrac{\infty}{\infty}$ 型. 如果不是就不能再使用洛必达法则.

例 3.31　求极限 $\lim\limits_{x\to 0}\dfrac{(e^x-1-x)\cos^2 x}{x\sin x\cdot\sqrt{1+x^2}}$.

解　注意 $\sin x\sim x, x\to 0$;$\lim\limits_{x\to 0}\dfrac{\cos^2 x}{\sqrt{1+x^2}}=1$. 于是

$$\lim_{x\to 0}\frac{(e^x-1-x)\cos^2 x}{x\sin x\cdot\sqrt{1+x^2}}=\lim_{x\to 0}\frac{\cos^2 x}{\sqrt{1+x^2}}\times\lim_{x\to 0}\frac{e^x-1-x}{x^2}$$

$$=1\times\lim_{x\to 0}\frac{e^x-1}{2x}=\frac{1}{2}.$$

例 3.32　求极限 $\lim\limits_{x\to+\infty}\dfrac{(\ln x)^2}{x}$.

解　$$\lim_{x\to+\infty}\frac{(\ln x)^2}{x}=\lim_{x\to+\infty}\frac{2\times\ln x\times\frac{1}{x}}{1}=2\lim_{x\to+\infty}\frac{\ln x}{x}=\lim_{x\to+\infty}\frac{1}{x}=0.$$

3.3.2　其他类型不定式极限

一般地,$\infty-\infty, 0\cdot\infty, 0^0, 1^\infty, \infty^0$ 型不定式均可经过适当的变形化为 $\dfrac{0}{0}$ 型或 $\dfrac{\infty}{\infty}$ 型不定式.

例 3.33 求极限$\lim\limits_{x\to1}\left(\dfrac{x}{x-1}-\dfrac{1}{\ln x}\right)$.

解 这是$\infty-\infty$型不定式,可采用通分的方法转化为$\dfrac{0}{0}$型或$\dfrac{\infty}{\infty}$型不定式.

$$\lim_{x\to1}\left(\frac{x}{x-1}-\frac{1}{\ln x}\right)=\lim_{x\to1}\frac{x\ln x-x+1}{(x-1)\ln x}=\lim_{x\to1}\frac{\ln x}{\ln x+(x-1)\times\dfrac{1}{x}}$$

$$=\lim_{x\to1}\frac{x\ln x}{x\ln x+x-1}=\lim_{x\to1}\frac{\ln x+1}{\ln x+2}=\frac{1}{2}.$$

例 3.34 求极限$\lim\limits_{x\to0^+}x\ln x$.

解 这是$0\cdot\infty$型不定式.

$$\lim_{x\to0^+}x\ln x=\lim_{x\to0^+}\frac{\ln x}{\dfrac{1}{x}}=\lim_{x\to0^+}\frac{\dfrac{1}{x}}{-\dfrac{1}{x^2}}=\lim_{x\to0^+}(-x)=0.$$

例 3.35 求极限$\lim\limits_{x\to+\infty}x\left(\dfrac{\pi}{2}-\arctan x\right)$.

解 这是$0\cdot\infty$型不定式.

$$\lim_{x\to+\infty}x\left(\frac{\pi}{2}-\arctan x\right)=\lim_{x\to+\infty}\frac{\dfrac{\pi}{2}-\arctan x}{\dfrac{1}{x}}=\lim_{x\to+\infty}\frac{-\dfrac{1}{1+x^2}}{-\dfrac{1}{x^2}}=\lim_{x\to+\infty}\frac{x^2}{1+x^2}=1.$$

对于$0^0,1^\infty,\infty^0$型不定式属于幂指函数$f(x)^{g(x)}$的极限,处理方法可用两种形式:①$f(x)^{g(x)}=\mathrm{e}^{g(x)\ln f(x)}$;②对$y=f(x)^{g(x)}$两边取对数,$\ln y=g(x)\ln f(x)$,化成$0\cdot\infty$型,进而再转化为$\dfrac{0}{0}$型或$\dfrac{\infty}{\infty}$型不定式.

例 3.36 求极限$\lim\limits_{x\to0^+}x^x$.

解 $\lim\limits_{x\to0^+}x^x=\lim\limits_{x\to0^+}\mathrm{e}^{x\ln x}=\mathrm{e}^{\lim\limits_{x\to0^+}x\ln x}=\mathrm{e}^0=1.$

例 3.37 求极限$\lim\limits_{n\to\infty}\sqrt[n]{n}$.

解 由于$\lim\limits_{x\to+\infty}x^{\frac{1}{x}}=\lim\limits_{x\to+\infty}\mathrm{e}^{\frac{\ln x}{x}}=\mathrm{e}^{\lim\limits_{x\to+\infty}\frac{\ln x}{x}}=\mathrm{e}^0=1$. 由归结原则,得

$$\lim_{n\to\infty}\sqrt[n]{n}=\lim_{x\to+\infty}x^{\frac{1}{x}}=1.$$

例 3.38 计算$\lim\limits_{x\to+\infty}\left(\dfrac{2}{\pi}\arctan x\right)^x$.

解 由$\left(\dfrac{2}{\pi}\arctan x\right)^x=\mathrm{e}^{x\ln\left(\frac{2}{\pi}\arctan x\right)}$,又

$$\lim_{x\to+\infty} x\ln\left(\frac{2}{\pi}\arctan x\right)=\lim_{x\to+\infty}\frac{\ln\frac{2}{\pi}+\ln\arctan x}{\frac{1}{x}}=\lim_{x\to+\infty}\frac{\frac{1}{\arctan x}\cdot\frac{1}{1+x^2}}{-\frac{1}{x^2}}$$

$$=-\frac{2}{\pi}\lim_{x\to+\infty}\frac{x^2}{1+x^2}=-\frac{2}{\pi}.$$

所以

$$\lim_{x\to+\infty}\left(\frac{2}{\pi}\arctan x\right)^x=e^{-\frac{2}{\pi}}.$$

例 3.39　求极限 $\lim\left(\frac{a_1{}^x+a_2{}^x+\cdots+a_n{}^x}{n}\right)^{\frac{1}{x}}$，$a_i>0$，这里分别考虑 $x\to0$，$x\to+\infty$，$x\to-\infty$ 三种情况.

解　令 $y=\left(\frac{a_1^x+a_2^x+\cdots+a_n^x}{n}\right)^{\frac{1}{x}}$，两边取对数得

$$\ln y=\frac{1}{x}\ln\left(\frac{a_1^x+a_2^x+\cdots+a_n^x}{n}\right).$$

(1) $\lim\limits_{x\to0}\ln y=\lim\limits_{x\to0}\frac{a_1^x\ln a_1+a_2^x\ln a_2+\cdots+a_n^x\ln a_n}{a_1^x+a_2^x+\cdots+a_n^x}=\frac{1}{n}\ln(a_1\cdot a_2\cdot\cdots\cdot a_n)$，

所以 $\lim\limits_{x\to0}y=\sqrt[n]{a_1\cdots a_n}$，即为 n 个数的几何平均.

(2) 因 $\lim\limits_{x\to+\infty}\ln y=\lim\limits_{x\to+\infty}\frac{a_1^x\ln a_1+a_2^x\ln a_2+\cdots+a_n^x\ln a_n}{a_1^x+a_2^x+\cdots+a_n^x}$，记 $M=\max\{a_1,a_2,\cdots,a_n\}$，则

$$\lim_{x\to+\infty}\ln y=\lim_{x\to+\infty}\frac{\left(\frac{a_1}{M}\right)^x\ln a_1+\left(\frac{a_2}{M}\right)^x\ln a_2+\cdots+\left(\frac{a_n}{M}\right)^x\ln a_n}{\left(\frac{a_1}{M}\right)^x+\left(\frac{a_2}{M}\right)^x+\cdots+\left(\frac{a_n}{M}\right)^x}=\ln M.$$

所以

$$\lim_{x\to+\infty}y=M=\max\{a_1,a_2,\cdots,a_n\}.$$

(3) 令 $m=\min\{a_1,a_2,\cdots,a_n\}$，则

$$\lim_{x\to-\infty}\ln y=\lim_{x\to-\infty}\frac{\left(\frac{a_1}{m}\right)^x\ln a_1+\left(\frac{a_2}{m}\right)^x\ln a_2+\cdots+\left(\frac{a_n}{m}\right)^x\ln a_n}{\left(\frac{a_1}{m}\right)^x+\left(\frac{a_2}{m}\right)^x+\cdots+\left(\frac{a_n}{m}\right)^x}=\ln m.$$

所以

$$\lim_{x\to-\infty}y=m=\min\{a_1,a_2,\cdots,a_n\}.$$

最后需要指出，若 $\lim\limits_{x\to x_0}\frac{f'(x)}{g'(x)}$ 不存在，则不能使用洛必达法则，否则就会引起错

误.例如,

$$\lim_{x\to+\infty}\frac{x+\sin x}{x}=\lim_{x\to+\infty}\left(1+\frac{\sin x}{x}\right)=1.$$

此极限虽然是$\frac{0}{0}$型不定式,但若使用洛必达法则可得

$$\lim_{x\to+\infty}\frac{x+\sin x}{x}=\lim_{x\to+\infty}(1+\cos x).$$

从而可由右端极限不存在而推出原极限也不存在的错误结论.

习　题　3.3

1. 求下列不定式的极限:

(1) $\lim\limits_{x\to0}\frac{e^x-1}{\sin x}$;　　(2) $\lim\limits_{x\to0}\frac{\ln(1+x)-x}{\cos x-1}$;

(3) $\lim\limits_{x\to0}\frac{\tan x-x}{x-\sin x}$;　　(4) $\lim\limits_{x\to0^+}\sin x\cdot\ln x$;

(5) $\lim\limits_{x\to0^+}(\tan x)^{\sin x}$;　　(6) $\lim\limits_{x\to0^+}(\sin x)^{\sin x}$;

(7) $\lim\limits_{x\to0}\frac{(a+x)^x-a^x}{x^2}$;　　(8) $\lim\limits_{x\to0}\left(\frac{a^x-x\ln a}{b^x-x\ln b}\right)^{\frac{1}{x^2}}$;

(9) $\lim\limits_{x\to+\infty}x(a^{\frac{1}{x}}-b^{\frac{1}{x}}),a>0,b>0,a\neq1,b\neq1$;　　(10) $\lim\limits_{x\to1}\frac{x^x-x}{\ln x-x+1}$;

(11) $\lim\limits_{x\to0}\frac{1}{x^3}\left[\left(\frac{2+\cos x}{3}\right)^x-1\right]$;　　(12) $\lim\limits_{x\to0}\frac{\sqrt{1+\tan x}-\sqrt{1+\sin x}}{x\ln(1+x)-x^2}$.

2. 设函数 $f(x)$在 $x=a$ 点的邻域有连续的二阶导数,且 $f'(a)\neq0$,求

$$\lim_{x\to a}\left[\frac{1}{f(x)-f(a)}-\frac{1}{(x-a)f'(a)}\right].$$

3. 若函数 $f(x)$在 $x=a$ 点有连续的二阶导数,求证:

$$\lim_{h\to0}\frac{f(a+h)+f(a-h)-2f(a)}{h^2}=f''(a).$$

4. 证明:对任意 $x>-1$,存在 $0<\theta<1$,使

$$\ln(1+x)=\frac{x}{1+\theta x}\text{ 且 }\lim_{x\to0}\theta=\frac{1}{2}.$$

5. 讨论函数

$$f(x)=\begin{cases}\left[\dfrac{(1+x)^{\frac{1}{x}}}{e}\right]^{\frac{1}{x}}, & x>0,\\ e^{-\frac{1}{2}}, & x\leqslant0\end{cases}$$

在点 $x=0$ 处的连续性.

6. 设函数 $f(x)=\begin{cases}\dfrac{\ln(1+ax^3)}{x-\arcsin x}, & x<0,\\ 6, & x=0,\\ \dfrac{e^{ax}+x^2-ax-1}{x\sin\frac{x}{4}}, & x>0,\end{cases}$ 问 a 为何值时,$f(x)$在 $x=0$ 处连续;问 a 为

何值时，$x=0$ 是 $f(x)$的可去间断点.

3.4 泰勒公式

在初等函数中，计算最简单的函数就是多项式. 从而联想到，如果能将复杂的函数近似地用多项式表示出来，而误差又能满足要求，这样就为研究函数的性质与近似计算带来极大方便.

3.4.1 带佩亚诺型余项的泰勒公式

由微分学知识，若 $f(x)$在 x_0 可导，则有

$$f(x)=f(x_0)+f'(x_0)(x-x_0)+o(x-x_0),$$

即在点 x_0 附近，用一次多项式 $f(x_0)+f'(x_0)(x-x_0)$近似代替 $f(x)$时，其误差为 $o(x-x_0)$. 现在需要进一步推广：用 n 次多项式近似代替 $f(x)$时，其误差为 $o((x-x_0)^n)$.

先考察函数本身是多项式的情况. 设 n 次多项式 $P(x)$为

$$P(x)=a_0+a_1(x-x_0)+a_2(x-x_0)^2+\cdots+a_n(x-x_0)^n,$$

则逐次求它在点 x_0 的各阶导数，得到

$$P(x_0)=a_0,\quad P'(x_0)=a_1,\quad P''(x_0)=2a_2,\quad \cdots,\quad P^{(n)}(x_0)=n!a_n,$$

即

$$a_k=\frac{P^{(k)}(x_0)}{k!},\quad k=0,1,2,\cdots,n.$$

因此 n 次多项式 $P(x)$也可以表示成

$$P(x)=P(x_0)+P'(x_0)(x-x_0)+\frac{P''(x_0)}{2!}(x-x_0)^2+\cdots+\frac{P^{(n)}(x_0)}{n!}(x-x_0)^n.$$

由此可见，在上述多项式函数 $P(x)$的表达式中的各项系数由其在点 x_0 的各阶导数值所唯一确定.

对于一般函数 $f(x)$，设它在点 x_0 存在直到 n 阶的导数，则可以形式地写出一个 n 次多项式

$$T_n(x)=f(x_0)+f'(x_0)(x-x_0)+\frac{f''(x_0)}{2!}(x-x_0)^2+\cdots+\frac{f^{(n)}(x_0)}{n!}(x-x_0)^n. \tag{3.16}$$

(3.16)称为 $f(x)$在点 x_0 处的**泰勒多项式**. 易知 $f(x)$与其泰勒多项式 $T_n(x)$在点 x_0 处具有相同的函数值和相同的直至 n 阶导数值，即

$$f^{(k)}(x_0)=T_n^{(k)}(x_0),\quad k=0,1,2,\cdots,n.$$

下面的定理说明当用 $f(x)$在点 x_0 处的泰勒多项式 $T_n(x)$来近似代替 $f(x)$

时，其误差即为 $o((x-x_0)^n)$.

定理 3.15 设函数 $f(x)$ 在 x_0 具有直到 n 阶导数，则对任意 $x\in U(x_0)$ 有 $f(x)=T_n(x)+o((x-x_0)^n)$，即

$$f(x)=f(x_0)+f'(x_0)(x-x_0)+\frac{f''(x_0)}{2!}(x-x_0)^2+\cdots+\frac{f^{(n)}(x_0)}{n!}(x-x_0)^n+o((x-x_0)^n). \tag{3.17}$$

证明 设

$$R_n(x)=f(x)-T_n(x),\quad Q(x)=(x-x_0)^n.$$

只需证明

$$\lim_{x\to x_0}\frac{R_n(x)}{Q(x)}=0.$$

当 $x\in U(x_0)$ 时，应用洛必达法则 $n-1$ 次，并注意到 $f^{(n)}(x_0)$ 的存在性，则有

$$\begin{aligned}\lim_{x\to x_0}\frac{R_n(x)}{Q(x)}&=\lim_{x\to x_0}\frac{R_n^{(n-1)}(x)}{Q^{(n-1)}(x)}\\&=\lim_{x\to x_0}\frac{f^{(n-1)}(x)-f^{(n-1)}(x_0)-f^{(n)}(x_0)(x-x_0)}{n\cdot(n-1)\cdot\cdots\cdot2\cdot(x-x_0)}\\&=\frac{1}{n!}\lim_{x\to x_0}\left[\frac{f^{(n-1)}(x)-f^{(n-1)}(x_0)}{x-x_0}-f^{(n)}(x_0)\right]=0.\end{aligned}$$

从而

$$R_n(x)=o(Q(x))=o((x-x_0)^n),\quad x\to x_0.$$

故式(3.17)成立.

式(3.17)称为函数 $f(x)$ 在点 x_0 的**泰勒公式**，$R_n(x)=f(x)-T_n(x)$ 称为泰勒公式的余项，形如 $o((x-x_0)^n)$ 的余项称为**佩亚诺型余项**. 因此式(3.17)又称为**带有佩亚诺型余项的泰勒公式**.

特别地，若 $x_0=0$，相应的泰勒公式为

$$f(x)=f(0)+f'(0)x+\frac{f''(0)}{2!}x^2+\cdots+\frac{f^{(n)}(0)}{n!}x^n+o(x^n). \tag{3.18}$$

它又称为**带有佩亚诺型余项的麦克劳林公式**.

根据定理 3.15，可以给出几个常用初等函数的麦克劳林公式：

(1) $\mathrm{e}^x=1+\frac{x}{1!}+\frac{x^2}{2!}+\cdots+\frac{x^n}{n!}+o(x^n)$；

(2) $\sin x=x-\frac{x^3}{3!}+\frac{x^5}{5!}-\cdots+(-1)^{n-1}\frac{x^{2n-1}}{(2n-1)!}+o(x^{2n-1})$；

(3) $\cos x=1-\frac{x^2}{2!}+\frac{x^4}{4!}-\cdots+(-1)^n\frac{x^{2n}}{(2n)!}+o(x^{2n})$；

(4) $\ln(1+x)=x-\frac{x^2}{2}+\frac{x^3}{3}-\cdots+(-1)^{n-1}\frac{x^n}{n}+o(x^n)$;

(5) $(1+x)^\alpha=1+\alpha x+\frac{\alpha(\alpha-1)}{2!}x^2+\cdots+\frac{\alpha(\alpha-1)\cdots(\alpha-n+1)}{n!}x^n+o(x^n)$;

(6) $\frac{1}{1-x}=1+x+x^2+\cdots+x^n+o(x^n)$.

例 3.40　写出函数 $f(x)=e^{-\frac{x^2}{2}}$ 的带佩亚诺型余项的麦克劳林公式,并求 $f^{(2008)}(0)$.

解　用$\left(-\frac{x^2}{2}\right)$代替公式(1)中的 x,即得

$$e^{-\frac{x^2}{2}}=1-\frac{x^2}{2}+\frac{x^4}{2^2\cdot 2!}+\cdots+(-1)^n\frac{x^{2n}}{2^n\cdot n!}+o(x^{2n}).$$

在上述 $f(x)$的麦克劳林公式中,x^{2008}的系数为

$$\frac{1}{2008!}f^{(2008)}(0)=(-1)^{1004}\frac{1}{2^{1004}\cdot 1004!},$$

于是

$$f^{(2008)}(0)=\frac{2008!}{2^{1004}\cdot 1004!}.$$

例 3.41　求 $\ln x$ 在点 $x=2$ 处的带佩亚诺型余项的泰勒公式.

解　由于 $\ln x=\ln(2+(x-2))=\ln 2+\ln\left(1+\frac{x-2}{2}\right)$,因此

$$\ln x=\ln 2+\frac{1}{2}(x-2)-\frac{1}{2\cdot 2^2}(x-2)^2+\cdots$$
$$+(-1)^{n-1}\frac{1}{n\cdot 2^n}(x-2)^n+o((x-2)^n).$$

例 3.42　求极限 $\lim\limits_{x\to 0}\frac{e^x-1-x}{\sqrt{1-x}-\cos\sqrt{x}}$.

解　由

$$e^x=1+x+\frac{x^2}{2}+o(x^2),\quad \cos\sqrt{x}=1-\frac{x}{2}+\frac{x^2}{4!}+o(x^2),$$

$$\sqrt{1-x}=1-\frac{x}{2}-\frac{x^2}{8}+o(x^2).$$

所以

$$\lim_{x\to 0}\frac{e^x-1-x}{\sqrt{1-x}-\cos\sqrt{x}}=\lim_{x\to 0}\frac{1+x+\frac{x^2}{2}+o(x^2)-1-x}{\left(1-\frac{x}{2}-\frac{x^2}{8}+o(x^2)\right)-1+\frac{x}{2}-\frac{x^2}{4!}+o(x^2)}$$

$$=\lim_{x\to 0}\frac{\frac{1}{2}x^2+o(x^2)}{-\left(\frac{1}{8}+\frac{1}{24}\right)x^2+o(x^2)}=-3.$$

例 3.43 $a_n=\left(n+\frac{1}{2}\right)\cdot\ln\left(1+\frac{1}{n}\right)-1$,求它的等价无穷小.

解 $a_n=\left(n+\frac{1}{2}\right)\left[\frac{1}{n}-\frac{1}{2n^2}+\frac{1}{3n^3}+o\left(\frac{1}{n^3}\right)\right]-1$

$$=\left[1-\frac{1}{2n}+\frac{1}{3n^2}+o\left(\frac{1}{n^2}\right)+\frac{1}{2n}-\frac{1}{4n^2}+o\left(\frac{1}{n^2}\right)\right]-1$$

$$=\frac{1}{12n^2}+o\left(\frac{1}{n^2}\right).$$

所以

$$a_n\sim\frac{1}{12n^2},\quad n\to\infty.$$

3.4.2 带拉格朗日型余项的泰勒公式

定理 3.16 若函数 $f(x)$ 在 $[a,b]$ 上存在直至 n 阶的连续导数,在 (a,b) 内存在 $n+1$ 阶导数,则对任何 $x_0,x\in[a,b]$,有

$$f(x)=f(x_0)+f'(x_0)(x-x_0)+\frac{f''(x_0)}{2!}(x-x_0)^2+\cdots+\frac{f^{(n)}(x_0)}{n!}(x-x_0)^n+R_n(x),\tag{3.19}$$

其中 $R_n(x)=\frac{f^{(n+1)}(\xi)}{(n+1)!}(x-x_0)^{n+1}$,$\xi$ 位于 x 与 x_0 之间.

证明 对于给定的 x_0,x,不妨设 $x_0<x$,并设

$$f(x)=f(x_0)+f'(x_0)(x-x_0)+\frac{f''(x_0)}{2!}(x-x_0)^2+\cdots+\frac{f^{(n)}(x_0)}{n!}(x-x_0)^n+(x-x_0)^{n+1}\cdot H.$$

作辅助函数

$$F(u)=f(u)+\frac{f'(u)}{1!}(x-u)+\frac{f''(u)}{2!}(x-u)^2+\cdots+\frac{f^{(n)}(u)}{n!}(x-u)^n+(x-u)^{n+1}\cdot H.$$

由于 f 在 $[a,b]$ 内具有直到 n 阶连续导数,故 $F(u)$ 在 $[x_0,x]$ 上连续可导,且 $F(x)=F(x_0)=f(x)$. 从而存在 $\xi\in(x_0,x)$,使 $F'(\xi)=0$,即

$$\frac{(x-\xi)^n}{n!}f^{(n+1)}(\xi)-(n+1)(x-\xi)^n\cdot H=0,$$

由此解得

$$H=\frac{f^{(n+1)}(\xi)}{(n+1)!},\quad \xi\in(x_0,x),$$

亦即

$$R_n(x)=\frac{f^{(n+1)}(\xi)}{(n+1)!}(x-x_0)^{n+1},\quad \xi\in(x_0,x). \tag{3.20}$$

式(3.19)同样称为函数 $f(x)$ 在 $x=x_0$ 处的**泰勒公式**. $R_n(x)$ 称为 $f(x)$ 在 $x=x_0$ 处的**泰勒公式余项**. 形如式(3.20)的余项称为**拉格朗日型余项**. 所以式(3.19)又称为**带有拉格朗日型余项的泰勒公式**.

此外,余项 $R_n(x)$ 还可以表示为

$$R_n(x)=\frac{f^{(n+1)}(x_0+\theta(x-x_0))}{(n+1)!}(x-x_0)^{n+1},\quad 0<\theta<1.$$

当 $x_0=0$ 时的泰勒公式(3.19)称为(**带有拉格朗日型余项的**)**麦克劳林公式**,即

$$f(x)=f(0)+f'(0)x+\frac{f''(0)}{2!}x^2+\cdots+\frac{f^{(n)}(0)}{n!}x^n+R_n(x),$$

其中 $R_n(x)=\dfrac{f^{(n+1)}(\theta x)}{(n+1)!}x^{n+1},0<\theta<1$.

例 3.44　设函数 $f(x)$ 在$[0,1]$上有连续的二阶导数,且 $|f''(x)|\leqslant 1,f(0)=f(1)$,则

$$|f'(x)|\leqslant\frac{1}{2}.$$

证明　对任意 $x\in[0,1]$,有

$$f(0)=f(x)+\frac{f'(x)}{1!}(0-x)+\frac{f''(\xi_1)}{2!}(0-x)^2,\quad \xi_1\in(0,x),$$

$$f(1)=f(x)+\frac{f'(x)}{1!}(1-x)+\frac{f''(\xi_2)}{2!}(1-x)^2,\quad \xi_2\in(x,1).$$

因 $f(1)=f(0)$,上述两式相减,并注意 $|f''(x)|\leqslant 1$,则

$$|f'(x)|=\left|\frac{1}{2}f''(\xi_1)x^2-\frac{1}{2}f''(\xi_2)(1-x)^2\right|\leqslant\frac{1}{2}[x^2+(1-x)^2].$$

易知$[x^2+(1-x)^2]\leqslant 1$,故得

$$|f'(x)|\leqslant\frac{1}{2}.$$

例 3.45　设函数 $f(x)$在$[0,1]$上二阶可导，且 $f(0)=f(1)=0$，$\min\limits_{0\leqslant x\leqslant 1} f(x)=-1$，则存在 $\xi\in(0,1)$，使 $f''(\xi)\geqslant 8$.

证明　由条件知，$f(x)$的最小值必在$(0,1)$内取得，设 $x_0\in(0,1)$，使 $f(x_0)=-1$. 由费马定理可知

$$f'(x_0)=0.$$

又函数值 $f(0)$，$f(1)$用 x_0 点的泰勒公式表示为

$$f(0)=f(x_0)+\frac{f'(x_0)}{1!}(0-x_0)+\frac{f''(\xi_1)}{2!}(0-x_0)^2,\quad 0<\xi_1<x_0,$$

$$f(1)=f(x_0)+\frac{f'(x_0)}{1!}(1-x_0)+\frac{f''(\xi_2)}{2!}(1-x_0)^2,\quad x_0<\xi_2<1.$$

由于 $f(0)=f(1)=0$，$f'(x_0)=0$，$f(x_0)=-1$. 所以

$$\frac{f''(\xi_1)}{2}x_0^2=\frac{f''(\xi_2)}{2}(1-x_0)^2=1,$$

即

$$f''(\xi_1)=\frac{2}{x_0^2},\quad f''(\xi_2)=\frac{2}{(1-x_0)^2}.$$

无论 $x_0\geqslant\frac{1}{2}$还是 $x_0\leqslant\frac{1}{2}$，$f''(\xi_1)$和 $f''(\xi_2)$中必有一个值不小于 8. 令 $f''(\xi)=\max\{f''(\xi_1),f''(\xi_2)\}$，则 $f''(\xi)\geqslant 8$.

习　题　3.4

1. 求下列函数在指定点的带佩亚诺型余项的泰勒公式：

(1) $y=\ln x, x=1$；　　(2) $y=\dfrac{1}{1+x}, x=0$；

(3) $y=a^x, x=0$；　　(4) $y=\cos^2 x, x=0$.

2. 设函数 $f(x)$在点 a 具有连续的二阶导数，用泰勒公式证明：

$$\lim_{h\to 0}\frac{f(a+h)+f(a-h)-2f(a)}{h^2}=f''(a).$$

3. 利用泰勒公式求下列极限：

(1) $\lim\limits_{x\to 0}\dfrac{\cos x-\mathrm{e}^{-\frac{x^2}{2}}}{x^4}$；　　(2) $\lim\limits_{x\to 0}\dfrac{\mathrm{e}^x\cdot\sin x-x(1+x)}{x^3}$；

(3) $\lim\limits_{x\to+\infty}\left[x-x^2\ln\left(1+\dfrac{1}{x}\right)\right]$；　　(4) $\lim\limits_{x\to+\infty}\left(x\mathrm{e}^{\frac{1}{x}}-\sqrt{1+x^2}\right)$；

(5) $\lim\limits_{x\to 0}\dfrac{1-\mathrm{e}^{-x^2}}{x^2}$；　　(6) $\lim\limits_{x\to 0}\dfrac{1-x^2-\mathrm{e}^{-x^2}}{x\cdot\sin^3 2x}$.

4. 证明：若函数 $f(x)$在$[a,b]$上二阶可导，且 $f'(a)=f'(b)=0$，则在(a,b)内至少有一点 ξ，使

$$|f''(\xi)|\geqslant\frac{4}{(b-a)^2}|f(b)-f(a)|.$$

5. 设函数 $f(x)$在$[a,b]$上二阶可微，$f'\left(\frac{a+b}{2}\right)=0$，则至少存在一点 $\xi\in(a,b)$，使

$$|f''(\xi)|\geqslant\frac{4}{(b-a)^2}|f(b)-f(a)|.$$

6. 设 $f(x)$在$[a,b]$上具有二阶连续导数，且 $f(a)=f(b)=0$. 求证：

(1) $\max\limits_{a\leqslant x\leqslant b}|f(x)|\leqslant\frac{1}{8}(b-a)^2\max\limits_{a\leqslant x\leqslant b}|f''(x)|$；

(2) $\max\limits_{a\leqslant x\leqslant b}|f'(x)|\leqslant\frac{1}{2}(b-a)\max\limits_{a\leqslant x\leqslant b}|f''(x)|$.

7. 设 $f(x)$在 $U(x_0)$内具有直到 $n+1$ 阶连续导函数，且 $f^{(n+1)}(x)\neq 0$. 又

$$f(x_0+h)=f(x_0)+hf'(x_0)+\frac{h^2}{2!}f''(x_0)+\cdots+\frac{h^n}{n!}f^{(n)}(x_0+\theta h),\quad 0<\theta<1.$$

证明：$\lim\limits_{h\to 0}\theta=\frac{1}{n+1}$.

3.5　函数的单调性与极值

利用定义讨论函数的单调性是不方便的，特别是较复杂的函数，本节将利用导数来研究函数的特征和形态.

3.5.1　函数单调性的判别

定理 3.17　若函数 $f(x)$在区间 I 内可导，则函数 $f(x)$在 I 内递增(或递减)的充要条件是 $f'(x)\geqslant 0$(或 $f'(x)\leqslant 0$)，$x\in I$.

证明　充分性. 设 $f'(x)\geqslant 0$，$x\in I$，任取 $x_1,x_2\in I$，不妨设 $x_1<x_2$. 由拉格朗日中值定理知

$$f(x_2)-f(x_1)=f'(\xi)(x_2-x_1)\geqslant 0.$$

故有

$$f(x_2)\geqslant f(x_1).$$

从而 $f(x)$在 I 内单调递增.

必要性. 设 $f(x)$在 I 上单调递增，$\forall x_0\in I$，当 $x\neq x_0$ 时，始终有

$$\frac{f(x)-f(x_0)}{x-x_0}\geqslant 0.$$

由 $f(x)$在点 x_0 可导，故

$$f'(x_0)=\lim_{x\to x_0}\frac{f(x)-f(x_0)}{x-x_0}\geqslant 0.$$

由 x_0 的任意性知 $f'(x)\geqslant 0$，$x\in I$.

同理，可证 $f(x)$ 在 I 内递减的充要条件是 $f'(x)\leqslant 0, x\in I$.

推论 3.3 若函数 $f(x)$ 在 I 内可导，且 $f'(x)>0$（或 $f'(x)<0$），则 $f(x)$ 在 I 内为严格递增(或严格递减)函数.

注 3.30 推论对 $f(x)$ 在有限个点处 $f'(x)=0$ 的情况，结论仍然成立.

例 3.46 讨论函数 $f(x)=(x-1)^2(x-2)^3$ 的严格单调性.

解 所给函数的定义域为 $(-\infty,+\infty)$，且

$$f'(x)=(x-1)(x-2)^2(5x-7).$$

令 $f'(x)=0$，得稳定点为 $1,\frac{7}{5},2$. 它们将定义域 $(-\infty,+\infty)$ 分成 4 个区间，如表 3.1 所示.

表 3.1

x	$(-\infty,1)$	$\left(1,\frac{7}{5}\right)$	$\left(\frac{7}{5},2\right)$	$(2,+\infty)$
$f'(x)$	+	−	+	+
$f(x)$	↗	↘	↗	↗

所以函数 $f(x)=(x-1)^2(x-2)^3$ 在 $\left(1,\frac{7}{5}\right)$ 内严格递减；在 $(-\infty,1)$ 与 $\left(\frac{7}{5},+\infty\right)$ 内严格递增.

例 3.47 证明不等式 $e^x>1+x, x\neq 0$.

证明 设 $f(x)=e^x-1-x$，则 $f'(x)=e^x-1$. 故当 $x>0$ 时，$f'(x)>0$，f 严格递增；当 $x<0$ 时，$f'(x)<0$，f 严格递减. 又由于 f 在 $x=0$ 处连续，则当 $x\neq 0$ 时，

$$f(x)>f(0)=0,$$

即

$$e^x>1+x,\quad x\neq 0.$$

例 3.48 证明对任意 $x>0$，有

$$\frac{x}{1+x}<\ln(1+x)<x.$$

证明 设 $f(x)=x-\ln(1+x)$，$g(x)=\ln(1+x)-\frac{x}{1+x}$，$x\geqslant 0$，则

$$f'(x)=1-\frac{1}{1+x}>0,$$

$$g'(x)=\frac{1}{1+x}-\frac{1}{(1+x)^2}=\frac{x}{(1+x)^2}>0.$$

故 $f(x)$，$g(x)$ 为 $[0,+\infty)$ 上严格递增函数，从而对任意 $x>0$ 有

$$f(x)=x-\ln(1+x)>f(0)=0 \text{ 或 } x>\ln(1+x);$$

$$g(x)=\ln(1+x)-\frac{x}{1+x}>g(0)=0 \text{ 或 } \ln(1+x)>\frac{x}{1+x}.$$

3.5.2　函数极值的判别

由费马定理知，x_0 为可导函数 $f(x)$ 的极值点的必要条件是 $f'(x_0)=0$. 若 $f(x)$ 在 x_0 处不可导，x_0 也可能为 $f(x)$ 的极值点. 例如，$f(x)=|x|$ 在 $x=0$ 点不可导，但 $x=0$ 是 $f(x)$ 的极小值点. 由上看出，使 $f'(x)=0$ 的点和 $f'(x)$ 不存在的点均可能为极值点，故统称为**可疑的极值点**.

定理 3.18（极值第一充分判别法）　设函数 $f(x)$ 在点 x_0 点连续，在 x_0 的某邻域 $U^{\circ}(x_0,\delta)$ 内可导，

(1) 当 $x\in(x_0-\delta,x_0)$ 时 $f'(x)\leqslant 0$，当 $x\in(x_0,x_0+\delta)$ 时 $f'(x)\geqslant 0$，则 x_0 为 $f(x)$ 的极小值点；

(2) 当 $x\in(x_0-\delta,x_0)$ 时 $f'(x)\geqslant 0$，当 $x\in(x_0,x_0+\delta)$ 时 $f'(x)\leqslant 0$，则 x_0 为 $f(x)$ 的极大值点；

(3) 若 $f'(x)$ 在 x_0 两侧的值不变号，则 x_0 不是 $f(x)$ 的极值点.

证明　仅证(1). 由定理条件知 $f(x)$ 在 $(x_0-\delta,x_0)$ 内递减，在 $(x_0,x_0+\delta)$ 内递增，又 $f(x)$ 在 x_0 点连续，故对 $\forall x\in U(x_0,\delta)$，有 $f(x)\geqslant f(x_0)$，即 $f(x_0)$ 为 $f(x)$ 的极小值，x_0 为 $f(x)$ 的极小值点.

对 $f(x)$ 可疑的极值点一般均可用极值第一充分判别法来讨论.

例 3.49　求函数 $f(x)=(x^2-1)^{\frac{2}{3}}$ 的极值.

解　$f'(x)=\dfrac{2}{3}\dfrac{2x}{\sqrt[3]{x^2-1}}=\dfrac{4}{3}\dfrac{x}{\sqrt[3]{(x-1)(x+1)}}$，知 $x=0$ 是驻点，$x=\pm 1$ 时导数不存在，即 $x=0,\pm 1$ 为极值可疑点. 现列表讨论如表 3.2 所示(表中"↗"表示递增，"↘"表示递减).

表 3.2

x	$(-\infty,-1)$	-1	$(-1,0)$	0	$(0,1)$	1	$(1,+\infty)$
$f'(x)$	$-$	不存在	$+$	0	$-$	不存在	$+$
$f(x)$	↘	极小值	↗	极大值	↘	极小值	↗

由第一充分判别法知当 $x=0$ 时，$f(x)$ 有极大值 $f(0)=1$；当 $x=\pm 1$ 时，$f(x)$ 有极小值 $f(\pm 1)=0$.

定理 3.19（极值第二充分判别法）　设函数 $f(x)$ 在 $U(x_0)$ 内二阶可导，且 $f'(x_0)=0$，$f''(x_0)\neq 0$，则

(1) 若 $f''(x_0)<0$,则 $f(x)$在 x_0 取得极大值;

(2) 若 $f''(x_0)>0$,则 $f(x)$在 x_0 取得最小值.

证明 (1) 由 $f''(x_0)=\lim\limits_{x\to x_0}\dfrac{f'(x)-f'(x_0)}{x-x_0}=\lim\limits_{x\to x_0}\dfrac{f'(x)}{x-x_0}<0$ 知存在 $\delta>0$,当 $x\in(x_0-\delta,x_0+\delta)(\subset U(x_0))$时,$\dfrac{f'(x)}{x-x_0}<0$. 于是

当 $x\in(x_0-\delta,x_0)$ 时,$f'(x)>0$;当 $x\in(x_0,x_0+\delta)$ 时,$f'(x)<0$.
由极值第一充分判别法知 x_0 是 $f(x)$的极大值点.

同理可证(2).

注 3.31 若 $f''(x_0)=0$,则极值第二充分判别法失效. 这时可考虑第一判别法或者下面的判别法.

定理 3.20(极值第三充分判别法) 设函数 $f(x)$在 x_0 点存在 $n(\geqslant 2)$阶导数,且 $f'(x_0)=f''(x_0)=\cdots=f^{(n-1)}(x_0)=0$,$f^{(n)}(x_0)\neq 0$,则

(1) 若 n 为偶数时,x_0 是 $f(x)$的极值点,且当 $f^{(n)}(x_0)<0$ 时,x_0 为极大值点;当 $f^{(n)}(x_0)>0$ 时,x_0 是极小值点;

(2) 若 n 为奇数时,x_0 不是 $f(x)$的极值点.

证明 仅证(1). 由带佩亚诺型余项的泰勒公式知

$$f(x)-f(x_0)=\frac{f^{(n)}(x_0)}{n!}(x-x_0)^n+o((x-x_0)^n),$$

从而存在 $\delta>0$,当 $x\in U(x_0,\delta)$时,上式左端与$\dfrac{f^{(n)}(x_0)}{n!}(x-x_0)^n$ 符号相同. 于是当 n 为偶数时,$f(x)-f(x_0)$与 $f^{(n)}(x_0)$同号.

从而当 $f^{(n)}(x_0)<0$ 时,$f(x)<f(x_0)$,$x\in U(x_0,\delta)$,即 $f(x_0)$为极大值. 当 $f^{(n)}(x_0)>0$ 时,$f(x)>f(x_0)$,$x\in U(x_0,\delta)$,即 $f(x_0)$为极小值.

例 3.50 求函数 $f(x)=x^3-3x^2-9x+5$ 的极值.

解 $f'(x)=3x^2-6x-9=3(x+1)(x-3)$. 令 $f'(x)=0$,得驻点 $x=-1,3$. 又 $f''(x)=6x-6=6(x-1)$,而 $f''(-1)=-12<0$,$f''(3)=12>0$. 故 $f(x)$在 $x=-1$ 处取极大值 $f(-1)=10$;在 $x=3$ 处取极小值 $f(3)=-22$.

例 3.51 讨论 $f(x)=6\ln x-2x^3+9x^2-18x$ 在 $x=1$ 处是否存在极值.

解

$$f'(x)=\frac{6}{x}-6x^2+18x-18,\quad f'(1)=0;$$

$$f''(x)=-\frac{6}{x^2}-12x+18,\quad f''(1)=0;$$

$$f'''(x)=\frac{12}{x^3}-12,\quad f'''(1)=0;$$

$$f^{(4)}(x)=\frac{-36}{x^4},\quad f^{(4)}(1)=-36<0.$$

由极值的第三充分判别法知 $f(x)$ 在 $x=1$ 处有极大值 $f(1)=-11$.

3.5.3 函数的最值

若函数 $f(x)$ 在闭区间 $[a,b]$ 上连续，则 $f(x)$ 在 $[a,b]$ 内一定存在最大值和最小值. 若 x_0 为 $f(x)$ 的最大(小)值点且 $x_0\in(a,b)$，则 x_0 必为 $f(x)$ 的极大(小)值点. 从而求连续函数 $f(x)$ 在 $[a,b]$ 上的最值一般步骤为

(1) 在 $[a,b]$ 上求出 $f(x)$ 所有可疑的极值点，不妨设为 $x_1,x_2,\cdots,x_n$；

(2) 比较函数值 $f(x_1),f(x_2),\cdots,f(x_n)$ 及 $f(a),f(b)$，其中最大的就是 $f(x)$ 的最大值，最小的就是 $f(x)$ 的最小值.

特别地，当函数 $f(x)$ 在 (a,b) 内可导，且有唯一稳定点 x_0 时，若 x_0 是 $f(x)$ 的极小(大)值点，则它也是 $f(x)$ 的最小(大)值点.(为什么?)

例 3.52 求函数 $f(x)=(x-1)^2\sqrt[3]{(x+1)^2}$ 在 $[-2,2]$ 上的最值.

解 $f'(x)=\dfrac{2}{3}\dfrac{(x-1)(4x+2)}{\sqrt[3]{x+1}}$，解得驻点 $x=1,-\dfrac{1}{2}$，且当 $x=-1$ 时，$f'(x)$ 不存在. 比较 $f(1)=0,f(-1)=0,f\left(-\dfrac{1}{2}\right)=\dfrac{9}{8}\sqrt[3]{2},f(-2)=9,f(2)=\sqrt[3]{9}$，可知 $f(x)$ 在 $[-2,2]$ 上最大值为 9，最小值为 0.

在实际工作中，生产者常要设计方案，使产品用料最省、成本最低；销售者通常考虑的是如何获得最大利润问题；工程师希望设计出最佳的运输方案；科学家要计算光线通过各种介质时，选择什么样的路径可使花费的时间最短……讨论这些问题实际上是最优化的范畴. 本节利用前面的知识，讨论解决函数最值问题(最优化问题).

在实际应用中，常常是函数在自变量取值范围内只有唯一可能取极值的点，在这种情况下，实际上不必再判断，就可以断定该点处的函数值就是问题所要求的最值.

例 3.53 某工厂要制作容积为 V 的有盖圆柱形油桶，怎样选择圆柱形油桶的半径和高，才能用料最省?

解 这里用料最省就是油桶的表面积最小. 设桶的半径为 r，高为 h，表面积为 S，则

$$S=2\pi r^2+2\pi rh.$$

已知油桶的体积为 V，即 $V=\pi hr^2$，从而 $h=\dfrac{V}{\pi r^2}$. 于是

$$S=2\pi r^2+\frac{2V}{r}.$$

于是

$$S'=4\pi r-\frac{2V}{r^2}.$$

令 $S'=0$，解得唯一驻点 $r=\sqrt[3]{\frac{V}{2\pi}}$，从而 $h=\frac{V}{\pi r^2}=2r$. 故圆柱形油桶的底半径为 $r=\sqrt[3]{\frac{V}{2\pi}}$，高为 $h=2r$ 时，用料最省.

习　题　3.5

1. 确定下列函数的单调区间：

(1) $y=x^2(1-x)^2$；　　(2) $y=\frac{\ln x}{x}$.

2. 求下列函数的极值：

(1) $y=x^{\frac{2}{3}}(x-2)^2$；　　(2) $y=\sqrt{x}\ln x$；

(3) $y=\frac{\ln^2 x}{x}$；　　(4) $y=\arctan x-\frac{1}{2}\ln(1+x^2)$.

3. 求下列函数在给定区间的最值：

(1) $y=\frac{1}{x}+\frac{1}{1-x}$，$(0,1)$；　　(2) $y=2\tan x-\tan^2 x$，$\left[0,\frac{\pi}{2}\right)$.

4. 设函数 $f(x)$ 和 $g(x)$ 在 $[a,b]$ 上可导，$f'(x)>g'(x)$，$x\in[a,b]$，且 $f(a)=g(a)$. 证明：在 (a,b) 上满足不等式 $f(x)>g(x)$.

5. 设 $f(x)$ 和 $g(x)$ 在 $[0,+\infty)$ 上二阶可导，$f(0)=g(0)$，$f'(0)=g'(0)$，且 $f''(x)<g''(x)$. 证明：当 $x>0$ 时，有 $f(x)<g(x)$.

6. 设函数 $f(x)$ 在 $[a,+\infty)$ 上连续，且当 $x>a$ 时，有 $f'(x)>k>0$，其中 k 为常数. 证明：若 $f(a)<0$，则方程 $f(x)=0$ 在 $\left(a,a-\frac{f(a)}{k}\right)$ 内有唯一实根.

7. 在椭圆 $x^2+4y^2=4$ 上求一点，使该点到直线 $2x+3y-6=0$ 的距离最小.

8. 设 $y=a\ln x+bx^2+x$ 在 $x=1$ 和 $x=2$ 处都取得极值. 试定出 a 和 b 的值. 问在 $x=1$ 及 $x=2$ 处取得的是极大值还是极小值，其极值是多少.

9. 设

$$f(x)=\begin{cases}x^4\sin^2\frac{1}{x}, & x\neq 0,\\ 0, & x=0.\end{cases}$$

(1) 证明：$x=0$ 是极小值点；

(2) 说明 f 的极小值点 $x=0$ 处是否满足极值的第一充分条件或第二充分条件.

10. 证明：若函数 f 在点 x_0 处有 $f'_+(x_0)<0(>0)$，$f'_-(x_0)>0(<0)$，则 x_0 为 f 的极大(小)值点.

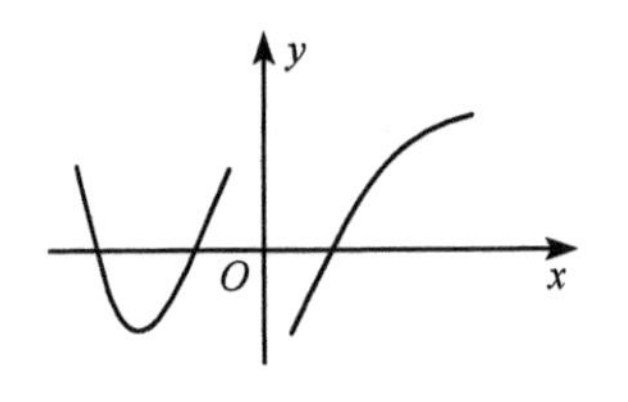

11. 设函数 $f(x)$ 在 $(-\infty,+\infty)$ 内连续，其导函数的图像如左图所示，则 $f(x)$ 有________.

(A) 一个极小值点和两个极大值点；

(B) 两个极小值点和一个极大值点；

(C) 两个极小值点和两个极大值点；

(D) 三个极小值点和两个极大值点.

3.6 函数的凸性

3.6.1 函数凸性

定义 3.5 设函数 $f(x)$ 定义在区间 I 上，若对任意的两点 $x_1,x_2\in I$，及任意的 λ，$0<\lambda<1$，都有

$$f(\lambda x_1+(1-\lambda)x_2)\leqslant\lambda f(x_1)+(1-\lambda)f(x_2),\tag{3.21}$$

则称 $f(x)$ 是 I 上的**下凸函数**，反之如果总有不等式

$$f(\lambda x_1+(1-\lambda)x_2)\geqslant\lambda f(x_1)+(1-\lambda)f(x_2),\tag{3.22}$$

则称 $f(x)$ 是 I 上的**上凸函数**.

如果式(3.21)，式(3.22)中的不等式改为严格不等式，则相应的函数称为**严格下凸函数**和**严格上凸函数**.

上凸函数和下凸函数的几何解释分别见图 3.7 和图 3.8，其中

$$x=\lambda x_1+(1-\lambda)x_2,\quad A=f(x_1),\quad B=f(x_2),\quad C=\lambda A+(1-\lambda)B.$$

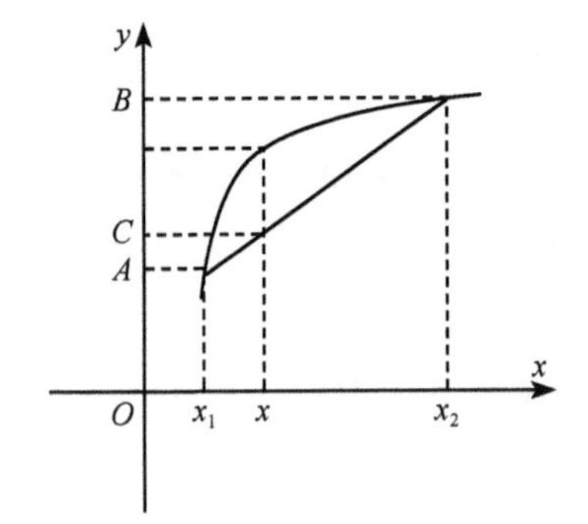

图 3.7

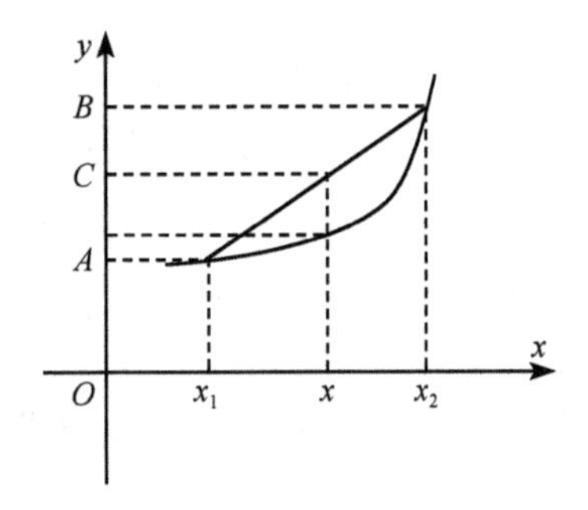

图 3.8

根据定义 3.5 可证：若 $-f$ 为区间 I 上的上凸函数，则 f 为 I 上的下凸函数. 故只需讨论下凸函数即可.

定理 3.21 设 $f(x)$ 为区间 I 上定义的函数，则下述论断相互等价：

(1) f 为 I 上的下凸函数；

(2) I 上任意三点 $x_1<x_2<x_3$，总有

$$\frac{f(x_2)-f(x_1)}{x_2-x_1}\leqslant\frac{f(x_3)-f(x_2)}{x_3-x_2};\tag{3.23}$$

(3) I 上任意三点 $x_1<x_2<x_3$，总有

$$\frac{f(x_2)-f(x_1)}{x_2-x_1}\leqslant\frac{f(x_3)-f(x_1)}{x_3-x_1};\tag{3.24}$$

(4) I 上任意三点 $x_1<x_2<x_3$，总有

$$\frac{f(x_3)-f(x_1)}{x_3-x_1}\leqslant\frac{f(x_3)-f(x_2)}{x_3-x_2}.\tag{3.25}$$

证明 仅证(1)⇔(2).

(1) ⇒(2) 记 $\lambda=\frac{x_3-x_2}{x_3-x_1}$，则 $0<\lambda<1$，$x_2=\lambda x_1+(1-\lambda)x_3$. 由 f 为 I 上的下凸函数知

$$f(x_2)=f(\lambda x_1+(1-\lambda)x_3)\leqslant\lambda f(x_1)+(1-\lambda)f(x_3)$$
$$=\frac{x_3-x_2}{x_3-x_1}f(x_1)+\frac{x_2-x_1}{x_3-x_1}f(x_3).$$

从而有

$$(x_3-x_1)f(x_2)\leqslant(x_3-x_2)f(x_1)+(x_2-x_1)f(x_3),$$
$$(x_3-x_2)f(x_2)+(x_2-x_1)f(x_2)\leqslant(x_3-x_2)f(x_1)+(x_2-x_1)f(x_3).$$

整理即得式(3.23).

(2)⇒(1) 任取 I 上两点 $x_1,x_3(x_1<x_3)$，在 (x_1,x_3) 内任取一点 $x_2=\lambda x_1+(1-\lambda)x_3$，$\lambda\in(0,1)$，则 $\lambda=\frac{x_3-x_2}{x_3-x_1}$. 由必要性逆推，从式(3.23)得到

$$f(\lambda x_1+(1-\lambda)x_3)\leqslant\lambda f(x_1)+(1-\lambda)f(x_3).$$

故 f 为 I 上的下凸函数.

定理 3.21 的**几何意义**是：f 为下凸函数的充要条件为在曲线 $y=f(x)$ 上任取三点：$A(x_1,f(x_1))$，$B(x_2,f(x_2))$，$C(x_3,f(x_3))$，$x_1<x_2<x_3$，则(图 3.9)

$$K_{AB}\leqslant K_{AC}\leqslant K_{BC}.$$

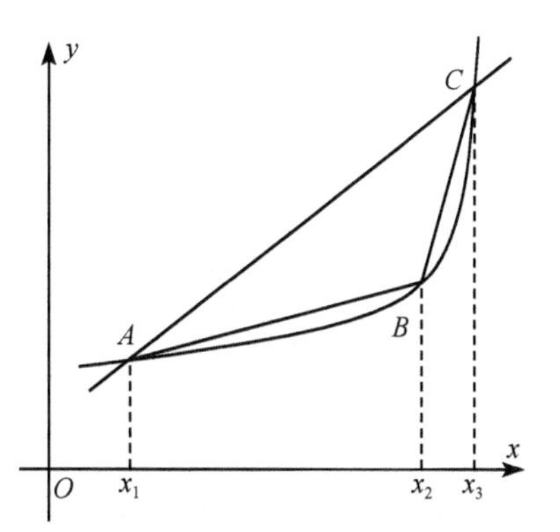

图 3.9

定理 3.22 设 f 为区间 I 上的可导函数，则下列论断等价：

(1) f 为 I 上的下凸函数；

(2) f' 为 I 上的单调递增函数；

(3) 对 I 上任意两点 x_1,x_2 有

$$f(x_2)\geqslant f(x_1)+f'(x_1)(x_2-x_1).\tag{3.26}$$

证明 (1)⇒(2) 任取 I 上两点 $x_1,x_2(x_1<x_2)$ 及充分小的正数 h. 由于 $x_1<$

$x_1+h<x_2-h<x_2$，由 f 的凸性及定理3.21知

$$\frac{f(x_1+h)-f(x_1)}{h}\leqslant\frac{f(x_2-h)-f(x_1+h)}{x_2-x_1}\leqslant\frac{f(x_2)-f(x_1-h)}{h}.$$

由 f 的可导性，在上式中令 $h\to0$，有 $f'(x_1)\leqslant\dfrac{f(x_2)-f(x_1)}{x_2-x_1}\leqslant f'(x_2)$.

从而 f' 为 I 上的递增函数.

(2)⇒(3)　对 I 上任意两点 x_1,x_2，不妨设 $x_1<x_2$. 由 f 在 $[x_1,x_2]$ 上可导，应用拉格朗日中值定理，存在 $\xi\in(x_1,x_2)$，使

$$f(x_2)-f(x_1)=f'(\xi)(x_2-x_1).$$

由于 f' 在 I 上递增，有 $f'(\xi)\geqslant f'(x_1)$. 从而

$$f(x_2)-f(x_1)\geqslant f'(x_1)(x_2-x_1),$$

即得式(3.26).

(3)⇒(1)　设 I 上任意两点 x_1,x_2，令 $x_3=\lambda x_1+(1-\lambda)x_2$，$0<\lambda<1$，有

$$f(x_1)\geqslant f(x_3)+f'(x_3)(x_1-x_3)=f(x_3)+(1-\lambda)(x_1-x_2)f'(x_3),$$
$$f(x_2)\geqslant f(x_3)+f'(x_3)(x_2-x_3)=f(x_3)+\lambda(x_2-x_1)f'(x_3).$$

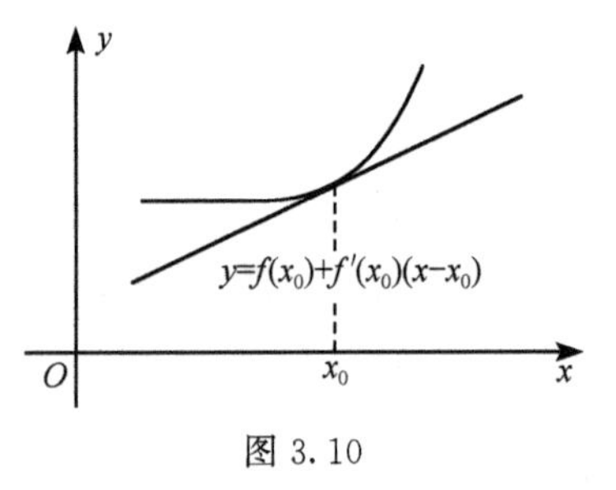

图3.10

上述两式分别乘以 λ 和 $(1-\lambda)$ 并相加，得到

$$\lambda f(x_1)+(1-\lambda)f(x_2)\geqslant f(x_3)$$
$$=f(\lambda x_1+(1-\lambda)x_2).$$

从而 f 为 I 上的下凸函数.

论断(3)的**几何意义**为：曲线 $y=f(x)$ 总在它的任一点处切线的上方，这是可导下凸函数的几何特征，见图3.10.

定理3.23　设 f 为区间 I 上二阶可导函数，则 f 为 I 上的下(上)凸函数的充要条件是

$$f''(x)\geqslant0\ (f''(x)\leqslant0),\quad x\in I.$$

3.6.2　拐点

定义3.6　设曲线 $y=f(x)$ 在其上一点 $(x_0,f(x_0))$ 处的一侧是下凸，另一侧是上凸，则称此点 $(x_0,f(x_0))$ 为曲线 $y=f(x)$ 的**拐点**.

定理3.24　设 $f(x)$ 在 x_0 二阶可导，且 $(x_0,f(x_0))$ 是 $f(x)$ 的拐点，则 $f''(x_0)=0$.

证明　不妨设 $f(x)$ 在 $(x_0-\delta,x_0)$ 内为严格下凸，在 $(x_0,x_0+\delta)$ 内为严格上凸函数，则由定理3.22知 $f'(x)$ 在 $(x_0-\delta,x_0)$ 内是递增函数，而在 $(x_0,x_0+\delta)$ 内 $f'(x)$ 为递减函数，且 $f'(x)$ 在 x_0 点连续，故 x_0 为 $f'(x)$ 的极大值，从而

$$f''(x_0)=0.$$

注 3.32 $f''(x_0)=0$ 是$(x_0,f(x_0))$为 $f(x)$的拐点的必要条件,并不是充分条件.例如,$f(x)=x^4$,虽然 $f''(0)=0$,但$(0,0)$不是曲线 $f(x)=x^4$ 的拐点.

定理 3.25 设函数 $f(x)$在 $U^\circ(x_0)$内二阶可导,则

(1) 若 $f''(x)$在 x_0 两侧的符号相反,则$(x_0,f(x_0))$是 $f(x)$的拐点;

(2) 若 $f''(x)$在 x_0 两侧的符号不变,则$(x_0,f(x_0))$不是 $f(x)$的拐点.

例 3.54 讨论函数 $f(x)=\mathrm{e}^{-x^2}$ 的上凸与下凸区间以及拐点.

解 函数的定义域为 **R**.

$$f'(x)=-2x\mathrm{e}^{-x^2},\quad f''(x)=2(2x^2-1)\mathrm{e}^{-x^2}.$$

令 $f''(x)=0$,其解为$\pm\dfrac{1}{\sqrt{2}}$,它们将定义域 **R** 分成 3 个区间,如表 3.3 所示.

表 3.3

x	$\left(-\infty,-\frac{1}{\sqrt{2}}\right)$	$-\frac{1}{\sqrt{2}}$	$\left(-\frac{1}{\sqrt{2}},\frac{1}{\sqrt{2}}\right)$	$\frac{1}{\sqrt{2}}$	$\left(\frac{1}{\sqrt{2}},+\infty\right)$
$f''(x)$	+	0	−	0	+
$f(x)$	下凸	拐点	上凸	拐点	下凸

则函数 $f(x)$在$\left(-\infty,-\dfrac{1}{\sqrt{2}}\right)$与$\left(\dfrac{1}{\sqrt{2}},+\infty\right)$都是下凸的,在$\left(-\dfrac{1}{\sqrt{2}},\dfrac{1}{\sqrt{2}}\right)$是上凸的.曲线上的拐点为$\left(-\dfrac{1}{\sqrt{2}},\dfrac{1}{\sqrt{\mathrm{e}}}\right)$与$\left(\dfrac{1}{\sqrt{2}},\dfrac{1}{\sqrt{\mathrm{e}}}\right)$.

例 3.55(詹森不等式) 若 $f(x)$为$[a,b]$上的下凸函数,则对任意的 $x_1,x_2,\cdots,x_n\in[a,b]$及正数 $\lambda_1,\lambda_2,\cdots,\lambda_n$,且 $\lambda_1+\lambda_2+\cdots+\lambda_n=1$,有

$$f\left(\sum_{i=1}^{n}\lambda_i x_i\right)\leqslant\sum_{i=1}^{n}\lambda_i f(x_i).$$

特别地,取 $\lambda_i=\dfrac{1}{n}$,$i=1,2,\cdots,n$,有

$$f\left(\frac{1}{n}\sum_{i=1}^{n}x_i\right)\leqslant\frac{1}{n}\sum_{i=1}^{n}f(x_i).$$

证明 应用数学归纳法.当 $n=2$ 时,由下凸函数的定义显然成立.

设 $n=k$ 时成立,即对 $x_1,x_2,\cdots,x_k\in[a,b]$及

$$\lambda_i>0,i=1,2,\cdots,k,\quad \lambda_1+\lambda_2+\cdots+\lambda_k=1,$$

有

$$f\left(\sum_{i=1}^{k}\lambda_i x_i\right)\leqslant\sum_{i=1}^{k}\lambda_i f(x_i).$$

现设 $x_1,x_2,\cdots,x_{k+1}\in[a,b]$及

$$\lambda_i>0,i=1,2,\cdots,k+1,\quad \lambda_1+\lambda_2+\cdots+\lambda_{k+1}=1,$$

所以

$$
\begin{aligned}
& f\left(\sum_{i=1}^{n+1}\lambda_i x_i\right) \\
= & f\left((1-\lambda_{k+1})\frac{\lambda_1 x_1+\lambda_2 x_2+\cdots+\lambda_k x_k}{1-\lambda_{k+1}}+\lambda_{k+1}x_{k+1}\right) \\
\leqslant & (1-\lambda_{k+1})f\left(\frac{\lambda_1}{1-\lambda_{k+1}}x_1+\cdots+\frac{\lambda_k}{1-\lambda_{k+1}}x_k\right)+\lambda_{k+1}f(x_{k+1}) \\
\leqslant & (1-\lambda_{k+1})\left(\frac{\lambda_1}{1-\lambda_{k+1}}f(x_1)+\cdots+\frac{\lambda_k}{1-\lambda_{k+1}}f(x_k)\right)+\lambda_{k+1}f(x_{k+1}) \\
= & \sum_{i=1}^{k+1}\lambda_i f(x_i).
\end{aligned}
$$

例 3.56　证明不等式$(abc)^{\frac{a+b+c}{3}}\leqslant a^a b^b c^c$,其中 $a>0,b>0,c>0$.

证明　设 $f(x)=x\ln x,x\in(0,+\infty)$,则 $f''(x)=\dfrac{1}{x}>0,x>0$. 故 $f(x)$为严格下凸函数. 由詹森不等式,有

$$f\left(\frac{a+b+c}{3}\right)\leqslant\frac{f(a)+f(b)+f(c)}{3},$$

从而

$$\frac{a+b+c}{3}\ln\frac{a+b+c}{3}\leqslant\frac{a\ln a+b\ln b+c\ln c}{3},$$

即

$$\left(\frac{a+b+c}{3}\right)^{a+b+c}\leqslant a^a b^b c^c.$$

又因 $\sqrt[3]{abc}\leqslant\dfrac{a+b+c}{3}$,故

$$(abc)^{\frac{a+b+c}{3}}\leqslant a^a b^b c^c.$$

3.6.3　函数作图

由于计算机技术的不断发展与应用,函数作图已变得十分简单. 计算机作图是把区间$[a,b]$分得充分细,在每个分点 x_i 上计算 $f(x_i)$,描点$(x_i,f(x_i))$. 当分辨率达到一定程度时,就可看到 $y=f(x)$的图像. 手工作图不可能这样,是先把函数的各种性质尽可能搞清楚,然后作出草图.

首先给出曲线的渐近线的求法.

已知平面曲线 $y=f(x)$的动点$(x,f(x))$到直线 $y=kx+b$ 的距离为 $d=\dfrac{|f(x)-kx-b|}{\sqrt{1+k^2}}$. 如果$\lim\limits_{x\to\infty}d=0$,则称直线 $y=kx+b$ 为曲线 $y=f(x)$的一条(斜)**渐近线**(包括水平渐近线).

现设 $y=kx+b$ 为曲线 $y=f(x)$ 的一条(斜)渐近线,求出其中常数 k 和 b. 由于 $\lim\limits_{x\to\infty}d=0$,故有

$$\lim_{x\to\infty}(f(x)-kx-b)=0$$

或

$$b=\lim_{x\to\infty}(f(x)-kx). \tag{3.27}$$

又由 $\lim\limits_{x\to\infty}\left(\dfrac{f(x)}{x}-k\right)=\lim\limits_{x\to\infty}\dfrac{1}{x}(f(x)-kx)=0\cdot b=0$,得到

$$k=\lim_{x\to\infty}\frac{f(x)}{x}. \tag{3.28}$$

反之,如果由式(3.27)、式(3.28)求出 k,b,则可以证明

$$\lim_{x\to\infty}d=\lim_{x\to\infty}\frac{|f(x)-kx-b|}{\sqrt{1+k^2}}=0.$$

从而 $y=kx+b$ 就是曲线 $y=f(x)$ 的一条(斜)渐近线.

若 $\lim\limits_{x\to x_0^+}f(x)=\infty$ 或 $\lim\limits_{x\to x_0^-}f(x)=\infty$ 时,则称 $x=x_0$ 为函数 $f(x)$ 的一条垂直渐近线.

例 3.57 求曲线 $f(x)=\dfrac{(x-3)^2}{4(x-1)}$ 的渐近线.

解 因 $\lim\limits_{x\to1}\dfrac{(x-3)^2}{4(x-1)}=\infty$,故 $x=1$ 为曲线 $y=f(x)$ 的垂直渐近线. 而

$$\lim_{x\to\infty}\frac{f(x)}{x}=\lim_{x\to\infty}\frac{(x-3)^2}{4(x-1)}=\frac{1}{4},$$

故得 $k=\dfrac{1}{4}$. 又

$$\lim_{x\to\infty}(f(x)-kx)=\lim_{x\to\infty}\left(\frac{(x-3)^2}{4(x-1)}-\frac{x}{4}\right)=-\frac{5}{4},$$

故得 $b=-\dfrac{5}{4}$,从而 $y=\dfrac{1}{4}x-\dfrac{5}{4}$ 是曲线 $y=f(x)$ 的一条渐近线.

函数作图的一般步骤

(1) 确定函数的定义域及曲线与坐标轴的交点,并注意函数是否具有周期性、奇偶性;

(2) 求出函数的极值点、拐点、单调区间和上凸、下凸区间;

(3) 求出函数的渐近线;

(4) 列表,并作图.

例 3.58 作函数 $y=\dfrac{x^3}{3}-x^2+2$ 的图形.

解 定义域为 $(-\infty,+\infty)$. 曲线与 y 轴的交点为 $(0,2)$. 利用连续函数的零

值定理可知，在区间$(-2,-1)$内曲线与 x 轴有交点. 又

$$y' = x^2 - 2x = x(x-2),\quad y'' = 2x - 2.$$

令 $y'=0$，得稳定点 $x=0,x=2$. 令 $y''=0$，得 $x=1$，如表 3.4 所示.

表 3.4

x	$(-\infty,0)$	0	$(0,1)$	1	$(1,2)$	2	$(2,+\infty)$
$f'(x)$	+	0	−	−	−	0	+
$f''(x)$	−	−	−	0	+	+	+
$f(x)$	↗	极大值 $f(0)=2$	↘	拐点	↘	极小值 $f(2)=\frac{2}{3}$	↗
凸性	上凸				下凸		

由上述表格，可画出草图(图 3.11)

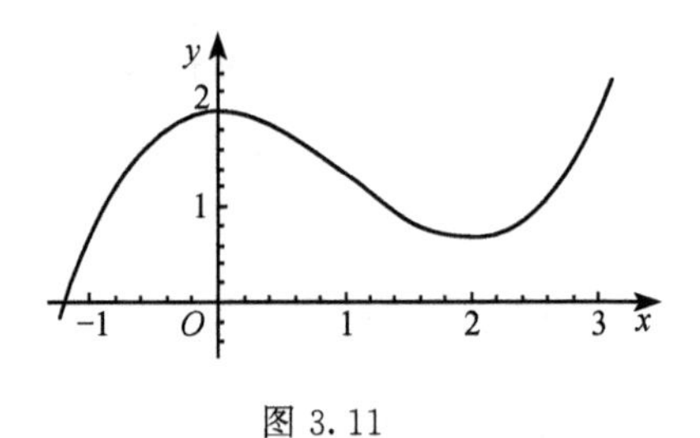

图 3.11

习　题　3.6

1. 确定下列函数的凸性区间及拐点：

(1) $y=x+\frac{1}{x}$；　　(2) $y=x^2+\frac{1}{x}$；

(3) $y=\ln(x^2+1)$；　　(4) $y=\frac{1}{1+x^2}$.

2. 证明：

(1) 若 f 为下凸函数，α 为非负实数，则 αf 为下凸函数；

(2) 若 f,g 均为下凸函数，则 $f+g$ 为下凸函数.

3. 设 f 为区间 I 上的严格下凸函数. 证明：若 $x_0\in I$ 为 f 的极小值点，则 x_0 为 f 在 I 上唯一的极小值点.

4. 证明下列不等式：

(1) $\tan x > x-\frac{x^3}{3},\quad x\in\left(0,\frac{\pi}{3}\right)$；

(2) $x\ln x+y\ln y\geqslant(x+y)\ln\frac{x+y}{2},\quad x>0,y>0$；

(3) $\frac{1}{2^{p-1}}\leqslant x^p+(1-x)^p\leqslant 1,\quad 0\leqslant x\leqslant 1,p>1$；

(4) $\dfrac{\tan x}{x}>\dfrac{x}{\sin x}$， $0<x<\dfrac{\pi}{2}$.

5. 设函数 $f(x)$在$[0,a]$上存在二阶导数，且 $f(0)=0,f''(x)>0$.

令

$$g(x)=\begin{cases}\dfrac{f(x)}{x}, & x\in(0,a],\\ f'(0), & x=0.\end{cases}$$

证明：对一切 $x\in[0,a]$，有 $g(x)\leqslant g(a)$.

6. 证明不等式

$$\frac{1}{n}\sum_{k=1}^{n}\sin x_k<\sin\left(\frac{1}{n}\sum_{k=1}^{n}x_k\right),$$

其中 $0<x_1<x_2<\cdots<x_n<\pi$.

第 3 章总练习题

1. 设 $y=f(x)$在给定处的导数都存在，则下列各式中不正确的是________.

(A) $\lim\limits_{x\to0}\dfrac{f(x)-f(0)}{x}=f'(0)$；

(B) $\lim\limits_{h\to0}\dfrac{f(a+h)-f(a)}{h}=f'(a)$；

(C) $\lim\limits_{\Delta x\to0}\dfrac{f(x_0)-f(x_0-\Delta x)}{\Delta x}=f'(x_0)$；

(D) $\lim\limits_{\Delta x\to0}\dfrac{f(x_0+\Delta x)-f(x_0-\Delta x)}{\Delta x}=f'(x_0)$.

2. 下列命题正确的是________.

(A) 若 $f(x)$在点 x_0 处可导，$g(x)$在点 x_0 处不可导，则 $f(x)+g(x)$在点 x_0 处必定不可导；

(B) 若 $f(x)$与 $g(x)$在点 x_0 处都不可导，则 $f(x)+g(x)$在点 x_0 处必定不可导；

(C) 若 $f(x)$在点 x_0 处可导，则$|f(x)|$在点 x_0 处必定可导；

(D) 若$|f(x)|$在点 x_0 处可导，则 $f(x)$在点 x_0 处必定可导.

3. 求下列函数的导数：

(1) $f(x)=\begin{cases}\sin x, & x<0,\\ \ln(1+x), & x\geqslant0;\end{cases}$　　(2) $f(x)=\begin{cases}\dfrac{2}{3}x^3, & x\leqslant1,\\ x^2, & x>1.\end{cases}$

4. 设 $f(x)=\begin{cases}x^2\cos\dfrac{1}{x}, & 0<x<2,\\ x, & x\leqslant0,\end{cases}$研究 $f(x)$在点 $x=0$ 处的连续性与可导性.

5. 设函数 f 在点 x_0 存在左、右导数，试证 f 在点 x_0 连续.

6. 设 $g(0)=g'(0)=0$，$f(x)=\begin{cases}g(x)\sin\dfrac{1}{x}, & x\neq0,\\ 0, & x=0,\end{cases}$求 $f'(0)$.

7. 求下列函数的导数：

(1) $y=(x+\mathrm{e}^{-\frac{x}{2}})^{\frac{2}{3}}$；　(2) $y=x^{\sin\frac{1}{x}}$；

(3) $y=x\sqrt{1-x^2}+\arcsin x$；　(4) $y=(x-a_1)^{\alpha_1}(x-a_2)^{\alpha_2}\cdots(x-a_n)^{\alpha_n}$.

8. 在什么条件下函数

$$f(x)=\begin{cases}x^n\sin\dfrac{1}{x}, & x\neq 0,\\ 0, & x=0,\end{cases}\quad n\text{ 为自然数}$$

(1) 在点 $x=0$ 处连续；　(2) 在点 $x=0$ 处可导；

(3) 在点 $x=0$ 处导函数连续.

9. 设 $f(x)=\ln(x+1)$，$y=f(f(x))$，求 $\mathrm{d}y$.

10. 对狄利克雷函数

$$D(x)=\begin{cases}1, & x\text{ 为有理数},\\ 0, & x\text{ 为无理数}.\end{cases}$$

讨论下列函数在 $x=0$ 的连续性，可导性：

(1) $D(x)$；　(2) $xD(x)$；　(3) $x^2D(x)$.

11. 求下列函数的高阶导数.

(1) $f(x)=\dfrac{1}{1+x}$；　(2) $f(x)=x^2\mathrm{e}^{-x}$.

12. 设 $\varphi(x)$ 在 $x=a$ 处连续，分别讨论下列函数在 $x=a$ 处是否可导.

(1) $f(x)=(x-a)\varphi(x)$；　(2) $g(x)=|x-a|\varphi(x)$；

(3) $h(x)=(x-a)|\varphi(x)|$.

13. 设 $y=\arctan x$.

(1) 证明它满足方程 $(1+x^2)y''+2xy'=0$；　(2) 求 $y^{(n)}|_{x=0}$.

14. 设函数 $f(x)$ 在 $[a,b]$ 上连续，在 (a,b) 上可导，$f(x)$ 不为常数，且 $f(a)=f(b)$，求证：存在 $\xi\in(a,b)$，使得 $f'(\xi)>0$.

15. 设函数 $f(x)$ 在 $[a,b]$ 上可导，$a>0$. 求证：$\exists\,\xi\in(a,b)$，使得

$$\frac{af(b)-bf(a)}{b-a}=\xi f'(\xi)-f(\xi).$$

16. 设函数 $f(x)$，$g(x)$ 在 $[a,b]$ 上连续，在 (a,b) 内具有二阶导数且存在相等的最大值，$f(a)=g(a)$，$f(b)=g(b)$. 证明：$\exists\,\xi\in(a,b)$，使得

$$f''(\xi)=g''(\xi).$$

17. 设函数 $f(x)$ 在 $[0,a]$ 上二阶可导，且在 $(0,a)$ 内取得最大值，$|f''(x)|\leqslant M$. 证明：$|f'(0)|+|f'(a)|\leqslant Ma$.

18. 设 $y=f(x)$ 在 $(-1,1)$ 内具有二阶连续导数，且 $f''(x)\neq 0$. 试证：

(1) 对于 $(-1,1)$ 内的任一非零 x，存在唯一的 $\theta(x)$，使得

$$f(x)=f(0)+xf'(\theta(x)\cdot x);$$

(2) $\lim\limits_{x\to 0}\theta(x)=\dfrac{1}{2}$.

19. 设函数 f 在 (a,b) 内可导且 f' 单调，证明：f' 在 (a,b) 内连续.

20. 求下列不定式极限：

(1) $\lim\limits_{x\to+\infty}(x+\sqrt{1+x^2})^{\frac{1}{x}}$；

(2) $\lim\limits_{x\to+\infty}(\pi-2\arctan x)\ln x$；

(3) $\lim\limits_{x\to\frac{\pi}{4}}(\tan x)^{\tan 2x}$；

(4) $\lim\limits_{x\to0}\left(\dfrac{\ln(1+x)^{1+x}}{x^2}-\dfrac{1}{x}\right)$；

(5) $\lim\limits_{x\to0}\dfrac{(1+x)^{\frac{1}{x}}-\mathrm{e}}{x}$；

(6) $\lim\limits_{x\to+\infty}\left(\dfrac{\pi}{2}-\arctan x\right)^{\frac{1}{\ln x}}$.

21. 用泰勒公式求下列极限：

(1) $\lim\limits_{x\to0}\dfrac{\cos x-\mathrm{e}^{-\frac{1}{2}x^2}}{x\sin x-\sin^2 x}$；

(2) $\lim\limits_{x\to0}\dfrac{1}{x}\left(\dfrac{1}{x}-\cot x\right)$.

22. 求证：当 $x>0$ 时，$(x^2-1)\ln x\geqslant(x-1)^2$.

23. 设 $f(x)$在区间 I 上连续，并且在 I 上仅有唯一极值点 x_0，证明：若 x_0 是 $f(x)$的极大(小)值点，则 x_0 必是 $f(x)$在 I 上的最大(小)值点.

24. 设 f 在$[0,+\infty)$上可微，且 $0\leqslant f'(x)\leqslant f(x)$，$f(0)=0$. 证明：在$[0,+\infty)$上 $f(x)\equiv0$.

25. 设 $f(x)$在$[a,b]$上具有连续的可导，$f(a)=f(b)=0$，且 $f'_+(a)>0$，$f(x)$在(a,b)内二阶可导，则$\exists\,\xi\in(a,b)$，使 $f''(\xi)<0$.

26. 设 $f(x)$在$[a,b]$上二阶连续可微，求证：$\forall\,x\in(a,b)$，$\exists\,\xi\in(a,b)$，使

$$\frac{f(x)-f(a)}{x-a}-\frac{f(b)-f(a)}{b-a}=\frac{1}{2}f''(\xi)(x-b).$$

27. 设 $f(x)$在$[0,+\infty)$上可微，且 $f(0)=0$，$f'(x)$在$[0,+\infty)$单调下降. 证明：$\dfrac{f(x)}{x}$在$(0,+\infty)$单调下降.

第4章　一元函数的积分学

本章讨论一元函数微积分学的另一重要组成部分——积分学.先讲述不定积分及其求解的各种技巧;再借助极限方法处理连续变量的无限“累加”问题,即定积分;最后讨论定积分的应用.

4.1　不定积分

求导运算的逆运算就是不定积分,但函数求导如同向前走路,相对容易;求不定积分好比倒着走路,还是有些困难.

4.1.1　原函数与不定积分

定义4.1　设函数 $f(x)$ 在区间 I 上有定义,若存在函数 $F(x)$,使对任意 $x\in I$,$F'(x)=f(x)$,则称 $F(x)$ 为 $f(x)$ 在区间 I 上的一个**原函数**.

例如,由于 $(\sin x)'=\cos x$,所以 $\sin x$ 是 $\cos x$ 在 $(-\infty,+\infty)$ 上的一个原函数.

由定义4.1可得

(1) 若 $F(x)$ 是 $f(x)$ 在区间 I 上的一个原函数,则对任何实数 C,$F(x)+C$ 也是 $f(x)$ 在区间 I 上的原函数;

(2) 若 $F(x)$,$G(x)$ 为 $f(x)$ 在 I 上的任意两个原函数,则

$$F(x)=G(x)+C,$$

其中 C 为任意实数.

由此可知,若 $F(x)$ 是 $f(x)$ 在区间 I 上的一个原函数,则 $f(x)$ 在区间 I 上的全体原函数组成的集合就是 $\{F(x)+C\mid-\infty<C<+\infty\}$.

定义4.2　设函数 $f(x)$ 在区间 I 上有定义,$f(x)$ 在 I 上原函数的全体称为 $f(x)$ 在 I 上的**不定积分**.记为

$$\int f(x)\mathrm{d}x,$$

其中 $\int$ 称为**积分号**,$f(x)$ 称为**被积函数**,$f(x)\mathrm{d}x$ 称为**积分表达式**,x 为**积分变量**.若 $F(x)$ 是 $f(x)$ 的一个原函数,则

$$\int f(x)\mathrm{d}x=\{F(x)+C\mid-\infty<C<+\infty\}.$$

为书写简便,通常写作

$$\int f(x)\mathrm{d}x = F(x) + C.$$

由定义 4.2 知不定积分有如下运算性质：

(1) $\left(\int f(x)\mathrm{d}x\right)' = f(x)$， $\mathrm{d}\left(\int f(x)\mathrm{d}x\right) = f(x)\mathrm{d}x$ ；

(2) $\int \mathrm{d}F(x) = \int F'(x)\mathrm{d}x = F(x) + C$ ；

(3) $\int af(x)\mathrm{d}x = a\int f(x)\mathrm{d}x$ ，其中 a 为常数，$a\neq 0$；

(4) 若 $f(x)$，$g(x)$在区间 I 上均存在原函数，则

$$\int [f(x) + g(x)]\mathrm{d}x = \int f(x)\mathrm{d}x + \int g(x)\mathrm{d}x.$$

注 4.1 若 $F(x)$是 $f(x)$的一个原函数，则称 $y=F(x)$的图像为 $f(x)$的一条**积分曲线**. 于是 $f(x)$的不定积分的**几何意义**是：$\int f(x)\mathrm{d}x$ 表示 $f(x)$的某一条积分曲线沿纵轴方向任意平移所得的一族积分曲线.

根据不定积分的定义，由导数公式易得下列**基本积分公式**：

(1) $\int k\mathrm{d}x = kx + C$，$k$ 为常数 ；

(2) $\int x^{\alpha}\mathrm{d}x = \dfrac{x^{\alpha+1}}{\alpha+1} + C$，$\alpha \neq -1$，$x > 0$ ；

(3) $\int \dfrac{1}{x}\mathrm{d}x = \ln|x| + C$，$x \neq 0$；

(4) $\int a^{x}\mathrm{d}x = \dfrac{a^{x}}{\ln a} + C$，$a > 0$，$a \neq 1$，特别地，$\int \mathrm{e}^{x}\mathrm{d}x = \mathrm{e}^{x} + C$ ；

(5) $\int \cos x\mathrm{d}x = \sin x + C$；

(6) $\int \sin x\mathrm{d}x = -\cos x + C$ ；

(7) $\int \dfrac{1}{1+x^{2}}\mathrm{d}x = \arctan x + C$；

(8) $\int \dfrac{1}{\sqrt{1-x^{2}}}\mathrm{d}x = \arcsin x + C$ ；

(9) $\int \sec^{2}x\mathrm{d}x = \tan x + C$；

(10) $\int \csc^{2}x\mathrm{d}x = -\cot x + C$ ；

(11) $\int \sec x \cdot \tan x\mathrm{d}x = \sec x + C$ ；

(12) $\int \csc x \cdot \cot x\mathrm{d}x = -\csc x + C$ ；

(13) $\int \sinh x\mathrm{d}x = \cosh x + C$；

(14) $\int \cosh x\mathrm{d}x = \sinh x + C$.

例 4.1 求 $\int \dfrac{\sqrt[3]{x^{2}} - \sqrt[4]{x}}{\sqrt{x}}\mathrm{d}x$.

解 $\int \dfrac{\sqrt[3]{x^{2}} - \sqrt[4]{x}}{\sqrt{x}}\mathrm{d}x = \int (x^{\frac{1}{6}} - x^{-\frac{1}{4}})\mathrm{d}x = \dfrac{6}{7}x^{\frac{7}{6}} - \dfrac{4}{3}x^{\frac{3}{4}} + C$.

例 4.2　求 $\int \frac{x^2}{1+x^2}\mathrm{d}x$.

解　$\int \frac{x^2}{1+x^2}\mathrm{d}x = \int\left(1-\frac{1}{1+x^2}\right)\mathrm{d}x = x - \arctan x + C$.

例 4.3　求 $\int \tan^2 x\mathrm{d}x$.

解　$\int \tan^2 x\mathrm{d}x = \int(\sec^2 x - 1)\mathrm{d}x = \tan x - x + C$.

例 4.4　已知 $\int xf(x)\mathrm{d}x = \ln(1+x^2)+C, x\neq 0$,求 $\int \frac{1}{f(x)}\mathrm{d}x$.

解　由 $\int xf(x)\mathrm{d}x = \ln(1+x^2)+C$,两边求导,得

$$xf(x) = \frac{2x}{1+x^2},$$

即

$$f(x) = \frac{2}{1+x^2} \text{ 或 } \frac{1}{f(x)} = \frac{1}{2}+\frac{x^2}{2},$$

所以

$$\int \frac{1}{f(x)}\mathrm{d}x = \int\left(\frac{1}{2}+\frac{x^2}{2}\right)\mathrm{d}x = \frac{x}{2}+\frac{x^3}{6}+C.$$

对于较复杂的不定积分,仅利用积分公式和积分性质,有时很难解决,还需要进一步讨论求解不定积分的方法.

4.1.2　求不定积分的基本方法

1. *换元积分法*

定理 4.1(积分换元法)　设 $u=\varphi(x)$ 在 $[a,b]$ 上可导,且 $\alpha\leqslant\varphi(x)\leqslant\beta, x\in[a,b]$; $g(u)$ 在 $[\alpha,\beta]$ 上有定义,并记

$$f(x) = g(\varphi(x))\cdot\varphi'(x),\quad x\in[a,b].$$

(1) 若 $g(u)$ 在 $[\alpha,\beta]$ 上存在原函数 $G(u)$,则 $f(x)$ 在 $[a,b]$ 上也存在原函数 $F(x)$,且 $F(x)=G(\varphi(x))+C$,即

$$\int f(x)\mathrm{d}x = \int g(\varphi(x))\cdot\varphi'(x)\mathrm{d}x = \int g(u)\mathrm{d}u$$
$$= G(u)+C = G(\varphi(x))+C. \tag{4.1}$$

(2) 又若 $\varphi'(x)\neq 0, x\in[a,b]$,则上述命题(1)可逆,即当 $f(x)$ 在 $[a,b]$ 上存在原函数 $F(x)$ 时, $g(u)$ 在 $[\alpha,\beta]$ 上也存在原函数 $G(u)$,且 $G(u)=F(\varphi^{-1}(u))+C$,即

$$\int g(u)\mathrm{d}u = \int g(\varphi(x))\cdot\varphi'(x)\mathrm{d}x = \int f(x)\mathrm{d}x$$

$$=F(x)+C=F(\varphi^{-1}(u))+C. \tag{4.2}$$

证明 (1) 由复合函数的求导法则进行验证

$$[G(\varphi(x))]'=G'(\varphi(x))\varphi'(x)=g(\varphi(x))\varphi'(x)=f(x),$$

所以 $G(\varphi(x))$ 是 $f(x)$ 的原函数,式(4.1)得证.

(2) 由 $\varphi'(x)\neq 0$,函数 $u=\varphi(x)$ 存在反函数 $x=\varphi^{-1}(u)$,且

$$\frac{\mathrm{d}x}{\mathrm{d}u}=\frac{1}{\varphi'(x)}\bigg|_{x=\varphi^{-1}(u)}.$$

所以

$$\begin{aligned}(F(\varphi^{-1}(u)))'&=F'(x)\cdot\frac{1}{\varphi'(x)}=f(x)\cdot\frac{1}{\varphi'(x)}\\&=g(\varphi(x))\varphi'(x)\cdot\frac{1}{\varphi'(x)}=g(\varphi(x))=g(u).\end{aligned}$$

故式(4.2)也成立.

通常式(4.1)与式(4.2)分别称为**第一换元积分法**与**第二换元换元积分法**,**第一换元积分法**也称为**"凑微分法"**.

下面的例 4.5～例 4.16 采用的是第一换元积分法,即凑微分法.

例 4.5 求 $\int(3x+2)^{99}\mathrm{d}x$.

解

$$\begin{aligned}\int(3x+2)^{99}\mathrm{d}x&\xlongequal{3x+2=u}\frac{1}{3}\int(3x+2)^{99}\mathrm{d}(3x+2)\\&=\frac{1}{3}\int u^{99}\mathrm{d}u=\frac{1}{3}\cdot\frac{1}{100}u^{100}+C\\&=\frac{1}{300}(3x+2)^{100}+C.\end{aligned}$$

一般地,当 $a\neq 0$ 时,

$$\begin{aligned}\int f(ax+b)\mathrm{d}x&=\frac{1}{a}\int f(ax+b)\mathrm{d}(ax+b)\\&\xlongequal{ax+b=u}\frac{1}{a}\int f(u)\mathrm{d}u=\frac{1}{a}F(u)+C\\&=\frac{1}{a}F(ax+b)+C.\end{aligned}$$

例 4.6 求 $\int\frac{1}{x(2+\ln x)}\mathrm{d}x$.

解

$$\begin{aligned}\int\frac{1}{x(2+\ln x)}\mathrm{d}x&=\int\frac{1}{2+\ln x}\mathrm{d}(2+\ln x)\\&\xlongequal{2+\ln x=u}\int\frac{1}{u}\mathrm{d}u=\ln|u|+C=\ln|2+\ln x|+C.\end{aligned}$$

此方法熟练以后，一般不必写出中间变量 u，只在脑子里想着就行了，而直接写出结果.

例 4.7　求 $\int \frac{1}{\sqrt{x}} e^{\sqrt{x}} dx$.

解　$\int \frac{1}{\sqrt{x}} e^{\sqrt{x}} dx = 2\int e^{\sqrt{x}} d\sqrt{x} = 2e^{\sqrt{x}} + C$.

例 4.8　求 $\int \frac{x}{\sqrt[3]{x^2+2}} dx$.

解

$$\int \frac{x}{\sqrt[3]{x^2+2}} dx = \int (x^2+2)^{-\frac{1}{3}} x dx$$

$$= \frac{1}{2}\int (x^2+2)^{-\frac{1}{3}} d(x^2+2) = \frac{3}{4}(x^2+2)^{\frac{2}{3}} + C.$$

例 4.9　求 $\int \tan x dx$.

解　$\int \tan x dx = \int \frac{\sin x}{\cos x} dx = -\int \frac{d\cos x}{\cos x} = -\ln|\cos x| + C$.

类似地，

$$\int \cot x dx = \ln|\sin x| + C.$$

例 4.10　求 $\int \frac{1}{a^2+x^2} dx, a \neq 0$.

解　$\int \frac{1}{a^2+x^2} dx = \frac{1}{a}\int \frac{1}{1+\left(\frac{x}{a}\right)^2} d\left(\frac{x}{a}\right) = \frac{1}{a}\arctan\frac{x}{a} + C$.

例 4.11　求 $\int \frac{1}{x^2-a^2} dx$.

解

$$\int \frac{1}{x^2-a^2} dx = \int \frac{1}{2a}\left(\frac{1}{x-a} - \frac{1}{x+a}\right) dx$$

$$= \frac{1}{2a}\left[\int \frac{1}{x-a} d(x-a) - \int \frac{1}{x+a} d(x+a)\right]$$

$$= \frac{1}{2a}(\ln|x-a| - \ln|x+a|) + C$$

$$= \frac{1}{2a}\ln\left|\frac{x-a}{x+a}\right| + C.$$

类似地，

$$\int \frac{1}{\sqrt{a^2-x^2}} dx = \arcsin\frac{x}{a} + C, \quad a > 0.$$

例 4.12 求 $\int \sec x \mathrm{d}x$.

解

$$\begin{aligned}\int \sec x \mathrm{d}x &= \int \frac{1}{\cos x}\mathrm{d}x = \int \frac{\cos x}{1-\sin^2 x}\mathrm{d}x \\ &= \int \frac{\mathrm{d}\sin x}{1-\sin^2 x} = \frac{1}{2}\ln\frac{1+\sin x}{1-\sin x}+C \\ &= \ln|\sec x+\tan x|+C.\end{aligned}$$

类似地,

$$\int \csc x \mathrm{d}x = \ln|\csc x-\cot x|+C.$$

注 4.2 例 4.10～例 4.12 的结果,可作为公式使用.

例 4.13 求 $\int \frac{x+2}{x^2+2x+5}\mathrm{d}x$.

解

$$\begin{aligned}&\int \frac{x+2}{x^2+2x+5}\mathrm{d}x \\ =&\frac{1}{2}\left(\int \frac{2x+2}{x^2+2x+5}\mathrm{d}x+\int \frac{2}{x^2+2x+5}\mathrm{d}x\right) \\ =&\frac{1}{2}\left(\int \frac{1}{x^2+2x+5}\mathrm{d}(x^2+2x+5)+2\int \frac{1}{(x+1)^2+2^2}\mathrm{d}(x+1)\right) \\ =&\frac{1}{2}\left(\ln(x^2+2x+5)+\arctan\frac{x+1}{2}\right)+C.\end{aligned}$$

例 4.14 求 $\int \sin^2 x \mathrm{d}x, \int \sin^3 x \mathrm{d}x, \int \sin^4 x \mathrm{d}x$.

解

$$\int \sin^2 x \mathrm{d}x = \int \frac{1}{2}(1-\cos 2x)\mathrm{d}x = \frac{x}{2}-\frac{1}{4}\sin 2x+C,$$

$$\int \sin^3 x \mathrm{d}x = -\int (1-\cos^2 x)\mathrm{d}\cos x = -\cos x+\frac{1}{3}\cos^3 x+C,$$

$$\begin{aligned}\int \sin^4 x \mathrm{d}x &= \frac{1}{4}\int (1-\cos 2x)^2 \mathrm{d}x = \frac{1}{4}\int (1-2\cos 2x+\cos^2 2x)\mathrm{d}x \\ &= \frac{1}{4}\int\left(1-2\cos 2x+\frac{1}{2}(1+\cos 4x)\right)\mathrm{d}x \\ &= \frac{1}{4}\int\left(\frac{3}{2}-2\cos 2x+\frac{1}{2}\cos 4x\right)\mathrm{d}x \\ &= \frac{3}{8}x-\frac{1}{4}\sin 2x+\frac{1}{32}\sin 4x+C.\end{aligned}$$

例 4.15　求 $\int \frac{1}{1+e^x}dx$.

解　$\int \frac{1}{1+e^x}dx = \int \frac{e^{-x}}{e^{-x}+1}dx = -\int \frac{de^{-x}}{e^{-x}+1} = -\ln|1+e^{-x}|+C$.

例 4.16　求 $\int \sin3x\cos2x dx$.

解

$$\int \sin3x\cos2x dx = \frac{1}{2}\int (\sin5x+\sin x)dx$$
$$= -\frac{1}{10}\cos5x - \frac{1}{2}\cos x + C.$$

常用的凑微分公式有

$dx=\frac{1}{a}d(ax+b)$，$a\neq 0$；　　　$x^n dx=\frac{1}{n+1}d(x^{n+1})$，$n\neq -1$；

$\frac{1}{x}dx=d(\ln x)$；　　　$e^x dx=d(e^x)$；

$\cos x dx=d(\sin x)$；　　　$\sin x dx=-d(\cos x)$；

$\frac{1}{\sqrt{x}}dx=2d(\sqrt{x})$；　　　$\frac{1}{x^2}dx=-d\left(\frac{1}{x}\right)$；

$\frac{1}{\cos^2 x}dx=\sec^2 x dx=d(\tan x)$；　　　$\frac{1}{\sin^2 x}dx=\csc^2 x dx=-d(\cot x)$.

第二换元积分法对于被积函数中含有一次根式和二次根式的情形，十分方便.

(1) 若根式为一次式 $\sqrt[n]{ax+b}$，则可令 $\sqrt[n]{ax+b}=t$ 或 $x=\frac{1}{a}(t^n-b)$；

(2) 若被积函数含有 $\sqrt{a^2-x^2}$，$\sqrt{a^2+x^2}$ 或 $\sqrt{x^2-a^2}$，可分别通过作代换 $x=a\sin t$（或 $x=a\cos t$），$x=a\tan t$，$x=a\sec t$，则可去掉根号，以简化计算.

例 4.17　求 $\int \frac{1}{\sqrt{x}+\sqrt[3]{x}}dx$.

解　令 $\sqrt[6]{x}=t$，$x=t^6$，$dx=6t^5dt$，于是

$$\int \frac{1}{\sqrt{x}+\sqrt[3]{x}}dx = \int \frac{1}{t^3+t^2}6\cdot t^5 dt = 6\int\left(t^2-t+1-\frac{1}{t+1}\right)dt$$
$$= 6\left(\frac{t^3}{3}-\frac{t^2}{2}+t-\ln(t+1)\right)+C$$
$$= 2\sqrt{x}-3\sqrt[3]{x}+6\sqrt[6]{x}-6\ln(\sqrt[6]{x}+1)+C.$$

例 4.18　求 $\int \sqrt{a^2-x^2}dx, a>0$.

解　令 $x=a\sin t$，$-\frac{\pi}{2}\leqslant t\leqslant\frac{\pi}{2}$，则 $dx=a\cos t dt$. 于是

$$\begin{aligned}&\int\sqrt{a^2-x^2}\mathrm{d}x\\&=a^2\int\cos^2t\mathrm{d}t=\frac{a^2}{2}\int(1+\cos2t)\mathrm{d}t\\&=\frac{a^2}{2}t+\frac{a^2}{4}\sin2t+C=\frac{a^2}{2}\arcsin\frac{x}{a}+\frac{x}{2}\sqrt{a^2-x^2}+C.\end{aligned}$$

例 4.19 求$\int\frac{1}{\sqrt{a^2+x^2}}\mathrm{d}x, a>0$.

解 令 $x=a\tan t, -\frac{\pi}{2}<t<\frac{\pi}{2}$,则 $\mathrm{d}x=a\sec^2t\mathrm{d}t$. 于是

$$\begin{aligned}&\int\frac{1}{\sqrt{a^2+x^2}}\mathrm{d}x=\int\frac{1}{a\sec t}\cdot a\sec^2t\mathrm{d}t=\int\sec t\mathrm{d}t\\&=\ln|\sec t+\tan t|+C_1=\ln\left|\frac{\sqrt{a^2+x^2}}{a}+\frac{x}{a}\right|+C_1\\&=\ln|x+\sqrt{a^2+x^2}|+C,\quad C=C_1-\ln a.\end{aligned}$$

类似可得

$$\int\frac{1}{\sqrt{x^2-a^2}}\mathrm{d}x=\ln\left|x+\sqrt{x^2-a^2}\right|+C,$$

$$\int\sqrt{a^2-x^2}\mathrm{d}x=\frac{1}{2}x\sqrt{a^2-x^2}+\frac{a^2}{2}\arcsin\frac{x}{a}+C.$$

上述 3 个不定积分的结果可作为公式,用来求一些含有根式$\sqrt{ax^2+bx+c}$的不定积分. 例如

例 4.20 求$\int\sqrt{4x-3-x^2}\mathrm{d}x$.

解

$$\begin{aligned}\int\sqrt{4x-3-x^2}\mathrm{d}x&=\int\sqrt{1-(x-2)^2}\mathrm{d}(x-2)\\&=\frac{1}{2}(x-2)\sqrt{1-(x-2)^2}+\frac{1}{2}\arcsin(x-2)+C\\&=\frac{1}{2}(x-2)\sqrt{4x-3-x^2}+\frac{1}{2}\arcsin(x-2)+C.\end{aligned}$$

例 4.21 求$\int\frac{x+1}{\sqrt{x^2-2x+5}}\mathrm{d}x$.

解

$$\begin{aligned}&\int\frac{x+1}{\sqrt{x^2-2x+5}}\mathrm{d}x\\&=\frac{1}{2}\left(\int\frac{2x-2}{\sqrt{x^2-2x+5}}\mathrm{d}x+\int\frac{4}{\sqrt{x^2-2x+5}}\mathrm{d}x\right)\end{aligned}$$

$$=\frac{1}{2}\int\frac{1}{\sqrt{x^2-2x+5}}\mathrm{d}(x^2-2x+5)+2\int\frac{1}{\sqrt{(x-1)^2+2^2}}\mathrm{d}(x-1)$$

$$=(x^2-2x+5)^{\frac{1}{2}}+2\ln\left|(x-1)+\sqrt{(x-1)^2+2^2}\right|+C$$

$$=\sqrt{x^2-2x+5}+2\ln\left|(x-1)+\sqrt{x^2-2x+5}\right|+C.$$

2. 分部积分法

定理 4.2(分部积分法)　若 $u(x)$,$v(x)$在区间 I 内具有连续导数,则有

$$\int u(x)v'(x)\mathrm{d}x=u(x)v(x)-\int u'(x)v(x)\mathrm{d}x.$$

证明　由于$(uv)'=u'v+uv'$,两边同时求不定积分,则

$$\int(uv)'\mathrm{d}x=\int(u'v+uv')\mathrm{d}x=\int u'v\mathrm{d}x+\int uv'\mathrm{d}x,$$

即

$$\int uv'\mathrm{d}x=uv-\int u'v\mathrm{d}x.$$

简写为

$$\int u\mathrm{d}v=uv-\int v\mathrm{d}u.$$

这个公式称为**分部积分公式**. 当不定积分 $\int u\mathrm{d}v$ 不易计算,而$\int v\mathrm{d}u$ 容易计算时,可用此公式. 有些积分只能用分部积分法,一般说来,形如

$$\int x^m\mathrm{e}^{ax}\mathrm{d}x,\quad\int x^m\sin bx\mathrm{d}x,\quad\int x^m\cos bx\mathrm{d}x,\quad\int x^m\arcsin ax\mathrm{d}x,$$

$$\int x^m\ln^n x\mathrm{d}x,\quad\int x^m\arctan ax\mathrm{d}x,\quad\int\mathrm{e}^{ax}\sin bx\mathrm{d}x,\quad\int\mathrm{e}^{ax}\cos bx\mathrm{d}x$$

等的不定积分都可用分部积分法.

例 4.22　求 $\int x\mathrm{e}^x\mathrm{d}x$.

解　$\int x\mathrm{e}^x\mathrm{d}x=\int x\mathrm{d}(\mathrm{e}^x)=x\mathrm{e}^x-\int\mathrm{e}^x\mathrm{d}x=x\mathrm{e}^x-\mathrm{e}^x+C$.

例 4.23　求 $\int x\cos x\mathrm{d}x$.

解　$\int x\cos x\mathrm{d}x=\int x\mathrm{d}(\sin x)=x\sin x-\int\sin x\mathrm{d}x=x\sin x+\cos x+C$.

上述两例不宜化为 $\int x\mathrm{e}^x\mathrm{d}x=\frac{1}{2}\int\mathrm{e}^x\mathrm{d}(x^2)$ 与 $\int x\cos x\mathrm{d}x=\frac{1}{2}\int\cos x\mathrm{d}(x^2)$.

例 4.24　求 $\int x\ln x\mathrm{d}x$.

解

$$\int x\ln x\mathrm{d}x=\frac{1}{2}\int\ln x\mathrm{d}(x^2)=\frac{1}{2}x^2\ln x-\frac{1}{2}\int x^2\mathrm{d}(\ln x)$$
$$=\frac{1}{2}x^2\ln x-\frac{1}{2}\int x\mathrm{d}x=\frac{1}{2}x^2\ln x-\frac{x^2}{4}+C.$$

例 4.25 求 $\int\arctan x\mathrm{d}x$.

解

$$\int\arctan x\mathrm{d}x=x\arctan x-\int x\mathrm{d}(\arctan x)$$
$$=x\arctan x-\int\frac{x}{1+x^2}\mathrm{d}x$$
$$=x\arctan x-\frac{1}{2}\ln(1+x^2)+C.$$

例 4.26 求 $\int\mathrm{e}^x\cos x\mathrm{d}x$.

解

$$\int\mathrm{e}^x\cos x\mathrm{d}x=\int\cos x\mathrm{d}(\mathrm{e}^x)=\cos x\mathrm{e}^x-\int\mathrm{e}^x\mathrm{d}(\cos x)$$
$$=\cos x\mathrm{e}^x+\int\mathrm{e}^x\sin x\mathrm{d}x=\cos x\mathrm{e}^x+\int\sin x\mathrm{d}(\mathrm{e}^x)$$
$$=\cos x\mathrm{e}^x+\sin x\mathrm{e}^x-\int\mathrm{e}^x\mathrm{d}(\sin x)$$
$$=\mathrm{e}^x(\cos x+\sin x)-\int\mathrm{e}^x\cdot\cos x\mathrm{d}x.$$

移项整理,得

$$\int\mathrm{e}^x\cos x\mathrm{d}x=\frac{\mathrm{e}^x}{2}(\cos x+\sin x)+C.$$

例 4.27 求 $\int\mathrm{e}^{\sqrt{x}}\mathrm{d}x$.

解 令$\sqrt{x}=t$,则 $x=t^2$,$\mathrm{d}x=2t\mathrm{d}t$. 于是

$$\int\mathrm{e}^{\sqrt{x}}\mathrm{d}x=\int 2t\mathrm{e}^t\mathrm{d}t=2(t\mathrm{e}^t-\mathrm{e}^t)+C=2\left(\sqrt{x}-1\right)\mathrm{e}^{\sqrt{x}}+C.$$

例 4.28 $J_n=\int\frac{1}{(x^2+a^2)^n}\mathrm{d}x$,$n$ 为自然数,求 J_n 的递推公式.

解 由分部积分公式

$$J_n=\int\frac{1}{(x^2+a^2)^n}\mathrm{d}x=x\frac{1}{(x^2+a^2)^n}-\int x\mathrm{d}\left(\frac{1}{(x^2+a^2)^n}\right)$$
$$=\frac{x}{(x^2+a^2)^n}+2n\int\frac{x^2}{(x^2+a^2)^{n+1}}\mathrm{d}x$$

$$=\frac{x}{(x^2+a^2)^n}+2n\int\frac{(x^2+a^2)-a^2}{(x^2+a^2)^{n+1}}\mathrm{d}x$$

$$=\frac{x}{(x^2+a^2)^n}+2n\int\frac{1}{(x^2+a^2)^n}\mathrm{d}x-2na^2\int\frac{1}{(x^2+a^2)^{n+1}}\mathrm{d}x$$

$$=\frac{x}{(x^2+a^2)^n}+2nJ_n-2na^2J_{n+1},$$

即

$$J_{n+1}=\frac{1}{2na^2}\cdot\frac{x}{(x^2+a^2)^n}+\frac{2n-1}{2na^2}J_n,$$

而

$$J_1=\int\frac{1}{x^2+a^2}\mathrm{d}x=\frac{1}{a}\arctan\frac{x}{a}+C.$$

故对于给定的自然数 n,可以通过上述递推公式求出 J_n 的值.

4.1.3　求不定积分的其他方法

1. *有理函数积分法*

有理函数是指具有下列形式的函数：

$$R(x)=\frac{P(x)}{Q(x)}=\frac{\alpha_0x^n+\alpha_1x^{n-1}+\cdots+\alpha_n}{\beta_0x^m+\beta_1x^{m-1}+\cdots+\beta_m},$$

其中 n,m 为非负整数,且 $\alpha_0\neq0,\beta_0\neq0$. 若 $n\geqslant m$,则称 $R(x)$称为**有理假分式**. 若 $n<m$,则称 $R(x)$称为**有理真分式**. 由多项式除法,任意有理假分式总能化为多项式与有理真分式之和. 而多项式的不定积分易求,所以求有理函数的不定积分关键在于求有理真分式的不定积分. 故可设 $R(x)$是有理真分式. 根据代数知识,有理真分式一定可以表示成若干部分分式之和,故有理真分式的不定积分问题就转化为求这些部分分式的不定积分.

有理真分式分解成部分分式的一般过程是(不妨设 $\beta_0=1$)

(1) 分母 $Q(x)$在实数范围内总能分解成为一次因式和二次质因式的乘积,即

$$Q(x)=(x-a_1)^{\lambda_1}\cdots(x-a_s)^{\lambda_s}(x^2+p_1x+q_1)^{\mu_1}\cdots(x^2+p_rx+q_r)^{\mu_r},$$

其中 $p_i^2-4q_i<0,i=1,2,\cdots,r$.

(2) 根据分母的各个因式分别写出相应的部分分式.

对于每个形如$(x-a)^k$,它对应如下 k 个部分分式：

$$\frac{A_1}{x-a}+\frac{A_2}{(x-a)^2}+\cdots+\frac{A_k}{(x-a)^k};$$

而对于每个形如$(x^2+px+q)^k$,它对应如下 k 个部分分式：

$$\frac{B_1x+C_1}{x^2+px+q}+\frac{B_2x+C_2}{(x^2+px+q)^2}+\cdots+\frac{B_kx+C_k}{(x^2+px+q)^k},$$

其中 A_i,B_i,C_i 均待定.

(3) 确定待定系数.

确定待定系数的一般方法是:将所有部分分式通分,所得分式的分母即为 $Q(x)$,而其分子也必与原分式的分子恒等,比较 x 的同次幂的系数,解方程组即可得到.

例 4.29 将分式 $\frac{2x^2+2x+13}{(x-2)(x^2+1)^2}$ 分解成部分分式.

解 设

$$\frac{2x^2+2x+13}{(x-2)(x^2+1)^2}=\frac{A}{x-2}+\frac{Bx+C}{x^2+1}+\frac{Dx+E}{(x^2+1)^2}.$$

上式右端通分,并令两边分子相等,得

$$2x^2+2x+13=A(x^2+1)^2+(Bx+C)(x^2+1)+(Dx+E)(x-2).$$

再比较两边关于 x 的同次幂的系数,得

$$A=1,\quad B=-1,\quad C=-2,\quad D=-3,\quad E=-4.$$

所以

$$\frac{2x^2+2x+13}{(x-2)(x^2+1)^2}=\frac{1}{x-2}-\frac{x+2}{x^2+1}-\frac{3x+4}{(x^2+1)^2}.$$

由以上讨论可知,任何有理真分式的不定积分都将归结为求以下两种形式的不定积分:

(1) $\int\frac{\mathrm{d}x}{(x-a)^k}$;

(2) $\int\frac{Lx+M}{(x^2+px+q)^k}\mathrm{d}x$, $p^2-4q<0$.

对于(1),容易求得

$$\int\frac{\mathrm{d}x}{(x-a)^k}=\begin{cases}\ln|x-a|+C, & k=1,\\ \frac{(x-a)^{1-k}}{1-k}+C, & k\geqslant 2.\end{cases}$$

对于(2),可作变换 $x+\frac{p}{2}=t$,化为

$$\begin{aligned}&\int\frac{Lx+M}{(x^2+px+q)^k}\mathrm{d}x\\ =&\int\frac{Lt+N}{(t^2+r^2)^k}\mathrm{d}t\\ =&L\int\frac{t}{(t^2+r^2)^k}\mathrm{d}t+N\int\frac{1}{(t^2+r^2)^k}\mathrm{d}t=LI_k+NJ_k.\end{aligned}$$

当 $k=1$ 时,易求得

$$I_1=\frac{1}{2}\ln(t^2+r^2)+C,\quad J_1=\frac{1}{r}\arctan\frac{t}{r};$$

当 $k\geqslant 2$ 时，

$$I_k=\frac{(t^2+r^2)^{1-k}}{2(1-k)}+C;$$

$$J_k=\frac{t}{2r^2(k-1)(x^2+a^2)^{k-1}}+\frac{2k-3}{2r^2(k-1)}J_{k-1}\quad(\text{例 4.28}).$$

把所有这些中间结果代回，并令 $t=x+\dfrac{p}{2}$ 即可.

至此，从理论上讲，有理函数的不定积分问题已经得到彻底解决.

例 4.30　求 $\displaystyle\int\frac{2x^2+2x+13}{(x-2)(x^2+1)^2}\mathrm{d}x$.

解

$$\int\frac{2x^2+2x+13}{(x-2)(x^2+1)^2}\mathrm{d}x=\int\frac{\mathrm{d}x}{x-2}-\int\frac{x+2}{x^2+1}\mathrm{d}x-\int\frac{3x+4}{(x^2+1)^2}\mathrm{d}x,$$

其中

$$\int\frac{\mathrm{d}x}{x-2}=\ln|x-2|+C_1,$$

$$\begin{aligned}\int\frac{x+2}{x^2+1}\mathrm{d}x&=\frac{1}{2}\int\frac{\mathrm{d}(x^2+1)}{x^2+1}+2\int\frac{1}{x^2+1}\mathrm{d}x\\&=\frac{1}{2}\ln(x^2+1)+2\arctan x+C_2,\end{aligned}$$

$$\begin{aligned}\int\frac{3x+4}{(x^2+1)^2}\mathrm{d}x&=\frac{3}{2}\int\frac{\mathrm{d}(x^2+1)}{(x^2+1)^2}+4\int\frac{\mathrm{d}x}{(x^2+1)^2}\\&=\frac{3}{2(x^2+1)}+2\left(\frac{x}{x^2+1}+\arctan x\right)+C_3.\end{aligned}$$

所以

$$\int\frac{2x^2+2x+13}{(x-2)(x^2+1)^2}\mathrm{d}x=\ln\frac{|x-2|}{\sqrt{x^2+1}}-4\arctan x+\frac{3-4x}{2(x^2+1)}+C.$$

上面给出了求有理函数不定积分的一般方法，但有时候用恒等变形或“凑微分”等方法更为简洁.

例 4.31　求 $\displaystyle\int\frac{2x+7}{x^2+4x+5}\mathrm{d}x$.

解

$$\begin{aligned}\int\frac{2x+7}{x^2+4x+5}\mathrm{d}x&=\int\frac{2x+4}{x^2+4x+5}\mathrm{d}x+3\int\frac{\mathrm{d}(x+2)}{(x+2)^2+1}\\&=\int\frac{\mathrm{d}(x^2+4x+5)}{x^2+4x+5}+3\int\frac{\mathrm{d}(x+2)}{(x+2)^2+1}\\&=\ln(x^2+4x+5)+3\arctan(x+2)+C.\end{aligned}$$

例 4.32 求 $\int \frac{x^7}{x^4+2}dx$.

解

$$\int \frac{x^7}{x^4+2}dx = \int \frac{x^7+2x^3-2x^3}{x^4+2}dx = \int x^3 dx - \frac{1}{2}\int \frac{d(x^4)}{x^4+2}$$

$$= \frac{x^4}{4} - \frac{1}{2}\ln(x^4+2) + C.$$

2. 三角函数有理式 $R(\sin x, \cos x)$ 的积分法

对于三角函数有理式的积分,一般可采用**凑微分法**、**正切变换法**($t=\tan x$)、**万能代换法**$\left(t=\tan\frac{x}{2}\right)$.

例 4.33 求 $\int \frac{\sin^3 x}{\cos x}dx$.

解

$$\int \frac{\sin^3 x}{\cos x}dx = -\int \frac{\sin^2 x}{\cos x}d(\cos x) = -\int \frac{1-\cos^2 x}{\cos x}d(\cos x)$$

$$= -\int \frac{d(\cos x)}{\cos x} + \int \cos x \cdot d(\cos x)$$

$$= -\ln|\cos x| + \frac{1}{2}\cos^2 x + C.$$

上述凑微分法适合 $\int R(\cos x)\sin x dx$ 或 $\int R(\sin x)\cos x dx$ 型积分.

例 4.34 求 $\int \frac{1}{\cos^2 x \cdot \sqrt{\tan x + 1}}dx$.

解

$$\int \frac{1}{\cos^2 x \cdot \sqrt{\tan x+1}}dx = \int \frac{1}{\sqrt{\tan x+1}}d(\tan x)$$

$$= \int \frac{1}{\sqrt{\tan x+1}}d(\tan x+1) = 2(\tan x+1)^{\frac{1}{2}} + C.$$

例 4.35 求 $\int \frac{dx}{\sin^4 x \cdot \cos^2 x}$.

解 令 $t=\tan x$,则

$$\sin^4 x = (1-\cos^2 x)^2 = \left(1-\frac{1}{\tan^2 x+1}\right)^2 = \left(\frac{t^2}{t^2+1}\right)^2.$$

于是

$$\int \frac{1}{\sin^4 x \cdot \cos^2 x}dx$$

$$=\int \frac{1}{\sin^4 x}\mathrm{d}\tan x=\int\left(\frac{t^2}{t^2+1}\right)^{-2}\mathrm{d}t$$

$$=\int \frac{1+2t^2+t^4}{t^4}\mathrm{d}t=\int\left(1+\frac{2}{t^2}+\frac{1}{t^4}\right)\mathrm{d}t$$

$$=t-\frac{2}{t}-\frac{1}{3t^3}+C=\tan x-\frac{2}{\tan x}-\frac{1}{3\tan^3 x}+C.$$

正切变换法适合 $\int R(\cos^2 x,\sin^2 x)\mathrm{d}x$ 或 $\int R(\tan x,\cos^2 x)\mathrm{d}x$ 及 $\int R(\tan x,\sin^2 x)\mathrm{d}x$ 型积分. 一般的三角函数有理式的积分,可采用万能代换法,即作变换 $t=\tan\frac{x}{2}$,则

$$x=2\arctan t,\quad \mathrm{d}x=\frac{2}{1+t^2}\mathrm{d}t,\quad \cos x=\frac{1-t^2}{1+t^2},\quad \sin x=\frac{2t}{1+t^2}.$$

从而 $\int R(\sin x,\cos x)\mathrm{d}x=\int R\left(\frac{2t}{1+t^2},\frac{1-t^2}{1+t^2}\right)\frac{2}{1+t^2}\mathrm{d}t$ 可化为关于变量 t 的有理分式的不定积分.

例 4.36　计算 $\int \frac{\mathrm{d}x}{2+\cos x}$.

解　令 $t=\tan\frac{x}{2}$,则 $\mathrm{d}x=\frac{2\mathrm{d}t}{1+t^2}$,$\cos x=\frac{1-t^2}{1+t^2}$. 从而

$$\int \frac{1}{2+\cos x}\mathrm{d}x=\int \frac{1}{2+\frac{1-t^2}{1+t^2}}\,\frac{2}{1+t^2}\mathrm{d}t=\int \frac{2}{t^2+3}\mathrm{d}t$$

$$=\frac{2}{\sqrt{3}}\arctan\frac{t}{\sqrt{3}}+C=\frac{2\sqrt{3}}{3}\arctan\left(\frac{\sqrt{3}}{3}\tan\frac{x}{2}\right)+C.$$

例 4.37　求不定积分 $\int \frac{\cos x}{\sin x+\cos x}\mathrm{d}x$ 与 $\int \frac{\sin x}{\sin x+\cos x}\mathrm{d}x$.

解　记 $I_1=\int \frac{\cos x}{\sin x+\cos x}\mathrm{d}x$,$I_2=\int \frac{\sin x}{\sin x+\cos x}\mathrm{d}x$,则

$$I_1+I_2=\int \mathrm{d}x=x+C_1,$$

$$I_1-I_2=\int \frac{\mathrm{d}(\sin x+\cos x)}{\sin x+\cos x}=\ln|\sin x+\cos x|+C_2.$$

于是

$$I_1=\frac{1}{2}(x+\ln|\sin x+\cos x|)+C,$$

$$I_2=\frac{1}{2}(x-\ln|\sin x+\cos x|)+C.$$

求不定积分是微积分学的基本运算,技巧性比较强,方法有一定灵活性. 另外,

在求导运算中，若 $f(x)$ 为初等函数，则导函数 $f'(x)$ 也是初等函数，但在求不定积分时这个论断却不成立. 初等函数在其定义区间上，它的原函数一定存在，但其原函数不一定总能表示成初等函数，例如，$\int e^{-x^2}dx$，$\int \frac{\sin x}{x}dx$，$\int \frac{e^x}{x}dx$，$\int \frac{1}{\ln x}dx$ 等不能用初等函数表示，也说它们"积"不出来.

习 题 4.1

1. 求下列不定积分：

(1) $\int \sin^2 \frac{x}{2}dx$；　　(2) $\int 3^x e^x dx$；

(3) $\int \frac{1}{\cos^2 x\sin^2 x}dx$；　　(4) $\int \frac{\sqrt{x}+1}{x^3}dx$；

(5) $\int \frac{x^4}{x^2+1}dx$；　　(6) $\int \frac{1}{x^2}\sqrt{1+\frac{1}{x}}dx$；

(7) $\int \left(x+\frac{1}{x}\right)^2 dx$；　　(8) $\int \frac{1+x+x^2}{x(1+x^2)}dx$.

2. 求下列不定积分：

(1) $\int e^{-\frac{x}{2}}dx$；　　(2) $\int \cos^3 x\sin x dx$；

(3) $\int \frac{1}{x^2}\cos\frac{1}{x}dx$；　　(4) $\int (2x+5)^{2008}dx$；

(5) $\int xe^{-x^2}dx$；　　(6) $\int \frac{1}{4x^2+1}dx$；

(7) $\int \frac{(\ln x)^2}{x}dx$；　　(8) $\int \frac{e^x}{1+e^x}dx$；

(9) $\int \frac{x^2}{1-x^3}dx$；　　(10) $\int \frac{x}{\sqrt{1-x^4}}dx$；

(11) $\int \frac{1+\tan x}{\cos^2 x}dx$；　　(12) $\int \cos^3 x dx$；

(13) $\int \cos^4 x dx$；　　(14) $\int \frac{\cos x}{1-\sin x}dx$；

(15) $\int \sqrt[3]{(1-2x)^2}dx$；　　(16) $\int \frac{1}{x\ln x\ln(\ln x)}dx$；

(17) $\int \frac{x^2+1}{x^4+1}dx$；　　(18) $\int \frac{x^2-1}{x^4+1}dx$；

(19) $\int \frac{1}{1-x^2}\ln\frac{1+x}{1-x}dx$；　　(20) $\int \frac{x^2+2}{(x+1)^3}dx$.

3. 求下列不定积分：

(1) $\int [f(x)]^{\alpha} f'(x)dx, \alpha \neq -1$；　　(2) $\int \frac{f'(x)}{f(x)}dx$；

(3) $\int \frac{f'(x)}{1+f^2(x)}dx$；　　(4) $\int e^{f(x)} f'(x)dx$.

4. 求下列不定积分：

(1) $\int x^2 \sqrt[3]{1-x}\,\mathrm{d}x$；　　(2) $\int \sqrt{x^2+a^2}\,\mathrm{d}x$；

(3) $\int \frac{1}{\sqrt{x^2-a^2}}\mathrm{d}x$；　　(4) $\int \sqrt{x^2-a^2}\,\mathrm{d}x$；

(5) $\int \frac{\mathrm{d}x}{(x^2+1)^2}$；　　(6) $\int \frac{x}{\sqrt{3+2x-x^2}}\mathrm{d}x$；

(7) $\int \frac{1}{x+\sqrt{4-x^2}}\mathrm{d}x$；　　(8) $\int \frac{1}{x\sqrt{a^2-x^2}}\mathrm{d}x$.

5. 求下列不定积分：

(1) $\int x \cdot \mathrm{e}^{-x}\mathrm{d}x$；　　(2) $\int \arcsin x\mathrm{d}x$；

(3) $\int x^2 \arctan x\mathrm{d}x$；　　(4) $\int \ln(1+x^2)\mathrm{d}x$；

(5) $\int \ln x\mathrm{d}x$；　　(6) $\int \ln^2 x\mathrm{d}x$；

(7) $\int x^2 \sin x\mathrm{d}x$；　　(8) $\int x \cdot \cos^2 x\mathrm{d}x$；

(9) $\int \mathrm{e}^{\sqrt{x}}\mathrm{d}x$；　　(10) $\int \arctan\sqrt{x}\,\mathrm{d}x$；

(11) $\int \sin\sqrt{x}\,\mathrm{d}x$；　　(12) $\int \left(\frac{\ln x}{x}\right)^2\mathrm{d}x$.

6. 设 $f'(\sin^2 x)=\cos 2x+\tan^2 x$，求 $f(x)$.

7. 设 $f(\ln x)=\frac{\ln(1+x)}{x}$，求 $\int f(x)\mathrm{d}x$.

8. 证明每一个含有第一类间断点的函数都没有原函数，并说明函数

$$f(x)=\begin{cases}1, & x\leqslant 0,\\ 0, & x>0\end{cases}$$

在任何包含原点的区间内没有原函数.

9. 求下列不定积分：

(1) $\int \frac{x^2}{(1+x)(1+x^2)^2}\mathrm{d}x$；　　(2) $\int \frac{\mathrm{d}x}{(x-1)(x^2+x+1)}$；

(3) $\int \frac{2x^2+2x+13}{(x-2)(x^2+1)^2}\mathrm{d}x$；　　(4) $\int \frac{\mathrm{d}x}{(x+1)(x^2+1)}$；

(5) $\int \frac{\mathrm{d}x}{5-3\cos x}$；　　(6) $\int \frac{\mathrm{d}x}{\sin x+\cos x}$；

(7) $\int \frac{\mathrm{d}x}{1+\tan x}$；　　(8) $\int \frac{\mathrm{d}x}{2+\sin^2 x}$；

(9) $\int \frac{1}{a^2\sin^2 x+b^2\cos^2 x}\mathrm{d}x, a\cdot b\neq 0$.

10. 求下列递推公式：

(1) $I_n=\int \sin^n x\,\mathrm{d}x$；　　(2) $J_n=\int \ln^n x\,\mathrm{d}x$；

(3) $\int \tan^n x \, dx$；　　(4) $\int \frac{x^n}{\sqrt{1-x^2}} dx$.

4.2 定 积 分

4.2.1 定积分

中学已经学过矩形、平行四边形、梯形和三角形等平面图形的面积，现在来考虑曲边梯形的面积.

设 $f(x)$为定义在闭区间$[a,b]$上的连续函数，且 $f(x)\geqslant 0$. 由曲线 $y=f(x)$，直线 $x=a$，$x=b$ 及 x 轴所围成的平面图形，称为**曲边梯形**. 下面求其面积 S.

在闭区间$[a,b]$内任意插入 $n-1$ 个分点 x_1，x_2，…，x_{n-1}，使得(图 4.1)

$$a = x_0 < x_1 < x_2 < \cdots < x_{n-1} < x_n = b.$$

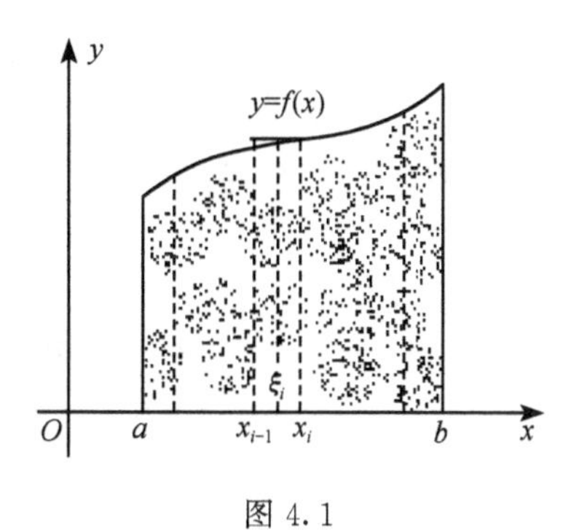

图 4.1

将闭区间$[a,b]$分割成 n 个小区间 $\Delta_i=[x_{i-1},x_i]$，各小区间的长度为 $\Delta x_i=x_i-x_{i-1}$，$i=1,2,\cdots,n$. 过每个分点 x_i 作 x 轴的垂线，把曲边梯形相应地分成 n 个小曲边梯形，在每个 Δ_i 上任取一点 ξ_i，作以 $f(\xi_i)$为高，$[x_{i-1},x_i]$为底的小矩形，则此小矩形的面积近似等于第 i 个小曲边梯形的面积 ΔS_i，从而得到曲边梯形的面积 S 的近似值

$$S = \sum_{i=1}^{n} \Delta S_i \approx \sum_{i=1}^{n} f(\xi_i)\Delta x_i.$$

令 $\lambda=\max\limits_{1\leqslant i\leqslant n}\{\Delta x_i\}$，极限

$$\lim_{\lambda\to 0}\sum_{i=1}^{n} f(\xi_i)\Delta x_i$$

就是所求曲边梯形的面积 S.

求曲边梯形面积的思想概括起来就是：**“分割、近似求和、取极限”**. 这个方法具有普遍意义. 人们发现在其他许多领域，也大量遇到诸如此类的和式的极限问题，如变力沿直线做功和非均匀物体的质量等问题. 抽去这些问题的具体意义，把这种方法抽象出来，就得到定积分的概念.

定义 4.3 设函数 $f(x)$在$[a,b]$上有定义，J 是一个确定的数. 在$[a,b]$内任取 $n-1$ 个分点 x_i，构成$[a,b]$的一个分割 T

$$T: a = x_0 < x_1 < x_2 < \cdots < x_{n-1} < x_n = b,$$

每个小区间$[x_{i-1},x_i]$的长度为 $\Delta x_i=x_i-x_{i-1}$. 任意取点 $\xi_i\in[x_{i-1},x_i]$(称为**介**

点),作和式(也称**黎曼和**) $\sum_{i=1}^{n} f(\xi_i)\Delta x_i$. 记$\|T\|=\max\limits_{1\leqslant i\leqslant n}\{\Delta x_i\}$(称为分割 T 的**模或细度**),若当$\|T\|\to 0$ 时,极限

$$\lim_{\|T\|\to 0}\sum_{i=1}^{n} f(\xi_i)\Delta x_i = J$$

存在,且极限值与分割 T 和介点 ξ_i 的取法无关,则称函数 $f(x)$在区间$[a,b]$上可积,极限值 J 称为 $f(x)$在$[a,b]$上的定积分. 记作

$$J=\int_a^b f(x)\mathrm{d}x,$$

其中 $f(x)$称为**被积函数**,x 称为**积分变量**,$[a,b]$称为**积分区间**,a 和 b 分别称为定积分的**下限**和**上限**.

定义 4.3 用 ε-δ 语言来表述即为

设 $f(x)$定义在$[a,b]$上,J 是一个确定的数. 若对 $\forall\ \varepsilon>0$, $\exists\,\delta>0$,对于$[a,b]$的任何分割 T 及任意介点 $\xi_i\in[x_{i-1},x_i]$,$i=1,2,\cdots,n$,当$\|T\|<\delta$ 时,有

$$\left|\sum_{i=1}^{n} f(\xi_i)\Delta x_i - J\right|<\varepsilon,$$

则称函数 $f(x)$在$[a,b]$上**可积**.

注 4.3　由定义可知,定积分与被积函数和积分区间有关,而与积分变量所采用的符号无关,即

$$\int_a^b f(x)\mathrm{d}x=\int_a^b f(t)\mathrm{d}t=\int_a^b f(u)\mathrm{d}u.$$

注 4.4　定积分的几何意义是:若 $f(x)\geqslant 0$,则 $\int_a^b f(x)\mathrm{d}x$ 表示以曲线 $y=f(x)$,直线 $x=a$,$x=b$ 及 x 轴所围成的曲边梯形的面积 S.

注 4.5　为了以后讨论问题的方便,约定

(1) 当 $a=b$ 时,对任何函数 $f(x)$有

$$\int_a^b f(x)\mathrm{d}x=0;$$

(2) 若 $f(x)$为$[a,b]$上的可积函数,有

$$\int_b^a f(x)\mathrm{d}x=-\int_a^b f(x)\mathrm{d}x.$$

例 4.38　证明 $\int_a^b A\,\mathrm{d}x=A(b-a)$,$A$ 为常数 .

证明　设 $f(x)=A$,则对$[a,b]$上任何分割 T 及任意 $\xi_i\in[x_{i-1},x_i]$,$i=1,2,\cdots,n$,有

$$\sum_{i=1}^{n} f(\xi_i)\Delta x_i=\sum_{i=1}^{n} A\Delta x_i=A(b-a).$$

从而

$$\lim_{\|T\|\to 0}\sum_{i=1}^{n} f(\xi_i)\Delta x_i = A(b-a),$$

即

$$\int_a^b A\,\mathrm{d}x = A(b-a).$$

由可积定义得到下述可积的必要条件:

定理 4.3 若 $f(x)$在闭区间$[a,b]$上可积,则 $f(x)$在$[a,b]$上有界.

证明 假设 $f(x)$在$[a,b]$上无界,则对于$[a,b]$上的任一分割 T,必存在属于 T 的某个小区间 Δ_k,使得 $f(x)$在 Δ_k 上无界.

在 $i\neq k$ 的各个小区间上任取介点 ξ_i,并记

$$A = \left|\sum_{i\neq k} f(\xi_i)\Delta x_i\right|.$$

现在对任意 $M>0$,由于 $f(x)$在 Δ_k 上无界,故存在 $\xi_k\in\Delta_k$,使得

$$|f(\xi_k)| > \frac{A+M}{\Delta_k},$$

所以

$$\left|\sum_{i=1}^{n} f(\xi_i)\Delta x_i\right| \geqslant |f(\xi_k)\Delta x_k| - \left|\sum_{i\neq k} f(\xi_i)\Delta x_i\right| > \frac{A+M}{\Delta_k}\cdot\Delta_k - A = M.$$

由此可见,对于$[a,b]$的任一分割 T,按上述方法选取介点 ξ_i 时,总存在一个属于 T 的积分和,其绝对值大于任何预先给出的正数,这与 $f(x)$在$[a,b]$上可积矛盾.

注 4.6 定理 4.3 的逆命题不成立,如狄利克雷函数

$$D(x) = \begin{cases} 1, & x\text{ 为有理数}, \\ 0, & x\text{ 为无理数}, \end{cases} \quad x\in[0,1].$$

但是若 $f(x)$在$[a,b]$上无界,则 $f(x)$在$[a,b]$上一定不可积.

4.2.2 可积的充要条件

要判断一个有界函数在某区间上是否可积,利用定积分的定义不是很容易的,下面给出可积的充要条件,即可积准则.

设函数 $f(x)$在$[a,b]$上有界,T 是$[a,b]$上任一分割

$$a = x_0 < x_1 < x_2 < \cdots < x_{n-1} < x_n = b.$$

记 $\Delta_i=[x_{i-1},x_i]$,$\Delta x_i=x_i-x_{i-1}$,$m_i=\inf\limits_{x\in\Delta_i}\{f(x)\}$,$M_i=\sup\limits_{x\in\Delta_i}\{f(x)\}$.

作和式

$$S(T) = \sum_{i=1}^{n} M_i\Delta x_i,\quad s(T) = \sum_{i=1}^{n} m_i\Delta x_i,$$

分别称 $S(T)$ 与 $s(T)$ 为 $f(x)$ 关于分割 T 的上和与下和.

值得注意的是 $S(T)$ 与 $s(T)$ 只与分割 T 有关. 显然 $f(x)$ 关于分割 T 的任一积分和,有

$$s(T) \leqslant \sum_{i=1}^{n} f(\xi_i)\Delta x_i \leqslant S(T).$$

于是讨论复杂的积分和的极限问题,就归结为讨论比较简单的上和与下和的极限问题. 利用上和与下和的性质,可以得到如下的可积准则. 关于这部分内容的详尽讨论见下册,这里只给出可积准则的定理叙述.

记 $\omega_i = M_i - m_i$, ω_i 称为 f 在区间 $\Delta_i = [x_{i-1}, x_i]$ 上的**振幅**,则

$$S(T) - s(T) = \sum_{i=1}^{n} (M_i - m_i)\Delta x_i = \sum_{i=1}^{n} \omega_i \Delta x_i.$$

定理 4.4(可积准则)　设函数 $f(x)$ 在 $[a,b]$ 上有界,则 $f(x)$ 在 $[a,b]$ 上可积的充要条件是:对 $\forall \varepsilon > 0$,存在 $[a,b]$ 的某一分割 T,使

$$S(T) - s(T) < \varepsilon \text{ 或 } \sum_{i=1}^{n} \omega_i \Delta x_i < \varepsilon.$$

4.2.3　可积函数类

定理 4.5　下列三类函数都是可积的:

(1) 区间 $[a,b]$ 上的连续函数;

(2) 区间 $[a,b]$ 上的单调函数;

(3) 在区间 $[a,b]$ 上只有有限个间断点的有界函数.

证明　(1) 设 $f(x)$ 在 $[a,b]$ 上连续,则 $f(x)$ 在 $[a,b]$ 上一致连续,从而对 $\forall \varepsilon > 0$, $\exists \delta > 0$,对 $x_1, x_2 \in [a,b]$,当 $|x_1 - x_2| < \delta$ 时,有

$$|f(x_1) - f(x_2)| < \frac{\varepsilon}{b-a}.$$

任取 $[a,b]$ 上的一个分割 T,使 $\|T\| < \delta$,于是在任何一个小区间 $\Delta_i = [x_{i-1}, x_i]$ 上,有

$$\omega_i = M_i - m_i \leqslant \frac{\varepsilon}{b-a}.$$

于是

$$\sum_{i=1}^{n} \omega_i \Delta x_i \leqslant \frac{\varepsilon}{b-a} \sum_{i=1}^{n} \Delta x_i = \varepsilon,$$

从而 $f(x)$ 在 $[a,b]$ 上可积.

(2) 不妨设 $f(x)$ 在 $[a,b]$ 上单调增加,且 $f(b) > f(a)$. 任给 $\varepsilon > 0$,任取 $[a,b]$ 上的分割 T,使 $\|T\| < \dfrac{\varepsilon}{f(b) - f(a)}$. 注意到在小区间 $\Delta_i = [x_{i-1}, x_i]$ 上, $M_i =$

$f(x_i), m_i=f(x_{i-1})$. 于是

$$\sum_{i=1}^{n}\omega_i\Delta x_i=\sum_{i=1}^{n}(M_i-m_i)\Delta x_i=\sum_{i=1}^{n}[f(x_i)-f(x_{i-1})]\Delta x_i$$

$$\leqslant\|T\|\sum_{i=1}^{n}[f(x_i)-f(x_{i-1})]=\|T\|[f(b)-f(a)]<\varepsilon.$$

故 $f(x)$在$[a,b]$上可积.

(3) 为了易于掌握证明方法，不妨设 $f(x)$在$[a,b]$上只有一个间断点 $c\in(a,b)$. 记 $m,M(m<M)$分别是 $f(x)$在$[a,b]$上的确界.

对$\forall\varepsilon>0$，取$\delta>0$(充分小)，使得

$$\delta<\frac{\varepsilon}{6(M-m)}\text{ 且 }(c-\delta,c+\delta)\subset(a,b),$$

则对于 $f(x)$在$[c-\delta,c+\delta]$上的振幅 ω'，有

$$\omega'\cdot 2\delta<(M-m)\frac{\varepsilon}{3(M-m)}=\frac{\varepsilon}{3}.$$

又 $f(x)$在$[a,c-\delta]$上连续，则在$[a,c-\delta]$上可积，即存在$[a,c-\delta]$上的一个分割 T_1，使得

$$\sum_{T_1}\omega_i\Delta x_i<\frac{\varepsilon}{3}.$$

同理，存在$[c+\delta,b]$上的一个分割 T_2，使得

$$\sum_{T_2}\omega_i\Delta x_i<\frac{\varepsilon}{3}.$$

令 $T=T_1\cup[c-\delta,c+\delta]\cup T_2$，则 T 为$[a,b]$的一个分割，且有

$$\sum_{T}\omega_i\Delta x_i=\sum_{T_1}\omega_i\Delta x_i+\omega'\cdot 2\delta+\sum_{T_2}\omega_i\Delta x_i<\frac{\varepsilon}{3}+\frac{\varepsilon}{3}+\frac{\varepsilon}{3}=\varepsilon.$$

从而 $f(x)$在$[a,b]$上可积.

4.2.4 定积分的性质

定积分的各种性质对于计算定积分和证明与积分有关的问题是非常有用的.

性质 4.1(线性性质) 设函数 $f(x),g(x)$均在$[a,b]$上可积，k_1 和 k_2 是任意常数，则函数 $k_1f(x)+k_2g(x)$在$[a,b]$也可积，且

$$\int_a^b[k_1f(x)+k_2g(x)]\mathrm{d}x=k_1\int_a^b f(x)\mathrm{d}x+k_2\int_a^b g(x)\mathrm{d}x.$$

证明 对$[a,b]$的任一分割 T 及任取介点 $\xi_i\in[x_{i-1},x_i]$，有

$$\lim_{\|T\|\to 0}\sum_{i=1}^{n}[k_1f(\xi_i)+k_2g(\xi_i)]\Delta x_i$$

$$=k_1\lim_{\|T\|\to 0}\sum_{i=1}^{n}f(\xi_i)\Delta x_i+k_2\lim_{\|T\|\to 0}\sum_{i=1}^{n}g(\xi_i)\Delta x_i$$

$$=k_1\int_a^b f(x)\mathrm{d}x+k_2\int_a^b g(x)\mathrm{d}x.$$

性质 4.2(乘积可积性)　若函数 $f(x)$ 和 $g(x)$ 均在 $[a,b]$ 上可积,则 $f(x)\cdot g(x)$ 也在 $[a,b]$ 上可积.

证明　由于 $f(x)$ 和 $g(x)$ 均在 $[a,b]$ 上可积,所以在 $[a,b]$ 上有界,即存在常数 $M>0$,使得

$$|f(x)|\leqslant M,\quad |g(x)|\leqslant M,\quad x\in[a,b].$$

对 $\forall\ \varepsilon>0$,存在某一个分割 T,使

$$\sum_{i=1}^n\omega'_i\Delta x_i<\frac{\varepsilon}{2M},\quad \sum_{i=1}^n\omega''_i\Delta x_i<\frac{\varepsilon}{2M},$$

其中 ω'_i,ω''_i 分别表示 $f(x)$ 与 $g(x)$ 在区间 $[x_{i-1},x_i]$ 上的振幅. 对任意 $x',x''\in[x_{i-1},x_i]$,有

$$\begin{aligned}&|f(x'')g(x'')-f(x')g(x')|\\ \leqslant&|f(x'')g(x'')-f(x')g(x'')|+|f(x')g(x'')-f(x')g(x')|\\ \leqslant&M|f(x'')-f(x')|+M|g(x'')-g(x')|\leqslant M(\omega'_i+\omega''_i).\end{aligned}$$

从而

$$\omega_i\leqslant M(\omega'_i+\omega''_i),$$

其中 ω_i 为 $f(x)g(x)$ 在 $[x_{i-1},x_i]$ 上的振幅,故

$$\sum_{i=1}^n\omega_i\Delta x_i\leqslant\sum_{i=1}^n M(\omega'_i+\omega''_i)\Delta x_i\leqslant M\left(\frac{\varepsilon}{2M}+\frac{\varepsilon}{2M}\right)=\varepsilon,$$

所以 $f(x)\cdot g(x)$ 在 $[a,b]$ 上可积.

性质 4.3(区间可加性)　函数 $f(x)$ 在 $[a,b]$ 上可积的充要条件是 $f(x)$ 在 $[a,c]$ 和 $[c,b]$ 上均可积,且有

$$\int_a^b f(x)\mathrm{d}x=\int_a^c f(x)\mathrm{d}x+\int_c^b f(x)\mathrm{d}x.$$

注意到 $\int_b^a f(x)\mathrm{d}x=-\int_a^b f(x)\mathrm{d}x$,则可知上面公式对 a,b,c 的任何顺序均成立. 例如,若 $a<b<c$ 且 $f(x)$ 在 $[a,c]$ 上可积,则

$$\begin{aligned}\int_a^c f(x)\mathrm{d}x+\int_c^b f(x)\mathrm{d}x&=\left[\int_a^b f(x)\mathrm{d}x+\int_b^c f(x)\mathrm{d}x\right]+\int_c^b f(x)\mathrm{d}x\\&=\int_a^b f(x)\mathrm{d}x.\end{aligned}$$

性质 4.4(保序性)　若函数 $f(x)$ 和 $g(x)$ 都在 $[a,b]$ 上可积,且 $f(x)\leqslant g(x)$, $x\in[a,b]$,则

$$\int_a^b f(x)\mathrm{d}x\leqslant\int_a^b g(x)\mathrm{d}x.$$

证明　只要证明对 $[a,b]$ 上的任意非负可积函数 $F(x)$,成立

$$\int_a^b F(x)\mathrm{d}x \geqslant 0.$$

(这是因为如果上述结果成立,则令 $F(x)=g(x)-f(x)$,根据已知由于 $F(x)\geqslant 0$, $x\in[a,b]$,则有 $\int_a^b F(x)\mathrm{d}x \geqslant 0$,即得$\int_a^b [g(x)-f(x)]\mathrm{d}x \geqslant 0$. 再由定积分的线性性质即得.)

对$[a,b]$的任一分割 T 和任意点 $\xi_i\in[x_{i-1},x_i]$,有

$$\sum_{i=1}^n F(\xi_i)\Delta x_i \geqslant 0.$$

令$\|T\|\to 0$ 即得

$$\int_a^b F(x)\mathrm{d}x \geqslant 0.$$

注 4.7 若函数 $f(x)$在区间$[a,b]$上非负可积,则必有

$$\int_a^b f(x)\mathrm{d}x \geqslant 0.$$

这个性质也常称为**定积分的非负性**.

性质 4.5(绝对可积性) 若函数 $f(x)$在$[a,b]$上可积,则$|f(x)|$也在$[a,b]$上可积,且

$$\left|\int_a^b f(x)\mathrm{d}x\right| \leqslant \int_a^b |f(x)|\mathrm{d}x.$$

证明 由于 $f(x)$在$[a,b]$上可积,根据可积准则,存在$[a,b]$的某一分割 T,使得

$$\sum_T \omega_i \Delta x_i < \varepsilon,$$

其中 ω_i 为 $f(x)$在$[x_{i-1},x_i]$上的振幅,记 $\bar{\omega}_i$ 为$|f(x)|$在$[x_{i-1},x_i]$上的振幅,由于 $\omega_i=\sup\limits_{x',x''\in[x_{i-1},x_i]}|f(x')-f(x'')|$,且

$$\big||f(x')|-|f(x'')|\big| \leqslant |f(x')-f(x'')|.$$

故

$$\bar{\omega}_i \leqslant \omega_i,$$

所以

$$\sum_T \bar{\omega}_i \Delta x_i \leqslant \sum_T \omega_i \Delta x_i < \varepsilon,$$

因而$|f(x)|$也在$[a,b]$上可积.

又对任意 $x\in[a,b]$,有

$$-|f(x)| \leqslant f(x) \leqslant |f(x)|,$$

由性质 4.4 得到

$$-\int_a^b |f(x)|\mathrm{d}x \leqslant \int_a^b f(x)\mathrm{d}x \leqslant \int_a^b |f(x)|\mathrm{d}x,$$

即

$$\left|\int_a^b f(x)\mathrm{d}x\right| \leqslant \int_a^b |f(x)|\mathrm{d}x.$$

性质 4.6　若函数 $f(x)$ 在 $[a,b]$ 上连续、非负且不恒为零，则

$$\int_a^b f(x)\mathrm{d}x > 0.$$

证明　不妨设 $x_0\in[a,b]$，使 $f(x_0)>0$. 由连续函数的性质，存在一个子区间 $[\alpha,\beta]$，满足 $x_0\in[\alpha,\beta]\subset[a,b]$，使得

$$f(x) \geqslant \frac{1}{2}f(x_0) > 0,\quad x\in[\alpha,\beta].$$

注意到 $f(x)\geqslant 0, x\in[a,b]$，由积分区间的可加性及非负性和保序性得

$$\begin{aligned}\int_a^b f(x)\mathrm{d}x &= \int_a^\alpha f(x)\mathrm{d}x + \int_\alpha^\beta f(x)\mathrm{d}x + \int_\beta^b f(x)\mathrm{d}x \\ &\geqslant \int_\alpha^\beta f(x)\mathrm{d}x \geqslant \int_\alpha^\beta \frac{1}{2}f(x_0)\mathrm{d}x = \frac{1}{2}f(x_0)(\beta-\alpha) > 0.\end{aligned}$$

推论 4.1　若函数 $f(x)$ 和 $g(x)$ 都在 $[a,b]$ 上连续，$f(x)\leqslant g(x)$ 对一切 $x\in[a,b]$ 成立，且 $\exists x_0\in[a,b]$，使得 $f(x_0)<g(x_0)$，则

$$\int_a^b f(x)\mathrm{d}x < \int_a^b g(x)\mathrm{d}x.$$

例 4.39　比较定积分 $\int_0^{\frac{\pi}{2}} x\mathrm{d}x$ 与 $\int_0^{\frac{\pi}{2}} \sin x\mathrm{d}x$ 的大小.

解　由于在 $\left[0,\frac{\pi}{2}\right]$ 上，$\sin x\leqslant x$，且在 $\left(0,\frac{\pi}{2}\right)$，$\sin x\neq x$，故有

$$\int_0^{\frac{\pi}{2}} x\mathrm{d}x > \int_0^{\frac{\pi}{2}} \sin x\mathrm{d}x.$$

4.2.5　微积分基本定理

设 $f(x)$ 在 $[a,b]$ 上可积，则对 $\forall x\in[a,b]$，$f(x)$ 在 $[a,x]$ 上也可积. 于是，由

$$F(x) = \int_a^x f(t)\mathrm{d}t,\quad x\in[a,b]$$

定义了一个以积分上限 x 为自变量的函数，称为积分上限函数或变上限积分.

类似地，又可定义积分下限函数或变下限积分

$$G(x) = \int_x^b f(t)\mathrm{d}t,\quad x\in[a,b].$$

积分上限函数有着重要的性质，又由于

$$\int_x^b f(t)\mathrm{d}t = -\int_b^x f(t)\mathrm{d}t.$$

因此下面只讨论积分上限函数的性质.

定理 4.6 若 $f(x)$在$[a,b]$上可积,则积分上限函数 $F(x)=\int_a^x f(t)\mathrm{d}t$ 在$[a,b]$上连续.

证明 任取 $x\in[a,b]$,$x+\Delta x\in[a,b]$,有

$$F(x+\Delta x)-F(x)=\int_a^{x+\Delta x}f(t)\mathrm{d}t-\int_a^x f(t)\mathrm{d}t=\int_x^{x+\Delta x}f(t)\mathrm{d}t.$$

由于 $f(x)$在$[a,b]$上有界,即存在 $M>0$,使得$|f(x)|\leqslant M$. 于是

$$|F(x+\Delta x)-F(x)|=\left|\int_x^{x+\Delta x}f(t)\mathrm{d}t\right|\leqslant M|\Delta x|.$$

所以

$$\lim_{\Delta x\to 0}F(x+\Delta x)=F(x).$$

故 $F(x)$在 x 点连续,由 x 的任意性,$F(x)$在$[a,b]$上连续.

定理 4.7 若 $f(x)$在$[a,b]$上连续,则积分上限函数 $F(x)=\int_a^x f(t)\mathrm{d}t$ 在$[a,b]$上可导,且

$$F'(x)=f(x),\quad x\in[a,b].$$

证明 任取 $x\in[a,b]$,$x+\Delta x\in[a,b]$,有

$$\begin{aligned}\frac{F(x+\Delta x)-F(x)}{\Delta x}-f(x)&=\frac{1}{\Delta x}\int_x^{x+\Delta x}f(t)\mathrm{d}t-f(x)\\&=\frac{1}{\Delta x}\int_x^{x+\Delta x}[f(t)-f(x)]\mathrm{d}t.\end{aligned}$$

由于 $f(t)$在 x 点连续,故 $\forall\,\varepsilon>0$,$\exists\,\delta>0$,当$|t-x|<\delta$ 时,有

$$|f(t)-f(x)|<\varepsilon.$$

特别地,当$|\Delta x|<\delta$ 时,有

$$\begin{aligned}\left|\frac{F(x+\Delta x)-F(x)}{\Delta x}-f(x)\right|&\leqslant\frac{1}{|\Delta x|}\int_{x_0}^{x_0+\Delta x}|f(t)-f(x_0)|\mathrm{d}t\\&\leqslant\frac{1}{|\Delta x|}\varepsilon|\Delta x|=\varepsilon.\end{aligned}$$

所以

$$\lim_{\Delta x\to 0}\frac{F(x+\Delta x)-F(x)}{\Delta x}=f(x),$$

即

$$F'(x)=f(x),\quad x\in[a,b].$$

注 4.8 定理 4.7 表明$[a,b]$上的任何连续函数 $f(x)$都有原函数,且原函数可表示为

$$\int_a^x f(t)\mathrm{d}t+C.$$

定理 4.7 沟通了导数和定积分这两个从表面上看似不相干的概念之间的内在联系，故被称为**微积分学基本定理**.

定理 4.8　设函数 $f(x)$ 在 $[a,b]$ 上连续，若 $F(x)$ 是 $f(x)$ 的任意一个原函数，则

$$\int_a^b f(x)\mathrm{d}x = F(b) - F(a) = F(x)\Big|_a^b. \tag{4.3}$$

证明　由 $f(x)$ 在 $[a,b]$ 上连续及定理 4.7 知

$$F(x) = \int_a^x f(t)\mathrm{d}t + C.$$

令 $x=a$，则 $F(a)=C$，故

$$F(x) = \int_a^x f(t)\mathrm{d}t + F(a).$$

再令 $x=b$，则

$$F(b) = \int_a^b f(t)\mathrm{d}t + F(a),$$

即

$$\int_a^b f(t)\mathrm{d}t = F(b) - F(a).$$

式(4.3)称为**牛顿-莱布尼茨公式**. 此定理的条件可以减弱.

定理 4.9　设函数 $f(x)$ 在闭区间 $[a,b]$ 上可积，且 $F(x)$ 为 $f(x)$ 在 $[a,b]$ 上的一个原函数，则

$$\int_a^b f(x)\mathrm{d}x = F(b) - F(a).$$

证明　设 T 是 $[a,b]$ 上的任一分割，由 $F'(x)=f(x)$ 及拉格朗日中值定理得

$$\begin{aligned} F(b) - F(a) &= \sum_{i=1}^{n} [F(x_i) - F(x_{i-1})] \\ &= \sum_{i=1}^{n} F'(\xi_i)(x_i - x_{i-1}) = \sum_{i=1}^{n} f(\xi_i)\Delta x_i, \quad \xi_i \in (x_{i-1}, x_i). \end{aligned}$$

由于 $f(x)$ 在 $[a,b]$ 上可积，故

$$F(b) - F(a) = \lim_{\|T\|\to 0} \sum_{i=1}^{n} f(\xi_i)\Delta x_i = \int_a^b f(x)\mathrm{d}x.$$

由于 $f(x)$ 的原函数可由不定积分的方法求得，从而牛顿-莱布尼茨公式使定积分的计算变得简单易行.

例 4.40　计算下列定积分：

(1) $\int_0^1 x^2\mathrm{d}x$；　　(2) $\int_0^1 \mathrm{e}^x\mathrm{d}x$；

(3) $\int_0^\pi \sin x\mathrm{d}x$；　　(4) $\int_0^1 \frac{x}{\sqrt{1+x^2}}\mathrm{d}x$.

解 (1) $\int_0^1 x^2\mathrm{d}x = \frac{1}{3}x^3\Big|_0^1 = \frac{1}{3}$;

(2) $\int_0^1 \mathrm{e}^x\mathrm{d}x = \mathrm{e}^x\Big|_0^1 = \mathrm{e}-1$;

(3) $\int_0^{\pi} \sin x\mathrm{d}x = (-\cos x)\Big|_0^{\pi} = 2$;

(4) $\int_0^1 \frac{x}{\sqrt{1+x^2}}\mathrm{d}x = \sqrt{1+x^2}\Big|_0^1 = \sqrt{2}-1$.

例 4.41 求极限$\lim\limits_{n\to\infty}\frac{1}{n}\left(\sin\frac{\pi}{n}+\sin\frac{2\pi}{n}+\cdots+\sin\frac{n-1}{n}\pi\right)$.

解 由 $f(x)=\sin x$ 在$[0,\pi]$上连续,故可积,从而对$[0,\pi]$ n 等分,介点 ξ_i 取每个小区间的右端点$\frac{i}{n}\pi$,且当$\|T\|\to 0$ 时,有 $n\to\infty$,则

$$\lim_{\|T\|\to 0}\sum_{i=1}^{n}f(\xi_i)\Delta x_i = \lim_{n\to\infty}\sum_{i=1}^{n}\sin\left(\frac{i}{n}\pi\right)\cdot\frac{\pi}{n} = \int_0^{\pi}\sin x\mathrm{d}x = -\cos x\Big|_0^{\pi} = 2.$$

于是

$$\begin{aligned}
&\lim_{n\to\infty}\frac{1}{n}\left(\sin\frac{\pi}{n}+\sin\frac{2\pi}{n}+\cdots+\sin\frac{n-1}{n}\pi\right)\\
&=\lim_{n\to\infty}\frac{1}{n}\sum_{i=1}^{n}\sin\frac{i}{n}\pi = \frac{1}{\pi}\lim_{n\to\infty}\sum_{i=1}^{n}\sin\left(\frac{i}{n}\pi\right)\cdot\frac{\pi}{n}\\
&=\frac{1}{\pi}\cdot 2 = \frac{2}{\pi}.
\end{aligned}$$

例 4.42 设$\begin{cases}x=\cos t^2,\\ y=t\cos t^2-\int_1^{t^2}\frac{1}{2\sqrt{u}}\cos u\mathrm{d}u,\end{cases}$ $t>0$,求$\frac{\mathrm{d}^2y}{\mathrm{d}x^2}\Big|_{t=\sqrt{\frac{\pi}{2}}}$.

解 由参数方程的求导法则,得

$$\frac{\mathrm{d}y}{\mathrm{d}x} = \frac{\frac{\mathrm{d}y}{\mathrm{d}t}}{\frac{\mathrm{d}y}{\mathrm{d}t}} = \frac{\cos t^2-2t^2\sin t^2-\frac{\cos t^2}{2\sqrt{t^2}}2t}{-2t\sin t^2} = t,$$

$$\frac{\mathrm{d}^2y}{\mathrm{d}x^2} = \frac{\mathrm{d}}{\mathrm{d}t}\left(\frac{\mathrm{d}y}{\mathrm{d}x}\right)\cdot\frac{\mathrm{d}t}{\mathrm{d}x} = \frac{1}{-2t\sin t^2}.$$

所以

$$\frac{\mathrm{d}^2y}{\mathrm{d}x^2}\Big|_{t=\sqrt{\frac{\pi}{2}}} = -\frac{1}{\sqrt{2\pi}}.$$

例 4.43 设 $f(x)$在$[a,b]$上连续,(a,b)内可导,且 $f(a)=f(b)=0$. 证明在(a,b)存在点 ξ,使得 $f'(\xi)+f^2(\xi)=0$.

证明　令 $F(x)=f(x)\mathrm{e}^{\int_0^x f(t)\mathrm{d}t}$，则 $F(x)$ 在 $[a,b]$ 上连续，(a,b) 内可导，且 $F(a)=F(b)=0$，则由罗尔定理，存在 $\xi\in(a,b)$，使得

$$F'(\xi)=0.$$

又

$$F'(x)=[f'(x)+f^2(x)]\mathrm{e}^{\int_0^x f(t)\mathrm{d}t},$$

所以

$$f'(\xi)+f^2(\xi)=0.$$

例 4.44　设 $f(x)$ 在 $[0,1]$ 上可微，对任意 $x\in[0,1]$ 有 $|f'(x)|\leqslant M$. 证明对任何正整数 n，有

$$\left|\int_0^1 f(x)\mathrm{d}x-\frac{1}{n}\sum_{i=1}^n f\left(\frac{i}{n}\right)\right|\leqslant\frac{M}{2n}.$$

证明　将 $[0,1]$ n 等分，则

$$\begin{aligned}&\left|\int_0^1 f(x)\mathrm{d}x-\frac{1}{n}\sum_{i=1}^n f\left(\frac{i}{n}\right)\right|\\&=\left|\sum_{i=1}^n\int_{\frac{i-1}{n}}^{\frac{i}{n}}f(x)\mathrm{d}x-\sum_{i=1}^n\int_{\frac{i-1}{n}}^{\frac{i}{n}}f\left(\frac{i}{n}\right)\mathrm{d}x\right|\\&=\left|\sum_{i=1}^n\int_{\frac{i-1}{n}}^{\frac{i}{n}}\left[f(x)-f\left(\frac{i}{n}\right)\right]\mathrm{d}x\right|\leqslant\sum_{i=1}^n\int_{\frac{i-1}{n}}^{\frac{i}{n}}|f'(\xi_i)|\cdot\left|x-\frac{i}{n}\right|\mathrm{d}x\\&\leqslant M\sum_{i=1}^n\int_{\frac{i-1}{n}}^{\frac{i}{n}}\left(\frac{i}{n}-x\right)\mathrm{d}x=-M\sum_{i=1}^n\frac{1}{2}\left(\frac{i}{n}-x\right)^2\Bigg|_{\frac{i-1}{n}}^{\frac{i}{n}}=M\sum_{i=1}^n\frac{1}{2n^2}=\frac{M}{2n}.\end{aligned}$$

4.2.6　定积分的分部积分法与换元积分法

定理 4.10（分部积分法）　设 $u(x)$ 和 $v(x)$ 均在 $[a,b]$ 上有连续的导数，则有

$$\int_a^b uv'\mathrm{d}x=uv\big|_a^b-\int_a^b vu'\mathrm{d}x.\tag{4.4}$$

证明　因为 $(uv)'=u'v+v'u$，且 $uv,u'v,v'u$ 均为 $[a,b]$ 上连续函数，由牛顿-莱布尼茨公式，两边同时在 $[a,b]$ 上积分得

$$u\cdot v\big|_a^b=\int_a^b(uv)'\mathrm{d}x=\int_a^b v\cdot u'\mathrm{d}x+\int_a^b u\cdot v'\mathrm{d}x,$$

则式(4.4)成立.

定理 4.11（换元积分法）　若函数 $f(x)$ 在 $[a,b]$ 上连续，函数 $\varphi(t)$ 在 $[\alpha,\beta]$ 上有一阶连续导数，且 $\varphi(\alpha)=a,\varphi(\beta)=b,a\leqslant\varphi(t)\leqslant b,t\in[\alpha,\beta]$，则

$$\int_a^b f(x)\mathrm{d}x=\int_\alpha^\beta f(\varphi(t))\varphi'(t)\mathrm{d}t,\tag{4.5}$$

证明　由 $f(x)$ 在 $[a,b]$ 上连续，故存在原函数，设为 $F(x)$，又

$$(F(\varphi(t)))'=F'(x)\cdot\varphi'(t)=f(\varphi(t))\cdot\varphi'(t),$$

故 $F(\varphi(t))$是 $f(\varphi(t))\cdot\varphi'(t)$的原函数,所以

$$\int_a^b f(x)\mathrm{d}x = F(x)\big|_a^b = F(b)-F(a) = F(\varphi(\beta))-F(\varphi(\alpha)),$$

$$\int_\alpha^\beta f(\varphi(t))\cdot\varphi'(t)\mathrm{d}t = F(\varphi(t))\big|_\alpha^\beta = F(\varphi(\beta))-F(\varphi(\alpha)).$$

公式(4.4)和公式(4.5)可分别简写成

$$\int_a^b u\mathrm{d}v = uv\big|_a^b - \int_a^b v\mathrm{d}u, \tag{4.4'}$$

$$\int_a^b f(x)\mathrm{d}x = \int_\alpha^\beta f(\varphi(t))\mathrm{d}\varphi(t). \tag{4.5'}$$

例 4.45 求 $\int_{\frac{1}{e}}^{e}|\ln x|\mathrm{d}x$.

解 $\int_{\frac{1}{e}}^{e}|\ln x|\mathrm{d}x = \int_{\frac{1}{e}}^{1}(-\ln x)\mathrm{d}x + \int_1^e \ln x\mathrm{d}x$

$$= -x\cdot\ln x\big|_{\frac{1}{e}}^{1} + \int_{\frac{1}{e}}^{1}\mathrm{d}x + x\ln x\big|_1^e - \int_1^e \mathrm{d}x = 2\left(1-\frac{1}{e}\right).$$

例 4.46 设 $f(x)=\begin{cases}\sin\dfrac{x}{2}, & x\geqslant 0,\\ x\arctan x, & x<0,\end{cases}$ 计算 $I=\int_0^{\pi+1} f(x-1)\mathrm{d}x$.

解 令 $x-1=u$,得

$$I = \int_{-1}^{\pi} f(u)\mathrm{d}u = \int_{-1}^{0} f(u)\mathrm{d}u + \int_0^{\pi} f(u)\mathrm{d}u$$

$$= \int_{-1}^{0} u\arctan u\mathrm{d}u + \int_0^{\pi}\sin\frac{u}{2}\mathrm{d}u,$$

其中

$$\int_{-1}^{0} u\arctan u\mathrm{d}u = \frac{1}{2}\int_{-1}^{0}\arctan u\mathrm{d}(u^2)$$

$$= \frac{1}{2}u^2\arctan u\big|_{-1}^{0} - \frac{1}{2}\int_{-1}^{0}\frac{u^2}{1+u^2}\mathrm{d}u$$

$$= \frac{\pi}{8} - \frac{1}{2}\int_{-1}^{0}\left(1-\frac{1}{1+u^2}\right)\mathrm{d}u$$

$$= \frac{\pi}{8} - \frac{1}{2}(u-\arctan u)\big|_{-1}^{0} = \frac{\pi}{4}-\frac{1}{2}.$$

又

$$\int_0^{\pi}\sin\frac{u}{2}\mathrm{d}u = -2\cos\frac{u}{2}\bigg|_0^{\pi} = 2,$$

所以

$$I = \int_0^{\pi+1} f(x-1)\mathrm{d}x = \frac{\pi}{4}+\frac{3}{2}.$$

例 4.47　计算 $I=\int_0^1 \frac{\ln(1+x)}{1+x^2}dx$.

解　作变换 $x=\tan t$,则 $dx=\sec^2 t dt$. 于是

$$I=\int_0^{\frac{\pi}{4}}\ln(1+\tan t)dt=\int_0^{\frac{\pi}{4}}\ln\frac{\sin t+\cos t}{\cos t}dt=\int_0^{\frac{\pi}{4}}\ln\frac{\sqrt{2}\cos\left(\frac{\pi}{4}-t\right)}{\cos t}dt$$

$$=\int_0^{\frac{\pi}{4}}\ln\sqrt{2}dt+\int_0^{\frac{\pi}{4}}\ln\cos\left(\frac{\pi}{4}-t\right)dt-\int_0^{\frac{\pi}{4}}\ln\cos t dt.$$

对上式第 2 个积分作变量代换 $u=\frac{\pi}{4}-t$,得

$$\int_0^{\frac{\pi}{4}}\ln\cos\left(\frac{\pi}{4}-t\right)dt=\int_{\frac{\pi}{4}}^0\ln\cos u(-du)=\int_0^{\frac{\pi}{4}}\ln\cos t dt.$$

因此

$$I=\int_0^1\frac{\ln(1+x)}{1+x^2}dx=\int_0^{\frac{\pi}{4}}\ln\sqrt{2}dt=\frac{\pi}{8}\ln 2.$$

例 4.48　设函数 $f(x)$是$(-\infty,+\infty)$上以 T 为周期的连续函数,证明对任一实数 α,有

$$\int_\alpha^{\alpha+T}f(x)dx=\int_0^T f(x)dx.$$

证明

$$\int_\alpha^{\alpha+T}f(x)dx=\int_\alpha^0 f(x)dx+\int_0^T f(x)dx+\int_T^{\alpha+T}f(x)dx.$$

在上式右端第 3 个积分中令 $x=t+T$,并根据函数 $f(x)$的周期性得

$$\int_T^{\alpha+T}f(x)dx=\int_0^\alpha f(t+T)dt=\int_0^\alpha f(t)dt=\int_0^\alpha f(x)dx.$$

所以

$$\int_\alpha^{\alpha+T}f(x)dx=\int_0^T f(x)dx.$$

例 4.49　设 $J_n=\int_0^{\frac{\pi}{2}}\sin^n x dx, I_n=\int_0^{\frac{\pi}{2}}\cos^n x dx$. 证明 $J_n=I_n$,并求其递推公式.

证明　令 $x=\frac{\pi}{2}-t$,则 $dx=-dt$,且当 $x=0$ 时,$t=\frac{\pi}{2}$;当 $x=\frac{\pi}{2}$时,$t=0$. 于是

$$J_n=\int_0^{\frac{\pi}{2}}\sin^n x dx=-\int_{\frac{\pi}{2}}^0\sin^n\left(\frac{\pi}{2}-t\right)dt=\int_0^{\frac{\pi}{2}}\cos^n t dt=I_n.$$

利用分部积分公式,有

$$J_n=\int_0^{\frac{\pi}{2}}\sin^n x dx=-\int_0^{\frac{\pi}{2}}\sin^{n-1}x d(\cos x)$$

$$=-\cos x\cdot\sin^{n-1}x\Big|_0^{\frac{\pi}{2}}+\int_0^{\frac{\pi}{2}}(n-1)\sin^{n-2}x\cdot\cos^2 x\mathrm{d}x$$

$$=(n-1)\int_0^{\frac{\pi}{2}}\sin^{n-2}x\cdot(1-\sin^2 x)\mathrm{d}x$$

$$=(n-1)J_{n-2}-(n-1)J_n,$$

从而

$$J_n=\frac{n-1}{n}J_{n-2}.$$

因为

$$J_0=\int_0^{\frac{\pi}{2}}\mathrm{d}x=\frac{\pi}{2},\quad J_1=\int_0^{\frac{\pi}{2}}\sin x\mathrm{d}x=1,$$

故

$$J_{2k+1}=\frac{2k}{2k+1}\cdot\frac{2k-2}{2k-1}\cdot\cdots\cdot\frac{4}{5}\cdot\frac{2}{3}J_1=\frac{2k!!}{(2k+1)!!},$$

$$J_{2k}=\frac{2k-1}{2k}\cdot\frac{2k-3}{2k-2}\cdot\cdots\cdot\frac{3}{4}\cdot\frac{1}{2}J_0=\frac{(2k-1)!!}{2k!!}\frac{\pi}{2}.$$

例 4.50 设函数 $f(x)$在$[A,B]$上连续,$A<a<b<B$,证明

$$\lim_{h\to 0}\int_a^b\frac{f(x+h)-f(x)}{h}\mathrm{d}x=f(b)-f(a).$$

证明 因为 $f(x)$在$[a,b]$上连续,故 $f(x)$在$[a,b]$上存在原函数 $F(x)$,从而

$$\int_a^b\frac{f(x+h)-f(x)}{h}\mathrm{d}x=\frac{1}{h}\left[\int_a^b f(x+h)\mathrm{d}(x+h)-\int_a^b f(x)\mathrm{d}x\right]$$

$$=\frac{1}{h}\left[F(x+h)\Big|_a^b-F(x)\Big|_a^b\right]$$

$$=\frac{F(b+h)-F(b)}{h}-\frac{F(a+h)-F(a)}{h}.$$

所以

$$\lim_{h\to 0}\int_a^b\frac{f(x+h)-f(x)}{h}\mathrm{d}x=\lim_{h\to 0}\left[\frac{F(b+h)-F(b)}{h}-\frac{F(a+h)-F(a)}{h}\right]$$

$$=F'(b)-F'(a)=f(b)-f(a).$$

4.2.7 积分中值定理

定理 4.12(积分第一中值定理) 若函数 $f(x)$和 $g(x)$都在$[a,b]$上可积,且 $g(x)$在$[a,b]$上不变号. 设 M 和 m 分别为 $f(x)$在$[a,b]$上的上确界和下确界,则存在 $\mu,m\leqslant\mu\leqslant M$,使

$$\int_a^b f(x)g(x)\mathrm{d}x=\mu\int_a^b g(x)\mathrm{d}x.\tag{4.6}$$

证明　由于 $g(x)$ 在 $[a,b]$ 上不变号，不妨设 $g(x)\geqslant 0, x\in[a,b]$，于是

$$mg(x)\leqslant f(x)g(x)\leqslant Mg(x).$$

由 $f(x)$ 和 $g(x)$ 在 $[a,b]$ 上可积，从而

$$m\int_a^b g(x)\mathrm{d}x\leqslant\int_a^b f(x)g(x)\mathrm{d}x\leqslant M\int_a^b g(x)\mathrm{d}x.$$

若 $\int_a^b g(x)\mathrm{d}x=0$，则 $\int_a^b f(x)g(x)\mathrm{d}x=0$，即式(4.6)成立.

若 $\int_a^b g(x)\mathrm{d}x>0$，则

$$m\leqslant\frac{\int_a^b f(x)g(x)\mathrm{d}x}{\int_a^b g(x)\mathrm{d}x}\leqslant M.$$

设 $\mu=\dfrac{\int_a^b f(x)g(x)\mathrm{d}x}{\int_a^b g(x)\mathrm{d}x}$，则 $m\leqslant\mu\leqslant M$，且

$$\int_a^b f(x)g(x)\mathrm{d}x=\mu\int_a^b g(x)\mathrm{d}x.$$

推论 4.2　若函数 $f(x)$ 在 $[a,b]$ 上连续，$g(x)$ 在 $[a,b]$ 上可积且不变号，则存在 $\xi\in[a,b]$，使

$$\int_a^b f(x)g(x)\mathrm{d}x=f(\xi)\int_a^b g(x)\mathrm{d}x.$$

推论 4.3　若函数 $f(x)$ 在 $[a,b]$ 上连续，则存在 $\xi\in[a,b]$，使

$$\int_a^b f(x)\mathrm{d}x=f(\xi)(b-a).$$

定理 4.13（积分第二中值定理）　下述3个结论成立：

(1) 若函数 $f(x)$ 在 $[a,b]$ 上可积，$g(x)$ 在 $[a,b]$ 上非负递减，则存在 $\xi\in[a,b]$，使

$$\int_a^b f(x)g(x)\mathrm{d}x=g(a)\int_a^\xi f(x)\mathrm{d}x. \tag{4.7}$$

(2) 若函数 $f(x)$ 在 $[a,b]$ 上可积，$g(x)$ 在 $[a,b]$ 上非负递增，则存在 $\xi\in[a,b]$，使

$$\int_a^b f(x)g(x)\mathrm{d}x=g(b)\int_\xi^b f(x)\mathrm{d}x.$$

(3) 若函数 $f(x)$ 在 $[a,b]$ 上可积，$g(x)$ 在 $[a,b]$ 上单调，则存在 $\xi\in[a,b]$，使

$$\int_a^b f(x)g(x)\mathrm{d}x=g(a)\int_a^\xi f(x)\mathrm{d}x+g(b)\int_\xi^b f(x)\mathrm{d}x.$$

证明　这里仅证(3).

不妨设 $g(x)$ 在 $[a,b]$ 上单调递减，令 $h(x)=g(x)-g(b)$，则 $h(x)$ 为非负递减函数. 由式(4.1)，存在 $\xi\in[a,b]$，使

$$\int_a^b f(x)h(x)\mathrm{d}x = h(a)\int_a^\xi f(x)\mathrm{d}x = (g(a)-g(b))\int_a^\xi f(x)\mathrm{d}x.$$

而

$$\int_a^b f(x)h(x)\mathrm{d}x = \int_a^b f(x)g(x)\mathrm{d}x - g(b)\int_a^b f(x)\mathrm{d}x,$$

因此

$$\begin{aligned}\int_a^b f(x)g(x)\mathrm{d}x &= g(b)\int_a^b f(x)\mathrm{d}x + (g(a)-g(b))\int_a^\xi f(x)\mathrm{d}x\\ &= g(a)\int_a^\xi f(x)\mathrm{d}x + g(b)\int_\xi^b f(x)\mathrm{d}x.\end{aligned}$$

例 4.51 设函数 $f(x)$ 在 $[a,b]$ 上具有连续的二阶导函数，证明存在 $\xi\in[a,b]$，使

$$\int_a^b f(x)\mathrm{d}x = (bf(b)-af(a)) - \frac{1}{2!}(f'(b)b^2 - f'(a)a^2) + \frac{1}{3!}(b^3-a^3)f''(\xi).$$

证明 利用分部积分公式和第一积分中值定理，有

$$\begin{aligned}\int_a^b f(x)\mathrm{d}x &= xf(x)\Big|_a^b - \int_a^b x\cdot f'(x)\mathrm{d}x = xf(x)\Big|_a^b - \frac{1}{2}\int_a^b f'(x)\mathrm{d}(x^2)\\ &= xf(x)\Big|_a^b - \frac{1}{2}x^2\cdot f'(x)\Big|_a^b + \frac{1}{2}\int_a^b x^2\cdot f''(x)\mathrm{d}x\\ &= xf(x)\Big|_a^b - \frac{1}{2}x^2 f'(x)\Big|_a^b + \frac{1}{2}f''(\xi)\int_a^b x^2\mathrm{d}x\\ &= xf(x)\Big|_a^b - \frac{1}{2}x^2 f'(x)\Big|_a^b + \frac{1}{6}f''(\xi)x^3\Big|_a^b\\ &= (bf(b)-af(a)) - \frac{1}{2!}(f'(b)b^2 - f'(a)a^2)\\ &\quad + \frac{1}{3!}(b^3-a^3)f''(\xi),\quad \xi\in[a,b].\end{aligned}$$

例 4.52 设函数 $f(x)$ 在 $[a,b]$ 上连续，且单调递增. 证明

$$\int_a^b xf(x)\mathrm{d}x \geqslant \frac{a+b}{2}\int_a^b f(x)\mathrm{d}x.$$

证明 证法一 利用积分上限函数. 令

$$F(x) = \int_a^x tf(t)\mathrm{d}t - \frac{a+x}{2}\int_a^x f(t)\mathrm{d}t,\quad x\in[a,b],$$

则 $F(a)=0$，且

$$F'(x) = xf(x) - \frac{1}{2}\int_a^x f(t)\mathrm{d}t - \frac{a+x}{2}f(x)$$

$$=\frac{1}{2}(x-a)(f(x)-f(\xi))\geqslant 0,\quad \xi\in[a,x].$$

于是 $F(x)$在$[a,b]$上单调递增. 由此得出 $F(b)\geqslant F(a)=0$,即

$$\int_a^b xf(x)\mathrm{d}x\geqslant\frac{a+b}{2}\int_a^b f(x)\mathrm{d}x.$$

证法二

$$\int_a^b xf(x)\mathrm{d}x-\frac{a+b}{2}\int_a^b f(x)\mathrm{d}x$$

$$=\int_a^{\frac{a+b}{2}}\left(x-\frac{a+b}{2}\right)f(x)\mathrm{d}x+\int_{\frac{a+b}{2}}^b\left(x-\frac{a+b}{2}\right)f(x)\mathrm{d}x.$$

由 $f(x)$在$[a,b]$上连续,$x-\frac{a+b}{2}$在$\left[a,\frac{a+b}{2}\right]$及$\left[\frac{a+b}{2},b\right]$上分别不变号,由积分第一中值定理,分别$\exists\,\xi_1\in\left[a,\frac{a+b}{2}\right]$,$\exists\,\xi_2\in\left[\frac{a+b}{2},b\right]$,使得

$$\int_a^b xf(x)\mathrm{d}x-\frac{a+b}{2}\int_a^b f(x)\mathrm{d}x$$

$$=f(\xi_1)\int_a^{\frac{a+b}{2}}\left(x-\frac{a+b}{2}\right)\mathrm{d}x+f(\xi_2)\int_{\frac{a+b}{2}}^b\left(x-\frac{a+b}{2}\right)\mathrm{d}x$$

$$=f(\xi_1)\cdot\frac{1}{2}\left(x-\frac{a+b}{2}\right)^2\Bigg|_a^{\frac{a+b}{2}}+f(\xi_2)\cdot\frac{1}{2}\left(x-\frac{a+b}{2}\right)^2\Bigg|_{\frac{a+b}{2}}^b$$

$$=(f(\xi_2)-f(\xi_1)\,\frac{(b-a)^2}{8}.$$

由于 $f(x)$单调递增,而 $\xi_1\leqslant\xi_2$,所以 $f(\xi_1)\leqslant f(\xi_2)$. 因此有

$$\int_a^b xf(x)\mathrm{d}x-\frac{a+b}{2}\int_a^b f(x)\mathrm{d}x=(f(\xi_2)-f(\xi_1))\frac{(b-a)^2}{8}\geqslant 0.$$

故

$$\int_a^b xf(x)\mathrm{d}x\geqslant\frac{a+b}{2}\int_a^b f(x)\mathrm{d}x.$$

证法三　只需证明$\int_a^b\left(x-\frac{a+b}{2}\right)f(x)\mathrm{d}x\geqslant 0$即可. 由于 $f(x)$的单调性,利用积分第二中值定理,存在 $\xi\in[a,b]$,使

$$\begin{aligned}\int_a^b\left(x-\frac{a+b}{2}\right)f(x)\mathrm{d}x&=f(a)\int_a^\xi\left(x-\frac{a+b}{2}\right)\mathrm{d}x+f(b)\int_\xi^b\left(x-\frac{a+b}{2}\right)\mathrm{d}x\\&=f(a)\int_a^b\left(x-\frac{a+b}{2}\right)\mathrm{d}x+(f(b)-f(a))\int_\xi^b\left(x-\frac{a+b}{2}\right)\mathrm{d}x\\&=(f(b)-f(a))\left(\frac{b^2-\xi^2}{2}-\frac{a+b}{2}(b-\xi)\right)\\&=(f(b)-f(a))\,\frac{(b-\xi)(\xi-a)}{2}\geqslant 0.\end{aligned}$$

所以

$$\int_a^b x f(x)\mathrm{d}x \geqslant \frac{a+b}{2}\int_a^b f(x)\mathrm{d}x.$$

习 题 4.2

1. 计算下列积分：

(1) $\int_0^6 x^2[x]\mathrm{d}x$；

(2) $\int_0^{\frac{\pi}{2}} \mathrm{e}^x \cdot \sin x\mathrm{d}x$；

(3) $\int_0^{\frac{\pi}{2}} \frac{x+\sin x}{1+\cos x}\mathrm{d}x$；

(4) $\int_{\frac{1}{\mathrm{e}}}^{\mathrm{e}} \frac{(\ln x)^2}{x}\mathrm{d}x$；

(5) $\int_1^4 \frac{\mathrm{d}x}{1+\sqrt{x}}$；

(6) $\int_0^1 \sqrt{1-x^2}\mathrm{d}x$；

(7) $\int_0^1 x^2\sqrt{1-x^2}\mathrm{d}x$；

(8) $\int_0^{\pi} \sqrt{\sin^3 x-\sin^5 x}\mathrm{d}x$；

(9) $\int_0^{\frac{\pi}{4}} x\tan^2 x\mathrm{d}x$；

(10) $\int_0^{\frac{\pi}{2}} \frac{\cos x}{1+\sin^2 x}\mathrm{d}x$；

(11) $\int_0^1 \frac{1}{(x^2-x+1)^{3/2}}\mathrm{d}x$；

(12) $\int_0^{\frac{\pi}{2}} \frac{\cos x}{\sin x+\cos x}\mathrm{d}x$；

(13) $\int_0^1 \mathrm{e}^{\sqrt{x}}\mathrm{d}x$；

(14) $\int_0^{\frac{\pi}{2}} |\cos x-\sin x|\mathrm{d}x$；

(15) $\int_0^2 \sqrt{x}|x-1|\mathrm{d}x$；

(16) $\int_0^1 x|x-a|\mathrm{d}x$.

2. 证明下列等式(其中 f 为连续函数)：

(1) $\int_0^a x^3 f(x^2)\mathrm{d}x = \frac{1}{2}\int_0^{a^2} x f(x)\mathrm{d}x$；

(2) $\int_0^{\frac{\pi}{2}} f(\sin x)\mathrm{d}x = \int_0^{\frac{\pi}{2}} f(\cos x)\mathrm{d}x$；

(3) $\int_1^a f\left(x^2+\frac{a^2}{x^2}\right)\frac{\mathrm{d}x}{x} = \int_1^a f\left(x+\frac{a^2}{x}\right)\frac{\mathrm{d}x}{x}$；

(4) $\int_0^{\pi} x f(\sin x)\mathrm{d}x = \frac{\pi}{2}\int_0^{\pi} f(\sin x)\mathrm{d}x$；

(5) 若 $f(x)$ 为偶函数，则 $\int_{-a}^a f(x)\mathrm{d}x = 2\int_0^a f(x)\mathrm{d}x$；

若 $f(x)$ 为奇函数，则 $\int_{-a}^a f(x)\mathrm{d}x = 0$.

3. 利用上题结果计算：

(1) $\int_0^{\pi} x\sin^4 x\mathrm{d}x$；

(2) $\int_0^{\pi} \frac{x\sin x}{1+\cos^2 x}\mathrm{d}x$；

(3) $\int_{-\frac{\pi}{4}}^{\frac{\pi}{4}} \frac{x}{\cos^2 x}\mathrm{d}x$.

4. 设 $f(x)=\begin{cases} x\mathrm{e}^{-x^2}, & x\geqslant 0, \\ \dfrac{1}{1+\mathrm{e}^x}, & x<0, \end{cases}$ 计算 $I=\int_1^4 f(x-2)\mathrm{d}x$.

5. 求下列极限：

(1) $\lim\limits_{x\to 0}\dfrac{\int_0^x \sin t^2\,\mathrm{d}t}{x^3}$；

(2) $\lim\limits_{x\to 1}\dfrac{\int_1^x \ln^2 t\,\mathrm{d}t}{\int_1^{x^2}(t-1)\,\mathrm{d}t}$；

(3) $\lim\limits_{n\to+\infty}\dfrac{1}{n^2}(\sqrt{n}+\sqrt{2n}+\cdots+\sqrt{n^2})$；

(4) $\lim\limits_{n\to+\infty}\dfrac{1^p+2^p+\cdots+n^p}{n^{p+1}}$，　$p>0$.

6. 设函数 $f(x)$在$[a,b]$上连续，$F(x)=\int_a^x f(t)(x-t)\,\mathrm{d}t$. 证明：

$$F''(x)=f(x),\quad x\in[a,b].$$

7. 证明：若函数 $f(x)$连续，$u(x)$，$v(x)$都可导，则 $F(x)=\int_{u(x)}^{v(x)} f(t)\,\mathrm{d}t$ 可导，并求其导数.

8. 设 $f(x)$在$(-\infty,+\infty)$上连续，证明：

$$\int_0^x f(u)(x-u)\,\mathrm{d}u=\int_0^x\left[\int_0^u f(t)\,\mathrm{d}t\right]\mathrm{d}u.$$

9. 证明下列命题：

(1) 若函数 $f(x)$在$[a,b]$上连续递增，

$$F(x)=\begin{cases}\dfrac{1}{x-a}\displaystyle\int_a^x f(t)\,\mathrm{d}t, & x\in(a,b],\\ f(a), & x=a,\end{cases}$$

则 $F(x)$在$[a,b]$上单调递增；

(2) 若函数 $f(x)$在$[0,+\infty)$上连续，且 $f(x)>0$，则 $\varphi(x)=\dfrac{\int_0^x tf(t)\,\mathrm{d}t}{\int_0^x f(t)\,\mathrm{d}t}$ 为$(0,+\infty)$上的严格增函数.

10. 设 $f(x)$是$[a,b]$上的非负连续函数，且 $\int_a^b f(x)\,\mathrm{d}x=0$，则 $f(x)\equiv 0$，$x\in[a,b]$.

11. 设函数 $f(x)$在$[a,b]$上连续，函数 $g(x)$在$[a,b]$上连续可微且单调，则$\exists\,\xi\in[a,b]$，使得

$$\int_a^b f(x)g(x)\,\mathrm{d}x=g(a)\int_a^\xi f(x)\,\mathrm{d}x+g(b)\int_\xi^b f(x)\,\mathrm{d}x.$$

12. 证明：若函数 $f(x)$在$[a,b]$上可积，则$\exists\,c\in[a,b]$，使得

$$\int_a^c f(x)\,\mathrm{d}x=\int_c^b f(x)\,\mathrm{d}x.$$

13. 设 $f(x)$在$[a,b]$上连续且 $f(x)>0$，又

$$F(x)=\int_a^x f(t)\,\mathrm{d}t+\int_b^x\frac{1}{f(t)}\,\mathrm{d}t.$$

证明：$F(x)=0$ 在$[a,b]$内有唯一的实根.

14. 设 $\varphi(t)$在$[0,a]$上连续，$f(x)$在$(-\infty,+\infty)$上二阶可导，且 $f''(x)\geqslant 0$. 证明：

$$f\left(\frac{1}{a}\int_0^a\varphi(t)\,\mathrm{d}t\right)\leqslant\frac{1}{a}\int_0^a f(\varphi(t))\,\mathrm{d}t.$$

15. 设 $f(x)$在$[0,a]$上二阶可导($a>0$)，且 $f''(x)\geqslant 0$，证明：

$$\int_0^a f(x)\mathrm{d}x \geqslant af\left(\frac{a}{2}\right).$$

16.(施瓦茨不等式)若函数 $f(x)$和 $g(x)$在$[a,b]$上可积，则

$$\left(\int_a^b f(x)g(x)\mathrm{d}x\right)^2 \leqslant \int_a^b f^2(x)\mathrm{d}x \cdot \int_a^b g^2(x)\mathrm{d}x.$$

17. 设函数 $f(x)$在$[a,b]$上连续，且 $f(x)>0$，证明：

$$\int_a^b f(x)\mathrm{d}x \cdot \int_a^b \frac{\mathrm{d}x}{f(x)} \geqslant (b-a)^2.$$

18. 设 $f(x)$在$[0,\pi]$上连续，且 $\int_0^\pi f(x)\mathrm{d}x = 0, \int_0^\pi f(x)\cos x\mathrm{d}x = 0$，试证：至少存在两个不同的点 $x_1, x_2 \in [0,\pi]$，使 $f(x_1) = f(x_2) = 0$.

19. 设函数 $f(x)$在$[1,\mathrm{e}]$上非负可积，证明：

$$\lim_{n\to\infty}\left(n\int_1^{1+\frac{1}{n}} f(x^n)\mathrm{d}x\right) = \int_1^{\mathrm{e}} \frac{f(t)}{t}\mathrm{d}t.$$

20. 证明：若函数 $f(x)$ 在 $[0,+\infty)$ 上连续，且 $\lim\limits_{x\to+\infty} f(x)=A$，则

$$\lim_{x\to+\infty}\frac{1}{x}\int_0^x f(t)\mathrm{d}t = A.$$

21. 设 $y=f(x)$是$[0,+\infty)$上严格单调增加的连续函数，且 $f(0)=0$，记它的反函数为 $x=f^{-1}(y)$. 证明：

$$\int_0^a f(x)\mathrm{d}x + \int_0^b f^{-1}(y)\mathrm{d}y \geqslant ab, \quad a>0, b>0.$$

22. 曲线 L 的方程为 $y=f(x)$，点$(3,2)$是它的一个拐点，直线 l_1 与 l_2 分别是曲线 L 在点$(0,0)$与$(3,2)$的切线，其交点为$(2,4)$(右图). 设 $f(x)$具有三阶连续导数，计算定积分

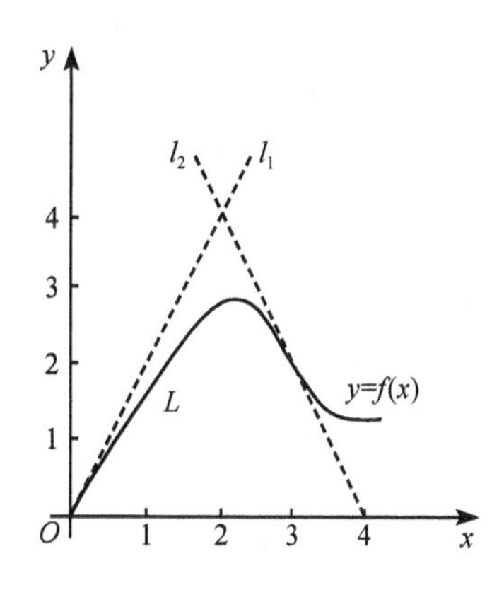

$$\int_0^3 (x^2+x)f'''(x)\mathrm{d}x.$$

4.3 定积分的应用

4.3.1 定积分的微元法

利用定积分计算一个量，关键是寻求所求量所对应的积分和的极限，以便推导出积分表达式. 先来回顾求曲边梯形面积 S 的过程：对$[a,b]$作分割 T，将$[a,b]$分成 n 个小区间$[x_{i-1},x_i]$，$i=1,2,\cdots,n$. 每个小曲边梯形面积的近似值为

$$\Delta S_i \approx f(\xi_i)\Delta x_i, \quad i=1,2,\cdots,n.$$

于是曲边梯形面积的近似值为

$$S = \sum_{i=1}^n \Delta S_i \approx \sum_{i=1}^n f(\xi_i)\Delta x_i.$$

取极限,得到曲边梯形面积的精确值为

$$S = \lim_{\|T\| \to 0} \sum_{i=1}^{n} f(\xi_i)\Delta x_i = \int_a^b f(x)\mathrm{d}x.$$

在定积分的实际应用中,采取一种简化且比较直观的分析方法,从而将所求量表示成定积分,这种方法通常称为**微元法**.它对解决实际问题是很方便的,在工程技术和物理学中广泛应用.

应用微元法,导出所求量 U 的积分式的步骤如下:

(1) 选取积分变量 x,并确定它的变化区间 $[a,b]$.

(2) 在 $[a,b]$ 上取代表性小区间 $[x,x+\Delta x]$,求出该小区间上所求量的增量 ΔU 的近似表达式

$$\Delta U \approx f(x)\Delta x, \tag{4.8}$$

而且当 $\Delta x \to 0$ 时,$\Delta U - f(x)\Delta x = o(\Delta x)$,亦即

$$\mathrm{d}U = f(x)\mathrm{d}x,$$

其中 f 为某一连续函数.

(3) 利用可加性,把量 U 的元素 $\mathrm{d}U$"累加"成总量 U,即以 $\mathrm{d}U$ 为积分表达式,在 $[a,b]$ 上作定积分

$$U = \int_a^b f(x)\mathrm{d}x.$$

微元法略去了 $\Delta x \to 0$ 的极限过程以及在运算过程中可能出现的高阶无穷小量,使用起来非常方便且应用广泛.在采用微元法时,必须注意如下两点:

(1) 所求的量 U 关于区间具有可加性;

(2) 微元法的关键是正确给出 ΔU 的近似表达式(4.8).一般地,验证 $\Delta U - f(x)\Delta x$ 为 Δx 的高阶无穷小量,往往不是件容易的事.

4.3.2 定积分的几何应用

1. 平面图形的面积

应用定积分计算平面图形的面积,对于在不同坐标系下的情形分别加以介绍.

(1) 若平面图形由连续曲线 $y=f(x)$,x 轴及 $x=a$,$x=b(a<b)$ 所围成,则其面积 S 为

$$S = \int_a^b |f(x)|\mathrm{d}x.$$

(2) 若平面图形由连续曲线 $y=f(x)$,$y=g(x)$,$x=a$ 及 $x=b(a<b)$ 所围成,则所求面积 S 为

$$S = \int_a^b |f(x) - g(x)|\mathrm{d}x.$$

例 4.53 求由抛物线 $y^2=x$ 和直线 $x-y=2$ 所围成的区域的面积.

解 易得 $y^2=x$ 与 $x-y=2$ 的两个交点$(1,-1)$和$(4,2)$. 取 y 为积分变量，则所求面积为

$$S=\int_{-1}^{2}[(y+2)-y^2]\mathrm{d}y=4\frac{1}{2}.$$

例 4.54 求由椭圆$\frac{x^2}{a^2}+\frac{y^2}{b^2}=1$所围成的平面区域的面积 S.

解 由区域的对称性，求出第一象限部分面积，然后乘以 4 即可. 第一象限的椭圆方程为

$$y=\frac{b}{a}\sqrt{a^2-x^2},\quad 0\leqslant x\leqslant a,$$

则

$$S=4\int_0^a y\,\mathrm{d}x=4\int_0^a\frac{b}{a}\sqrt{a^2-x^2}\,\mathrm{d}x.$$

令 $x=a\cos t, 0\leqslant t\leqslant\frac{\pi}{2}$，则

$$S=4ab\int_0^{\frac{\pi}{2}}\sin^2 t\,\mathrm{d}t=\pi ab.$$

(3) 若平面图形由连续曲线 $r=r(\theta)$，$\theta=\alpha$ 及 $\theta=\beta(\alpha<\beta)$ 所围成(图 4.2). 利用微元法，任取小区间$[\theta,\theta+\Delta\theta]\subset[\alpha,\beta]$，则面积 ΔS 的增量可近似表示为

$$\Delta S\approx\frac{1}{2}r^2(\theta)\cdot\Delta\theta,$$

从而

$$\mathrm{d}S=\frac{1}{2}r^2(\theta)\mathrm{d}\theta,$$

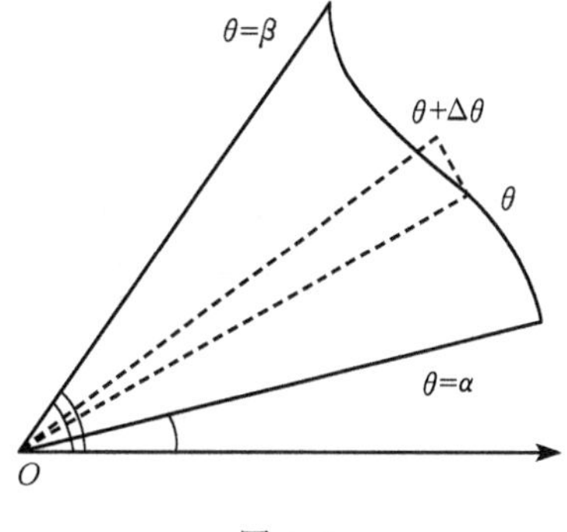

图 4.2

故其面积为

$$S=\frac{1}{2}\int_\alpha^\beta r^2(\theta)\mathrm{d}\theta.$$

例 4.55 求心形线 $r=a(1+\cos\theta)$所围成的图形面积.

解 心形线关于 x 轴对称，故面积为

$$S=2\cdot\frac{1}{2}\int_0^\pi a^2(1+\cos\theta)^2\mathrm{d}\theta=a^2\int_0^\pi(1+\cos\theta)^2\mathrm{d}\theta=\frac{3}{2}\pi a^2.$$

2. 某些特殊几何体的体积

设空间中一几何体位于平面 $x=a$ 和 $x=b$ 之间，若对任意 $x\in[a,b]$，过 x 点

且与 x 轴垂直的平面与该几何体相截，若截面的面积 $A(x)$ 是已知的，且 $A(x)$ 又是 $[a,b]$ 上的连续函数，则可利用微元法求出它的体积，具体过程如下：

任取小区间 $[x,x+\Delta x]\subset[a,b]$，相应的小薄片的立体的体积近似等于底面积为 $A(x)$，高为 Δx 的小薄柱体的体积，即体积微元为

$$\mathrm{d}V = A(x)\mathrm{d}x,$$

则立体体积为

$$V = \int_a^b A(x)\mathrm{d}x.$$

利用此公式，容易得到旋转体的体积公式.

设函数 $f(x)$ 在 $[a,b]$ 上连续. 对于由 $0\leqslant y\leqslant |f(x)|$ 与 $a\leqslant x\leqslant b$ 所围成的平面图形绕 x 轴旋转一周得到的旋转体，若用过 x 点且与 x 轴垂直的平面去截，得到的截面显然是一个半径为 $|f(x)|$ 的圆(图 4.3). 因此它的面积为

$$A(x) = \pi(f(x))^2,$$

所以该旋转体的体积公式为

$$V = \pi\int_a^b (f(x))^2\mathrm{d}x.$$

例 4.56 求底面积为 S，高为 h 的圆锥体(图 4.4)的体积 V.

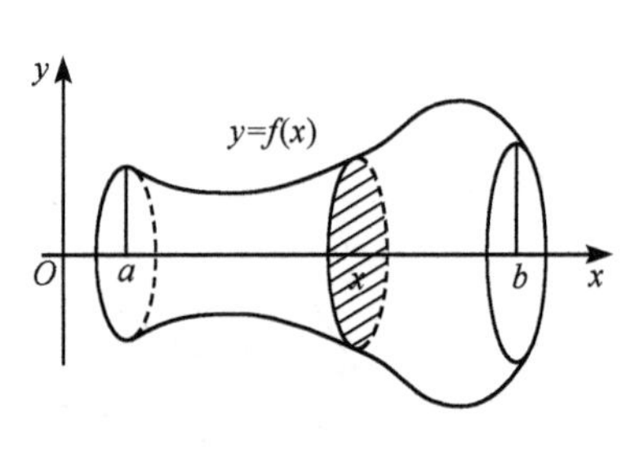

图 4.3

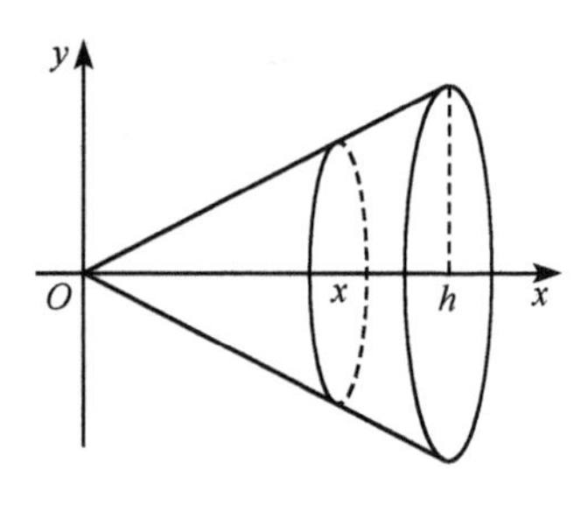

图 4.4

解 由 $\dfrac{A(x)}{S}=\dfrac{x^2}{h^2}$，故

$$V = \int_a^b A(x)\mathrm{d}x = \int_0^h \frac{Sx^2}{h^2}\mathrm{d}x = \frac{1}{3}Sh.$$

例 4.57 求由圆 $x^2+(R-y)^2=r^2(0<r<R)$ 绕 x 轴旋转一周所成的环状立体的体积.

解 如图 4.5 所示，圆 $x^2+(R-y)^2=r^2$ 的上、下半圆分别为

$$y=f_2(x)=R+\sqrt{r^2-x^2},$$

$$y=f_1(x)=R-\sqrt{r^2-x^2},\quad -r\leqslant x\leqslant r.$$

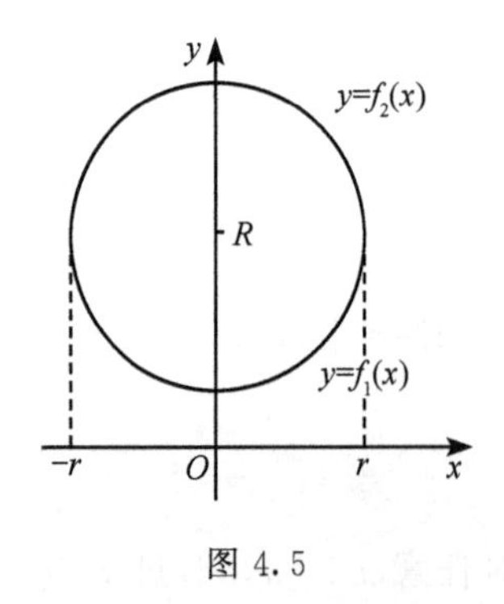

图 4.5

其截面面积函数为

$$A(x)=\pi[f_2(x)]^2-\pi[f_1(x)]^2=4\pi R\sqrt{r^2-x^2},\quad -r\leqslant x\leqslant r.$$

故圆环体的体积为

$$V=8\pi R\int_0^r\sqrt{r^2-x^2}\,\mathrm{d}x=2\pi^2r^2R.$$

例 4.58 过坐标原点作曲线 $y=\ln x$ 的切线,该切线与曲线 $y=\ln x$ 及 x 轴围成平面图形 D.

(1) 求 D 的面积 S;

(2) 求 D 绕直线 $x=\mathrm{e}$ 旋转一周所得旋转体的体积 V.

解 (1) 如图 4.6(a),设切点横坐标为 x_0,则曲线在点$(x_0,\ln x_0)$处的切线方程为

$$y=\ln x_0+\frac{1}{x_0}(x-x_0).$$

又切线过原点,从而得 $x_0=\mathrm{e}$. 故该切线方程为 $y=\dfrac{x}{\mathrm{e}}$. 所以 D 的面积为

$$S=\int_0^1(\mathrm{e}^y-\mathrm{e}y)\mathrm{d}y=\frac{\mathrm{e}}{2}-1.$$

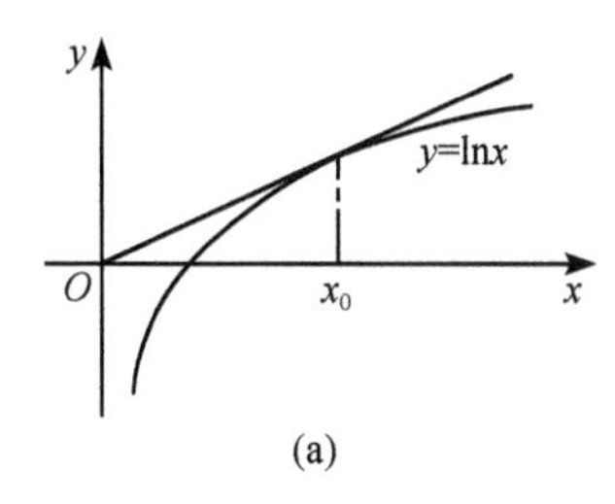

(a)

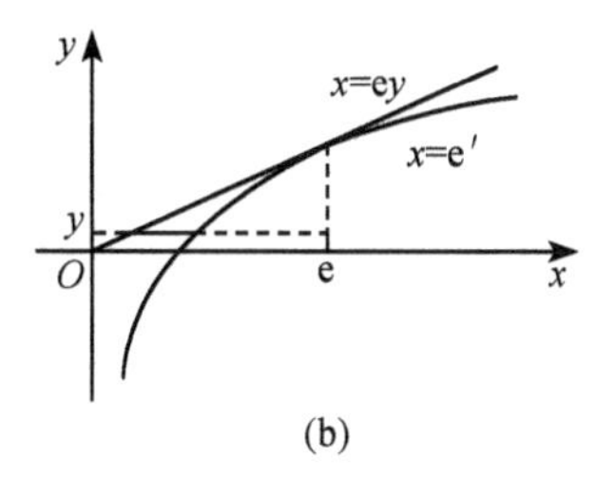

(b)

图 4.6

(2) 如图 4.6(b),截面面积为

$$A(y)=\pi(\mathrm{e}-\mathrm{e}y)^2-\pi(\mathrm{e}-\mathrm{e}^y)^2.$$

因此所得旋转体的体积为

$$V=\pi\int_0^1[(\mathrm{e}-\mathrm{e}y)^2-(\mathrm{e}-\mathrm{e}^y)^2]\mathrm{d}y=\frac{\pi}{6}(5\mathrm{e}^2-12\mathrm{e}+3).$$

3. 平面曲线的弧长

(1) 设平面曲线 C 由方程

$$y=f(x),\quad x\in[a,b]$$

表示(图 4.7),其中 $f(x)$在$[a,b]$上有连续的导数,求其弧长 s.

任取小区间$[x,x+\Delta x]\subset[a,b]$,则曲线 C 在区间$[x,x+\Delta x]$上对应的弧段

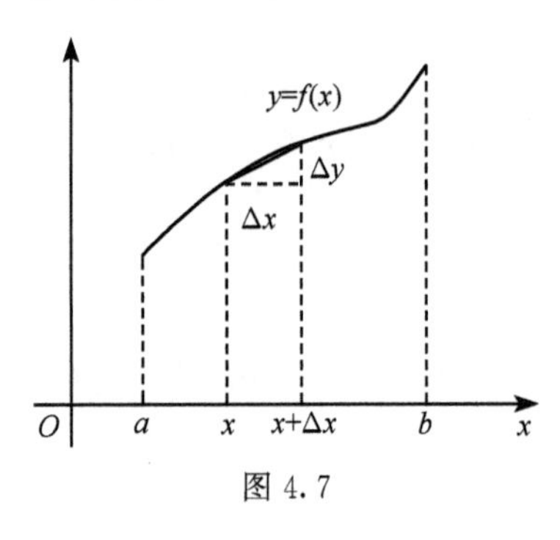

图 4.7

Δs 可近似表示为

$$\Delta s \approx \sqrt{(\Delta x)^2 + (\Delta y)^2}.$$

从而弧微分为

$$\mathrm{d}s = \sqrt{(\mathrm{d}x)^2 + (\mathrm{d}y)^2} = \sqrt{1+(y')^2}\,\mathrm{d}x,$$

于是曲线 C 的弧长为

$$s = \int_a^b \sqrt{1+(y')^2}\,\mathrm{d}x.$$

(2) 若平面曲线由参数方程 $x=x(t)$，$y=y(t)$，$\alpha \leqslant t \leqslant \beta$ 所确定，且 $x'(t)$，$y'(t)$在$[\alpha,\beta]$上连续，$x'^2(t)+y'^2(t)\neq 0$，$x(\alpha)=a$，$x(\beta)=b$. 由于

$$\mathrm{d}x = x'(t)\mathrm{d}t,\quad \mathrm{d}y = y'(t)\mathrm{d}t,\quad \mathrm{d}s = \sqrt{x'^2(t)+y'^2(t)}\,\mathrm{d}t.$$

于是曲线弧长为

$$s = \int_\alpha^\beta \sqrt{x'^2(t)+y'^2(t)}\,\mathrm{d}t.$$

(3) 若平面曲线由极坐标方程 $r=r(\theta)$，$\alpha \leqslant \theta \leqslant \beta$ 所确定，且 $r'(\theta)$在$[\alpha,\beta]$上连续，可将极坐标方程化为以 θ 为参数的参数方程

$$x = r(\theta)\cos\theta,\quad y = r(\theta)\sin\theta,\quad \alpha \leqslant \theta \leqslant \beta.$$

因此

$$x' = r'(\theta)\cos\theta - r(\theta)\sin\theta,\quad y' = r'(\theta)\sin\theta + r(\theta)\cos\theta.$$

于是曲线弧长为

$$s = \int_\alpha^\beta \sqrt{r^2(\theta)+r'^2(\theta)}\,\mathrm{d}\theta.$$

例 4.59　证明半径等于 r 的圆周长为 $2\pi r$.

证明　圆的参数方程

$$x = r\cos t,\quad y = r\sin t,\quad 0 \leqslant t \leqslant 2\pi,$$

则圆的周长为

$$s = \int_0^{2\pi} \sqrt{r^2\sin^2 t + r^2\cos^2 t}\,\mathrm{d}t = \int_0^{2\pi} r\,\mathrm{d}t = 2\pi r.$$

4.3.3　定积分的物理应用：变力沿直线做功

由中学物理知识，一个物体受与物体位移方向一致的常力 F 作用，沿直线由 a 移动到 b，则力 F 所做的功为

$$W = F(b-a).$$

如果力 $F(x)$是变力，即随物体的位置变化而变化. 物体沿直线由 a 移动到 b，力 $F(x)$所做的功就不能用上式计算. 用微元法讨论，设 $F(x)$为连续函数，在$[a,b]$

上任取小区间$[x,x+\mathrm{d}x]$,在这个小区间上变力变化很小,可以近似看作常力,即可得功的微元为

$$\mathrm{d}W = F(x)\mathrm{d}x,$$

则变力在$[a,b]$上所做的功为

$$W = \int_a^b F(x)\mathrm{d}x.$$

例 4.60 为清除井底的污泥,用缆绳将抓斗放入井底,抓起污泥后提出井口.已知井深 30m,抓斗自重 400N,缆绳每米重 50N,抓斗抓起的污泥重 2000N,提升速度为 3m/s,在提升过程中,污泥以 20N/s 的速度从抓斗缝隙中漏掉.现将抓起污泥的抓斗提升到井口,问克服重力需做多少焦耳的功(图 4.8)?

说明:(1) 1N×1m=1J;m,N,s,J 分别表示米、牛顿、秒、焦耳;

(2) 抓斗的高度及位于井口上方的缆绳长度忽略不计.

解 建立如图 4.8 所示的坐标系.克服重力需做功

$$w = w_1 + w_2 + w_3,$$

其中 w_1 是克服抓斗自重做的功;w_2 是克服缆绳重量所做的功;w_3 是提升污泥所做的功,则

$$w_1 = 400 \times 30 = 12000(\mathrm{J}).$$

由 $\mathrm{d}w_2=50(30-x)\mathrm{d}x$,得

$$w_2 = \int_0^{30} 50(30-x)\mathrm{d}x = 22500(\mathrm{J}).$$

再由 $\mathrm{d}w_3=\left(2000-20\cdot\dfrac{x}{3}\right)\mathrm{d}x$,得

$$w_2 = \int_0^{30}\left(2000-20\cdot\frac{x}{3}\right)\mathrm{d}x = 57000(\mathrm{J}),$$

所以克服重力需做功

$$w = w_1 + w_2 + w_3 = 91500(\mathrm{J}).$$

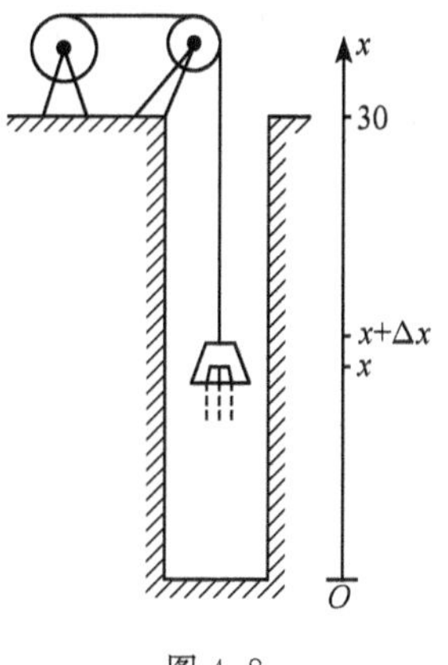

图 4.8

例 4.61 从地面垂直向上发射质量为 m 的火箭,当火箭距地面为 r 时,求火箭克服地球引力所做的功.如果火箭脱离地球引力范围,问火箭的初速度 v_0 有多大?

解 已知两质点之间的引力公式为 $f=k\dfrac{m_1m_2}{r^2}$,其中 m_1 与 m_2 分别为两质点的质量,r 为两质点间的距离,k 是引力常数.设地球的半径为 R,地球的质量为 M,当火箭距地面高度为 x 时,火箭受到的地球引力为

$$f(x) = k\frac{Mm}{(R+x)^2}.$$

为了确定引力常数 k,将 $x=0$ 时,$f=mg$ 代入上式,可得 $k=\dfrac{R^2g}{M}$.于是火箭受

到的地球引力为

$$f(x)=\frac{R^2mg}{(R+x)^2}.$$

在 x 处火箭升高 $\mathrm{d}x$,则在 x 处火箭克服地球引力所做的功微元

$$\mathrm{d}W=f(x)\mathrm{d}x=\frac{R^2mg}{(R+x)^2}\mathrm{d}x.$$

于是当火箭距地面为 r 时,火箭克服地球引力所做的功为

$$W=\int_0^r\frac{R^2mg}{(R+x)^2}\mathrm{d}x=R^2mg\left(\frac{1}{R}-\frac{1}{R+r}\right).$$

当火箭脱离地球引力范围时,即相当于 r 无限增大时,火箭克服地球引力所做的功为

$$W_\infty=\lim_{r\to\infty}R^2mg\left(\frac{1}{R}-\frac{1}{R+r}\right)=Rmg.$$

火箭做的功全部转化为火箭的位能,而位能来源于动能.若火箭离开地面时的初速度是 v_0,则它的动能是 $\frac{1}{2}mv_0^2$. 于是给予火箭的动能要不小于火箭克服地球引力所需做的功,即

$$\frac{1}{2}mv_0^2\geqslant Rmg\ 或\ v_0\geqslant\sqrt{2Rg}.$$

已知 $g=9.81\mathrm{m/s^2}$,地球半径 $R=6.371\times10^6\mathrm{m}$,则

$$v_0\geqslant\sqrt{2\times6.371\times10^6\times9.81}\approx11.2\times10^3(\mathrm{m/s}),$$

即第二宇宙速度.

习　题　4.3

1. 求下列曲线所围的图形面积:

(1) $y=|\ln x|,y=0,x=0.1,x=10$;

(2) $\begin{cases}x=a(t-\sin t),\\ y=a(1-\cos t),\end{cases}t\in[0,2\pi],y=0$;

(3) $r^2=a^2\cos2\theta$.

2. 求下列曲线的弧长:

(1) $y^2=4x$,从(0,0)到(1,2)的一段;

(2) $\begin{cases}x=a(t-\sin t),\\ y=a(1-\cos t),\end{cases}t\in[0,2\pi]$.

3. 求下列各曲面所围成的立体的体积:

(1) $x^2+y^2=a^2,\quad x^2+z^2=a^2$;

(2) $x^2+y^2+z^2=3,\quad 2z=x^2+y^2$.

4. 求下列曲线绕指定轴旋转一周所围成的旋转体的体积:

(1) $\frac{x^2}{a^2}+\frac{y^2}{b^2}=1$ 绕 x 轴；

(2) $y=\sin x, y=0, 0\leqslant x\leqslant\pi$ 分别绕 x 轴与 y 轴.

5. 设 $f(x)\geqslant 0$ 是连续函数，用微元法导出由 $0\leqslant a\leqslant x\leqslant b, 0\leqslant y\leqslant f(x)$ 所表示的区域绕 y 轴旋转一周所成的旋转体的体积为

$$V = 2\pi\int_a^b x f(x)\mathrm{d}x,$$

并求 $y=\sin x, y=0, 0\leqslant x\leqslant\pi$，围成的图形绕 y 轴旋转一周所围成的旋转体的体积.

6. 一圆柱形水池半径 10m，高 30m，内有一半的水，求将水全部抽干所做的功.

7. 一物体的运动规律为 $s=3t^3-t$，介质的阻力与速度的平方成正比，求物体从 $t=1$ 运动至 $t=T$ 时阻力所做的功.

8. 从深井吊水，吊桶自重 4kg，缆绳每米重 2kg，从 30m 深的水井吊水，初始时桶内装有 40kg 的水，并以 2m/s 的速度匀速上升，且桶内水以 0.2kg/s 速率从桶壁小孔流出，问将一桶水从井底吊至井口需做多少功.

第 4 章总练习题

1. 求不定积分：

(1) $\int\left[\ln(\ln x)+\frac{1}{\ln x}\right]\mathrm{d}x$；

(2) $\int\frac{1}{x(x^n+4)}\mathrm{d}x$；

(3) $\int\frac{1}{\sqrt{1+\mathrm{e}^{2x}}}\mathrm{d}x$；

(4) $\int x^2(x+1)^n\mathrm{d}x$；

(5) $\int\sin(\ln x)\mathrm{d}x$；

(6) $\int\frac{1}{x\sqrt{1+x^2}}\mathrm{d}x$；

(7) $\int\frac{\arcsin x}{\sqrt{1-x}}\mathrm{d}x$；

(8) $\int\frac{1}{\sqrt{2+\tan^2 x}}\mathrm{d}x$；

(9) $\int\mathrm{e}^x\left(\frac{1-x}{1+x^2}\right)^2\mathrm{d}x$；

(10) $\int\frac{x\mathrm{e}^x}{(x+1)^2}\mathrm{d}x$；

(11) $\int\frac{\sin x}{1+\sin x}\mathrm{d}x$；

(12) $\int\frac{x+1}{x^2+x+1}\mathrm{d}x$；

(13) $\int(x+1)\sqrt{x^2-2x+5}\mathrm{d}x$；

(14) $\int\frac{x-1}{\sqrt{x^2+x+1}}\mathrm{d}x$.

2. 求下列定积分：

(1) $\int_0^1\frac{\mathrm{d}x}{\sqrt{1+\mathrm{e}^{2x}}}$；

(2) $\int_0^1\left(\frac{x-1}{x+1}\right)^4\mathrm{d}x$；

(3) $\int_0^1\frac{x^2+1}{x^4+1}\mathrm{d}x$；

(4) $\int_1^{\sqrt{2}}\frac{\mathrm{d}x}{x\sqrt{1+x^2}}$；

(5) $\int_0^1 x\sqrt{\frac{x}{2-x}}\mathrm{d}x$；

(6) $\int_0^{\frac{1}{2}}x^2(1-4x^2)^{10}\mathrm{d}x$；

(7) $\int_{-\pi}^{\pi}\sin^n x\mathrm{d}x$；

(8) $\int_0^{\pi}\cos^n x\mathrm{d}x$；

(9) $\int_0^a (a^2 - x^2)^n \mathrm{d}x$； (10) $\int_1^{\mathrm{e}} x \ln^n x \, \mathrm{d}x$.

3. 求下列极限：

(1) $\lim\limits_{n\to\infty}\left(\frac{2^{\frac{1}{n}}}{n+1}+\frac{2^{\frac{2}{n}}}{n+\frac{1}{2}}+\cdots+\frac{2^{\frac{n}{n}}}{n+\frac{1}{n}}\right)$；

(2) $\lim\limits_{n\to\infty}\int_0^1 \frac{x^n}{1+x}\mathrm{d}x$；

(3) $\lim\limits_{n\to\infty}\int_n^{n+p} \frac{\sin x}{x}\mathrm{d}x, p \in \mathbf{N}$.

4. 设 f 在$[0,1]$上连续，且对 $\forall x\in[0,1]$, $f(x)>0$，求

$$\lim_{n\to\infty}\sqrt[n]{f\left(\frac{1}{n}\right)\cdot f\left(\frac{2}{n}\right)\cdot \cdots \cdot f\left(\frac{n-1}{n}\right)\cdot f(1)}.$$

5. 设函数 $f(x)$在$[0,1]$上连续且可导，而且当 $x\in(0,1)$时，有 $0<f'(x)<1$, $f(0)=0$. 证明：

$$\left[\int_0^1 f(x)\mathrm{d}x\right]^2 > \int_0^1 f^3(x)\mathrm{d}x.$$

6. 设函数 $f(x)$为$[0,1]$上二阶可导且 $f''(x)\leqslant 0$. 证明：

$$\int_0^1 f(x^n)\mathrm{d}x \leqslant f\left(\frac{1}{n+1}\right),\quad n\in\mathbf{N}_+.$$

7. 设函数 $f(x)$在$[a,b]$上可微且 f' 连续，$f(a)=0$. 求证：

$$\int_a^b [f(x)]^2\mathrm{d}x \leqslant \frac{(b-a)^2}{2}\int_a^b [f'(x)]^2\mathrm{d}x.$$

8. 设函数 $f(x)$在$[a,b]$上有连续的导数且 $f(a)=0$. 求证：

$$\left|\int_a^b f(x)\mathrm{d}x\right| \leqslant \frac{(b-a)^2}{2}\max_{x\in[a,b]}|f'(x)|.$$

9. 设函数 $f(x)$在$[0,2\pi]$上连续. 证明：

$$\lim_{n\to\infty}\int_0^{2\pi} f(x)\,|\sin nx|\,\mathrm{d}x = \frac{2}{\pi}\int_0^{2\pi} f(x)\mathrm{d}x.$$

10. 设函数 $f(x)$为$[0,2\pi]$上的单调递减函数. 证明：对 $\forall n\in\mathbf{N}_+$，恒有

$$\int_0^{2\pi} f(x)\sin nx\,\mathrm{d}x \geqslant 0.$$

11. 证明：若 $f(x)$在$[a,b]$上连续且 $f(x)>0$，则

$$\ln\left(\frac{1}{b-a}\int_a^b f(x)\mathrm{d}x\right) \geqslant \frac{1}{b-a}\int_a^b \ln f(x)\mathrm{d}x.$$

12. 设 $f(x)$在$(-\infty,+\infty)$上连续且单调递减，$f(x)>0$；又

$$a_n = \sum_{k=1}^n f(k) - \int_1^n f(x)\mathrm{d}x.$$

证明：$\{a_n\}$为收敛数列.

13. 设 $f(x)$在$[a,b]$上二阶可导，$f\left(\frac{a+b}{2}\right)=0$，记 $M=\sup\limits_{a\leqslant x\leqslant b}|f''(x)|$，证明：

$$\left|\int_a^b f(x)\mathrm{d}x\right| \leqslant \frac{M(b-a)^3}{24}.$$

14. 设直线 $y=ax(0<a<1)$ 与抛物线 $y=x^2$ 所围成的图形的面积为 S_1，且它们与直线 $x=1$ 所围成图形的面积为 S_2.

(1) 确定 a 的值，使得 S_1+S_2 达到最小，并求出最小值；

(2) 该最小值所对应的平面图形绕 x 轴旋转一周所得旋转体的体积.

15. 设 $f(x)$ 在 $[0,1]$ 上有连续的导数，$f(0)=0$，$f(1)=1$，则

$$\int_0^1 |f'(x)-f(x)|\,\mathrm{d}x \geqslant \frac{1}{\mathrm{e}}.$$

第 5 章　多元函数的微分学

在前面讨论的函数只含有一个变量,这样的函数称为**一元函数**. 但是在许多实际问题中常常涉及多方面的因素,反映在数学上,就是函数依赖于多个变量的情形,这样的函数称为**多元函数**. 本章开始将讨论多元函数微积分学的基本理论和基本方法. 讨论中以二元函数为主,因为从一元函数到二元函数会出现许多新的问题. 在掌握了二元函数的有关理论和方法后,其结果可以推广到更一般的多元函数上. 同讨论一元函数微分学的情形类似,先介绍预备知识.

5.1　多元函数的基本概念

5.1.1　平面点集

一元函数 $y=f(x)$ 的定义域是 x 轴上的点集,而二元函数 $z=f(x,y)$ 的定义域是平面上的点集. 坐标平面上具有某种性质 P 的点的全体,称为**平面点集**,记作

$$E=\{(x,y)\mid (x,y)\text{ 具有性质 }P\}.$$

例如,平面上以原点为中心,R 为半径的圆内所有点的集合是

$$E=\{(x,y)\mid x^2+y^2<R^2\}.$$

再如,平面上所有点的集合是

$$\mathbf{R}^2=\{(x,y)\mid x\in\mathbf{R},y\in\mathbf{R}\},$$

即 $\mathbf{R}^2$ 表示坐标平面.

下面引入平面中的邻域及其相关概念.

(1) 设 $P(x_1,y_1)$,$Q(x_2,y_2)$ 是 $\mathbf{R}^2$ 上的两点,则称

$$|P-Q|=\sqrt{(x_1-x_2)^2+(y_1-y_2)^2}$$

为 P 与 Q 间的距离,记为 $\rho(P,Q)$,即

$$\rho(P,Q)=\sqrt{(x_1-x_2)^2+(y_1-y_2)^2}.$$

(2) 设 $P_0(x_0,y_0)$ 是 $\mathbf{R}^2$ 上的一点,$\delta>0$,则称集合

$$\left\{(x,y)\mid \sqrt{(x-x_0)^2+(y-y_0)^2}<\delta\right\}$$

为点 P_0 的一个 δ **圆形邻域**,简称 P_0 的 δ **邻域**,记为 $U(P_0,\delta)$ 或 $U(P_0)$.

称集合 $\left\{(x,y)\mid 0<\sqrt{(x-x_0)^2+(y-y_0)^2}<\delta\right\}$ 为点 P_0 的一个 δ **空心邻域**,记为 $U^\circ(P_0,\delta)$ 或 $U^\circ(P_0)$.

称集合 $\{(x,y)\mid |x-x_0|<\delta,|y-y_0|<\delta\}$ 为点 P_0 的 δ **方形邻域**,也简称邻

域，也记为$U(P_0,\delta)$或$U(P_0)$.

容易证明：**点 P_0 的任何一个圆形邻域内必包含点 P_0 的一个方形邻域；反之亦然.**

(3) 设 $P_0(x_0,y_0)$是平面点集 E 上的一点，

(i) 若存在 P_0 的一个 δ 邻域 $U(P_0,\delta)$，使 $U(P_0,\delta)$完全含于点集 E 内，即 $U(P_0,\delta)\subset E$，则称 P_0 为 E 的一个**内点**；

(ii) 若点集 E 中每一点都是 E 的内点，则称点集 E 为**开集**；

(iii) 若点集 E 是开集，且点集 E 中任何两点 P 和 Q 都可用一条完全含于 E 的折线连接起来(此性质也称为**连通性**)，则称点集 E 为**开区域**.

(4) 设 E 是一个平面点集，$P_0(x_0,y_0)$是 $\mathbf{R}^2$ 上一点，

(i) 若点 P_0 的任何邻域$U(P_0)$内都含有点集 E 中的无穷多个点，则称点 P_0 为点集 E 的一个**聚点**. 若点集 E 的所有聚点都属于 E，则称点集 E 为**闭集**；

(ii) 若点 P_0 的任何邻域$U(P_0)$内既含有点集 E 中的点，又含有不属于点集 E 的点，则称点 P_0 为 E 的**界点**. 点集 E 的所有界点组成的集合，称为点集 E 的边界，记为 ∂E；

(iii) 开区域连同其边界所组成的点集称为**闭区域**.

(5) 设 $P_n(x_n,y_n)$是 $\mathbf{R}^2$ 中的一串点列，$P_0(x_0,y_0)$是 $\mathbf{R}^2$ 中的点，若对 $\forall\varepsilon>0$，$\exists N>0$，当 $n>N$ 时，有

$$\rho(P_n,P_0)<\varepsilon,$$

即

$$\sqrt{(x_n-x_0)^2+(y_n-y_0)^2}<\varepsilon,$$

则称点列$\{P_n\}$以 P_0 为极限，记为

$$\lim_{n\to\infty}P_n=P_0 \text{ 或 } P_n\to P_0,\quad n\to\infty.$$

显然，$\lim\limits_{n\to\infty}P_n=P_0$ 等价于$\lim\limits_{n\to\infty}x_n=x_0$ 且$\lim\limits_{n\to\infty}y_n=y_0$.

事实上，此结果由不等式

$$\begin{cases}|x_n-x_0|\leqslant\sqrt{(x_n-x_0)^2+(y_n-y_0)^2},\\|y_n-y_0|\leqslant\sqrt{(x_n-x_0)^2+(y_n-y_0)^2}\end{cases}$$

和

$$\sqrt{(x_n-x_0)^2+(y_n-y_0)^2}\leqslant|x_n-x_0|+|y_n-y_0|$$

立即可得.

(6) 设 E 为平面上的一个点集，若存在 $M>0$，使 $E\subset U(O,M)$或$\forall P(x,y)\in E$，有$|x|\leqslant M$，$|y|\leqslant M$，则称 E 为**有界集**. 否则称 E 为**无界集**.

5.1.2 二元函数的概念

定义 5.1 设 D 是 $\mathbf{R}^2$ 中的一个非空集合，若存在一个对应关系 f，使得对 D

中的每个点 $P(x,y)$，通过 f 都有唯一的实数 $z\in\mathbf{R}$ 与之对应，则称 f 是从 D 到 $\mathbf{R}$ 的**二元函数**，其中点集 D 称为函数 $f(x,y)$ 的**定义域**，$P\in D$ 所对应的 z 称为 $f(x,y)$ 在点 P 的**函数值**，记为 $z=f(x,y)$. 全体函数值的集合称为函数 $f(x,y)$ 的**值域**，记为

$$f(D)=\{z\,|\,z=f(x,y),(x,y)\in D\}\subset\mathbf{R}.$$

类似于一元函数的情形，使函数关系有意义的平面上的点 (x,y) 的集合，称为二元函数的（自然）**定义域**.

三维空间 $\mathbf{R}^3$ 中的点集

$$G(f)=\{(x,y,z)\,|\,z=f(x,y),(x,y)\in D\}$$

称为二元函数 $z=f(x,y)$ 的**图像**，它一般是空间中的一个曲面（图 5.1）.

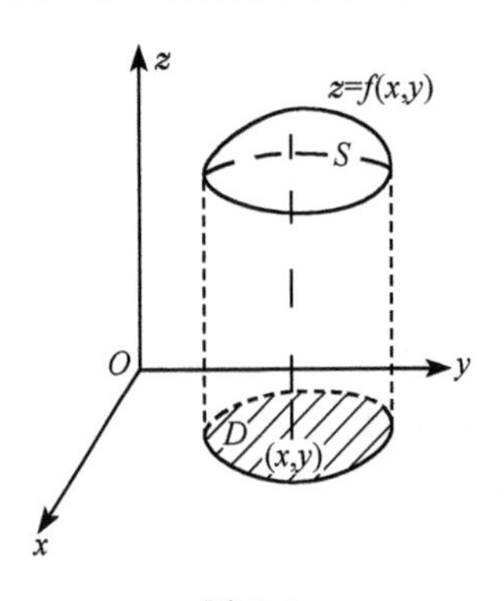

图 5.1

5.1.3　n 维欧氏空间

n 个有顺序的实数构成的实数组 $(x_1,x_2,\cdots,x_n)$ 称为一个 n **维点**，n 维点全体所成的集合称为 n **维向量空间**，记为 $\mathbf{R}^n$. $\mathbf{R}^n$ 中的点也称为 n **维向量**，记为 $\boldsymbol{X}(x_1,x_2,\cdots,x_n)$，其中 $x_1,x_2,\cdots,x_n$ 称为 n 个**分量**或**坐标**，称 $\boldsymbol{O}(0,0,\cdots,0)$ 为 $\mathbf{R}^n$ 中的**零向量**或**原点**.

在 $\mathbf{R}^n$ 中可定义如下运算：

设 $\boldsymbol{X}(x_1,x_2,\cdots,x_n)$，$\boldsymbol{Y}(y_1,y_2,\cdots,y_n)$ 是 $\mathbf{R}^n$ 中任意两点，α 为任意实数，

(1) 称 $\boldsymbol{X}=\boldsymbol{Y}$ 当且仅当 $x_i=y_i, i=1,2,\cdots,n$；

(2) 称 $\boldsymbol{X}+\boldsymbol{Y}=(x_1+y_1,\cdots,x_n+y_n)$ 为 $\boldsymbol{X}$ 与 $\boldsymbol{Y}$ 的**和**；

(3) 称 $\alpha\boldsymbol{X}=(\alpha x_1,\alpha x_2,\cdots,\alpha x_n)$ 为数 α 与 $\boldsymbol{X}$ 的**乘积**；

(4) 称 $\boldsymbol{X}\cdot\boldsymbol{Y}=\langle\boldsymbol{X},\boldsymbol{Y}\rangle=x_1y_1+\cdots+x_ny_n$ 为 $\boldsymbol{X}$ 与 $\boldsymbol{Y}$ 的**内积**.

易证，内积有如下性质：

(1) $\langle\boldsymbol{X},\boldsymbol{Y}\rangle=\langle\boldsymbol{Y},\boldsymbol{X}\rangle$；

(2) $\langle\alpha\boldsymbol{X},\boldsymbol{Y}\rangle=\alpha\langle\boldsymbol{X},\boldsymbol{Y}\rangle$；

(3) $\langle\boldsymbol{X}+\boldsymbol{Y},\boldsymbol{Z}\rangle=\langle\boldsymbol{X},\boldsymbol{Z}\rangle+\langle\boldsymbol{Y},\boldsymbol{Z}\rangle$.

把定义了内积的 n 维空间称为 n 维欧几里得(Euclid)空间，简称 n **维欧氏空间**，仍以 $\mathbf{R}^n$ 记之.

在 $\mathbf{R}^n$ 中，定义

$$\|\boldsymbol{X}\|=\sqrt{\langle\boldsymbol{X},\boldsymbol{X}\rangle}=\sqrt{x_1{}^2+\cdots+x_n{}^2},\quad \boldsymbol{X}=(x_1,\cdots,x_n)\in\mathbf{R}^n$$

为 $\boldsymbol{X}$ 的**模**或**范数**.

易证对 $\forall\,\boldsymbol{X},\boldsymbol{Y}\in\mathbf{R}^n$，有

(1) **三角不等式**：$\|\boldsymbol{X}\pm\boldsymbol{Y}\|\leqslant\|\boldsymbol{X}\|+\|\boldsymbol{Y}\|$；

(2) **柯西不等式**:$|\langle \boldsymbol{X},\boldsymbol{Y}\rangle| \leqslant \|\boldsymbol{X}\| \cdot \|\boldsymbol{Y}\|$.

$\mathbf{R}^n$ 中点 $\boldsymbol{X}(x_1,\cdots,x_n)$ 与点 $\boldsymbol{Y}(y_1,\cdots,y_n)$ 之间的**距离**定义为

$$\rho(\boldsymbol{X},\boldsymbol{Y}) = \|\boldsymbol{X}-\boldsymbol{Y}\| = \sqrt{(x_1-y_1)^2+\cdots+(x_n-y_n)^2}.$$

易证距离满足如下性质:

(1) $\rho(\boldsymbol{X},\boldsymbol{Y}) \geqslant 0$ 且 $\rho(\boldsymbol{X},\boldsymbol{Y})=0$ 当且仅当 $\boldsymbol{X}=\boldsymbol{Y}$;

(2) $\rho(\boldsymbol{X},\boldsymbol{Y})=\rho(\boldsymbol{Y},\boldsymbol{X})$;

(3) $\rho(\boldsymbol{X},\boldsymbol{Y}) \leqslant \rho(\boldsymbol{X},\boldsymbol{Z})+\rho(\boldsymbol{Y},\boldsymbol{Z})$, $\boldsymbol{X},\boldsymbol{Y},\boldsymbol{Z}\in\mathbf{R}^n$.

与二元函数类似,可在 $\mathbf{R}^n$ 中给出相应的函数概念.

定义 5.2 设 D 是 $\mathbf{R}^n$ 中一个非空集合,若存在一个对应关系 f,使得对 D 中每个点 $\boldsymbol{X}(x_1,x_2,\cdots,x_n)$,通过 f 都有唯一的实数 $z\in\mathbf{R}$ 与之对应,则称 f 是从 D 到 $\mathbf{R}$ 的 n 元函数,记为

$$z = f(x_1,x_2,\cdots,x_n),$$

其中 D 称为**定义域**.

$$f(D) = \{z \mid z = f(x_1,x_2,\cdots,x_n),(x_1,x_2,\cdots,x_n)\in D\} \subset \mathbf{R}$$

称为 n 元函数 $z=f(x_1,\cdots,x_n)$ 的**值域**.

习 题 5.1

1. 判定下列平面点集中哪些是开集、闭集、开区域、闭区域、有界集、无界集?并分别指出它们的聚点所成的集合与界点所成的集合.

(1) $\{(x,y) \mid x\neq 0, y\neq 0\}$; (2) $[a,b)\times[c,d)$;

(3) $\{(x,y) \mid 1<x^2+y^2\leqslant 4\}$; (4) $\{(x,y) \mid xy=0\}$.

2. 设 E 为平面点集,则 P_0 为 E 的聚点的充要条件是:存在各点互不相同的点列 $\{P_n\}\subset E$, $P_n\neq P_0$,使得 $\lim\limits_{n\to\infty}P_n=P_0$.

3. 证明:平面点列 $\{P_n\}$ 收敛的充要条件是:$\forall\varepsilon>0$,存在正数 N,当 $n>N$ 时,对一切自然数 p,有 $\rho(P_n,P_{n+p})<\varepsilon$.

4. 证明:点 $P_0(x_0,y_0)$ 的任何一个圆形邻域内一定包含点 P_0 的一个方形邻域,反之亦然.

5. 求下列函数的定义域:

(1) $z=\ln(y^2-2x+1)$; (2) $z=\dfrac{x+y}{x-y}$;

(3) $z=\sqrt{x-\sqrt{y}}$; (4) $z=\sqrt{\cos(x^2+y^2)}$.

6. 若 $f\left(x+y,\dfrac{y}{x}\right)=x^2-y^2$,求 $f(x,y)$.

5.2 二元函数的极限和连续

5.2.1 二元函数极限的概念

二元函数极限的概念与一元函数极限的概念是非常相似的,但是极限过程中,

自变量 x,y 的变化过程较一元函数的情形要复杂得多.

定义 5.3　设函数 $z=f(x,y)$ 在点 $P_0(x_0,y_0)$ 的某空心邻域 $U^\circ(P_0)$ 内有定义,A 是一个常数. 若 $\forall\varepsilon>0$,存在 $\delta>0$,当 $P(x,y)\in U^\circ(P_0,\delta)\subset U^\circ(P_0)$ 时,有

$$|f(x,y)-A|<\varepsilon,$$

则称**数 A 为函数** $f(x,y)$ 当 $P\to P_0$ 的**极限**. 记为

$$\lim_{P\to P_0}f(P)=A \quad 或 \quad \lim_{\substack{x\to x_0\\ y\to y_0}}f(x,y)=A \quad 或 \quad \lim_{(x,y)\to(x_0,y_0)}f(x,y)=A.$$

注 5.1　定义中 P_0 的空心邻域 $U^\circ(P_0,\delta)$ 可以是 P_0 的空心圆邻域,也可以是 P_0 的空心方邻域.

注 5.2　极限 $\lim\limits_{P\to P_0}f(P)=A$ 与 $f(P)$ 在点 P_0 处的取值无关.

注 5.3　定义中的极限也称为**二重极限**,二重极限 $\lim\limits_{\substack{x\to x_0\\ y\to y_0}}f(x,y)=A$ 的存在与点 $P(x,y)$ 趋近于点 $P_0(x_0,y_0)$ 的方向和路径的选取均无关. 由此可知,若极限 $\lim\limits_{\substack{x\to x_0\\ y\to y_0}}f(x,y)$ 与点 $P(x,y)$ 趋近于点 $P_0(x_0,y_0)$ 的方向或路径有关,则二重极限 $\lim\limits_{\substack{x\to x_0\\ y\to y_0}}f(x,y)$ 一定不存在.

注 5.4　若固定 $y\neq y_0$,极限 $\lim\limits_{x\to x_0}f(x,y)=\varphi(y)$ 存在,且 $\lim\limits_{y\to y_0}\varphi(y)=A$ 也存在,则称 A 为函数 $f(x,y)$ 在点 $P_0(x_0,y_0)$ 处**先对 x 后对 y 的累次极限**,记为

$$\lim_{y\to y_0}\lim_{x\to x_0}f(x,y).$$

同理,可定义 $f(x,y)$ 在点 $P_0(x_0,y_0)$ 处**先对 y 后对 x 的累次极限**,记为

$$\lim_{x\to x_0}\lim_{y\to y_0}f(x,y).$$

一般来说,二重极限与累次极限之间没有必然的联系.

(1) 两个累次极限都存在,并且相等,但二重极限可以不存在.

例 5.1　考虑函数 $f(x,y)=\dfrac{xy}{x^2+y^2}$.

解　显然

$$\lim_{x\to 0}\lim_{y\to 0}\frac{xy}{x^2+y^2}=\lim_{x\to 0}0=0,\quad \lim_{y\to 0}\lim_{x\to 0}\frac{xy}{x^2+y^2}=0.$$

但是当点 (x,y) 沿直线 $y=kx$ 趋于 $(0,0)$ 时,则有

$$\lim_{\substack{(x,y)\to(0,0)\\ y=kx}}\frac{xy}{x^2+y^2}=\lim_{x\to 0}\frac{kx^2}{(1+k^2)x^2}=\frac{k}{1+k^2},$$

即该极限与直线 $y=kx$ 的斜率 k 有关,所以 $\lim\limits_{(x,y)\to(0,0)}f(x,y)$ 不存在.

注 5.5　当动点 (x,y) 沿任何直线趋于 (x_0,y_0) 时,相应的函数 $f(x,y)$ 的极限

都存在且相等,但这也不表明极限 $\lim\limits_{(x,y)\to(x_0,y_0)} f(x,y)$ 存在.例如,

$$f(x,y)=\begin{cases}1, & 0<y<x^2, -\infty<x<+\infty,\\ 0, & \text{其余部分}.\end{cases}$$

(2) 二重极限存在,但累次极限可以不存在.

例 5.2 考虑函数 $f(x,y)=(x+y)\sin\frac{1}{x}\cdot\sin\frac{1}{y}$.

解 由于 $\left|(x+y)\sin\frac{1}{x}\cdot\sin\frac{1}{y}\right|\leqslant|x|+|y|$,故对 $\forall\varepsilon>0$,取 $\delta=\frac{\varepsilon}{2}>0$,当 $|x|<\delta$, $|y|<\delta$ 且 $(x,y)\neq(0,0)$ 时,有

$$|f(x,y)-0|\leqslant|x|+|y|<\frac{\varepsilon}{2}+\frac{\varepsilon}{2}=\varepsilon.$$

所以

$$\lim_{(x,y)\to(0,0)} f(x,y)=0.$$

但由于 $\lim\limits_{x\to 0} x\sin\frac{1}{x}\sin\frac{1}{y}=0$,而 $\lim\limits_{x\to 0} y\sin\frac{1}{x}\sin\frac{1}{y}$ 不存在,从而

$$\lim_{y\to 0}\lim_{x\to 0} f(x,y)\text{ 不存在}.$$

同理, $\lim\limits_{x\to 0}\lim\limits_{y\to 0} f(x,y)$ 也不存在.

定理 5.1 设 $f(x,y)$ 在 $P_0(x_0,y_0)$ 的空心邻域 $U^{\circ}(P_0)$ 内有定义,若 $\lim\limits_{\substack{x\to x_0\\ y\to y_0}} f(x,y)$ 与 $\lim\limits_{x\to x_0}\lim\limits_{y\to y_0} f(x,y)$ 都存在,则 $\lim\limits_{\substack{x\to x_0\\ y\to y_0}} f(x,y)=\lim\limits_{x\to x_0}\lim\limits_{y\to y_0} f(x,y)$.

证明 设 $\lim\limits_{\substack{x\to x_0\\ y\to y_0}} f(x,y)=A$,则 $\forall\varepsilon>0$, $\exists\delta>0$,当 $|x-x_0|<\delta$, $|y-y_0|<\delta$ 且 $(x,y)\neq(x_0,y_0)$ 时,有

$$|f(x,y)-A|<\varepsilon. \tag{5.1}$$

又由题设知对固定 $x\neq x_0$, $|x-x_0|<\delta$,有 $\lim\limits_{y\to y_0} f(x,y)=\varphi(x)$ 存在.所以,在式(5.1)两边令 $y\to y_0$ 有

$$|\varphi(x)-A|\leqslant\varepsilon \tag{5.2}$$

式(5.2)表明 $\forall\varepsilon>0$, $\exists\delta>0$,当 $0<|x-x_0|<\delta$ 时,有

$$|\varphi(x)-A|\leqslant\varepsilon,$$

即

$$\lim_{x\to x_0}\varphi(x)=A.$$

所以

$$\lim_{x\to x_0}\lim_{y\to y_0} f(x,y)=A.$$

推论 5.1　设 $f(x,y)$ 在点 $P_0(x_0,y_0)$ 的空心邻域 $U^{\circ}(P_0)$ 内有定义，若 $\lim\limits_{\substack{x\to x_0\\y\to y_0}} f(x,y)$ 与 $\lim\limits_{y\to y_0}\lim\limits_{x\to x_0} f(x,y)$，$\lim\limits_{x\to x_0}\lim\limits_{y\to y_0} f(x,y)$ 都存在，则三者必然相等.

推论 5.2　若 $\lim\limits_{x\to x_0}\lim\limits_{y\to y_0} f(x,y)$ 与 $\lim\limits_{y\to y_0}\lim\limits_{x\to x_0} f(x,y)$ 均存在但不相等，则 $\lim\limits_{\substack{x\to x_0\\y\to y_0}} f(x,y)$ 一定不存在.

二元函数的二重极限有类似于一元函数极限的一些性质：极限的唯一性、局部保号性、局部有界性、迫敛性、四则运算法则等.

5.2.2　二元函数连续的概念

定义 5.4　设函数 $z=f(x,y)$ 在区域 D 上有定义，$P_0(x_0,y_0)\in D$ 且是 D 的聚点. 如果当 $(x,y)\in D$ 时，有

$$\lim_{\substack{x\to x_0\\y\to y_0}} f(x,y)=f(x_0,y_0),$$

则称函数 $f(x,y)$ 在点 $P_0(x_0,y_0)$ 处连续.

定义 5.4 的“ε-δ”叙述形式为

函数 $f(x,y)$ 在 $P_0(x_0,y_0)$ 的邻域内有定义，若对 $\forall\varepsilon>0$，$\exists\delta>0$，当 $\sqrt{(x-x_0)^2+(y-y_0)^2}<\delta$（或 $|x-x_0|<\delta$，$|y-y_0|<\delta$）时，有

$$|f(x,y)-f(x_0,y_0)|<\varepsilon,$$

则称 $z=f(x,y)$ 在点 $P_0(x_0,y_0)$ 处**连续**.

注 5.6　若 $f(x,y)$ 在区域 D 内每一点都连续，则称 $f(x,y)$ 在区域 D 上连续.

注 5.7　对于一元函数 $z=f(x)$，若在 (a,b) 内连续，可把它看成特殊的二元函数 $z=f(x,y)\equiv f(x)$，则 $f(x)$ 在 $a<x<b$，$-\infty<y<+\infty$ 内连续.

注 5.8　若 $f(x_0,y)$ 在 $y=y_0$ 连续（或 $f(x,y_0)$ 在 $x=x_0$ 连续），则称 $f(x,y)$ 在 $P_0(x_0,y_0)$ 处**关于 y 连续**（或**关于 x 连续**）.

与一元连续函数的性质类似，二元连续函数也有相应的结论. 不加证明叙述如下：

定理 5.2（复合函数的连续性定理）　设二元函数 $u=\varphi(x,y)$ 和 $v=\psi(x,y)$ 在 $P_0(x_0,y_0)$ 点连续，函数 $z=f(u,v)$ 在点 (u_0,v_0) 连续，其中 $u_0=\varphi(x_0,y_0)$，$v_0=\psi(x_0,y_0)$，则复合函数 $z=f(\varphi(x,y),\psi(x,y))$ 在点 P_0 连续.

定理 5.3（最值定理）　设二元函数 $z=f(x,y)$ 在有界闭区域 D 上连续，则 $f(x,y)$ 在 D 上存在最大值 M 和最小值 m，即存在 (x_1,y_1)，$(x_2,y_2)\in D$，使对一切 $(x,y)\in D$，有

$$m=f(x_1,y_1)\leqslant f(x,y)\leqslant f(x_2,y_2)=M.$$

当二元函数 $f(x,y)$ 在有界闭区域 D 上连续时，$f(x,y)$ 在 D 上一定有界，既存在 $M>0$，使对一切 $(x,y)\in D$，有 $|f(x,y)|\leqslant M$.

定理 5.4（介值性定理） 设二元函数 $z=f(x,y)$ 在区域 D 上连续，$P_1,P_2\in D$ 且 $f(P_1)<f(P_2)$，则对任何介于 $f(P_1)$ 和 $f(P_2)$ 之间的实数 C，在区域 D 上至少存在一点 (x_0,y_0)，使

$$f(x_0,y_0)=C.$$

定理 5.5（一致连续性定理） 设二元函数 $z=f(x,y)$ 在有界闭区域 D 上连续，则 $f(x,y)$ 在 D 上一致连续，即

对 $\forall\varepsilon>0$，$\exists\delta=\delta(\varepsilon)>0$，使对任何 $P(x_1,y_1)$，$Q(x_2,y_2)\in D$，当 $\rho(P,Q)<\delta$，即 $\sqrt{(x_1-x_2)^2+(y_1-y_2)^2}<\delta$ 时，有

$$|f(x_1,y_1)-f(x_2,y_2)|<\varepsilon.$$

例 5.3 设二元函数 $f(x,y)$ 在区域 D 上关于 x 连续，且对变量 y 满足利普希茨条件：即存在 $L>0$，使对任何 (x,y_1)，$(x,y_2)\in D$ 有

$$|f(x,y_1)-f(x,y_2)|\leqslant L|y_1-y_2|.$$

证明 $f(x,y)$ 在区域 D 上连续.

证明 任取 $(x_0,y_0)\in D$，对固定的 y_0，由于 $f(x,y_0)$ 在 x_0 连续，故对 $\forall\varepsilon>0$，$\exists\delta_1>0$，当 $|x-x_0|<\delta_1$ 时，有

$$|f(x,y_0)-f(x_0,y_0)|<\frac{\varepsilon}{2}. \tag{5.3}$$

又由于 $f(x,y)$ 关于 y 满足利普希茨条件，故

$$|f(x,y)-f(x,y_0)|\leqslant L|y-y_0|. \tag{5.4}$$

取 $\delta=\min\left\{\delta_1,\frac{\varepsilon}{2L}\right\}$. 由式(5.3)和式(5.4)知，当 $|x-x_0|<\delta$，$|y-y_0|<\delta$ 时，有

$$\begin{aligned}&|f(x,y)-f(x_0,y_0)|\\ \leqslant\ &|f(x,y)-f(x,y_0)|+|f(x,y_0)-f(x_0,y_0)|\\ <\ &\frac{\varepsilon}{2}+L|y-y_0|<\frac{\varepsilon}{2}+\frac{\varepsilon}{2}=\varepsilon,\end{aligned}$$

所以 $f(x,y)$ 在 (x_0,y_0) 连续. 由 (x_0,y_0) 的任意性，$f(x,y)$ 在 D 上连续.

习 题 5.2

1. 求下列极限：

(1) $\lim\limits_{\substack{x\to 0\\ y\to a}}\dfrac{\sin(xy)}{x}$； (2) $\lim\limits_{\substack{x\to 1\\ y\to 0}}\dfrac{\ln(x+e^y)}{\sqrt{x^2+y^2}}$；

(3) $\lim\limits_{\substack{x\to+\infty\\ y\to+\infty}}\dfrac{x^2+y^2}{x^4+y^4}$； (4) $\lim\limits_{\substack{x\to\infty\\ y\to a}}\left(1+\dfrac{1}{x}\right)^{\frac{x^2}{x+y^2}}$；

(5) $\lim\limits_{\substack{x\to+\infty\\ y\to+\infty}}\left(\dfrac{xy}{x^2+y^2}\right)^x$；　　(6) $\lim\limits_{\substack{x\to0\\ y\to0}}\dfrac{\sin(x^3+y^3)}{x^2+y^2}$；

(7) $\lim\limits_{\substack{x\to+\infty\\ y\to+\infty}}(x^2+y^2)\mathrm{e}^{-(x+y)}$；　　(8) $\lim\limits_{\substack{x\to0\\ y\to0}}(x^2+y^2)^{x^2y^2}$.

2. 设 $f(x,y)=\begin{cases}\dfrac{x-y}{x+y}, & (x,y)\neq(0,0),\\ 0, & (x,y)=(0,0),\end{cases}$ 证明：$\lim\limits_{x\to0}\lim\limits_{y\to0}f(x,y)$ 与 $\lim\limits_{y\to0}\lim\limits_{x\to0}f(x,y)$ 都存在，但 $\lim\limits_{\substack{x\to0\\ y\to0}}f(x,y)$ 不存在.

3. 证明：$f(x,y)=x\sin\dfrac{1}{y}+y\sin\dfrac{1}{x}$ 在点(0,0)处二重极限存在，但两个累次极限不存在.

4. 求下列函数在(0,0)点处的累次极限：

(1) $f(x,y)=\dfrac{x-y+x^2+y^2}{x+y}$；

(2) $f(x,y)=\dfrac{\sin(xy)}{x^2+y^2}$.

5. 讨论函数 $f(x,y)=\begin{cases}\dfrac{x^4y^4}{(x^2+y^4)^3}, & x^2+y^2\neq0,\\ 0, & x^2+y^2=0\end{cases}$ 在点(0,0)的连续性.

6. 讨论函数 $f(x,y)=\begin{cases}xy\dfrac{x^2-y^2}{x^2+y^2}, & x^2+y^2\neq0,\\ 0, & x^2+y^2=0\end{cases}$ 在点(0,0)的连续性.

7. 证明：函数 $f(x,y)=\begin{cases}\dfrac{xy}{x^3+y^3}, & x^2+y^2\neq0,\\ 0, & x^2+y^2=0\end{cases}$ 在点(0,0)处分别关于 x 和 y 都是连续的，但在(0,0)不连续.

8. 若 $f(x,y)$ 在区域 D 上分别关于变量 x 和 y 连续，且对任何固定 y，$f(x,y)$ 是 x 的单调函数，证明：$f(x,y)$ 在 D 上连续.

9. 确定 β 的范围，使 $\lim\limits_{\substack{x\to0^+\\ y\to0^+}}\dfrac{(x+y)^\beta}{x^2+y^2}=0$.

10. 设 $f(x,y)$ 在 $\mathbf{R}^2$ 连续，$\lim\limits_{\substack{x\to\infty\\ y\to\infty}}f(x,y)=A\in\mathbf{R}$，讨论 $f(x,y)$ 在 $\mathbf{R}^2$ 上的有界性.

11. 已知在 $P_0(x_0,y_0)$ 的某邻域内有 $f(x,y)\leqslant g(x,y)\leqslant h(x,y)$，且 $f(x,y)$，$h(x,y)$ 在该邻域内连续，那么是否必有 $g(x,y)$ 在 $P_0(x_0,y_0)$ 点连续？

5.3　偏导数与全微分

5.3.1　偏导数的概念

在一元函数的情形，用一元函数的导数研究了函数的各种性态和性质. 对多元函数,也常通过对其中一个变量的导数来研究函数的变化,这就是多元函数的偏导数问题.下面仍以二元函数为例进行讨论.

设 $z=f(x,y)$ 在 $U(P_0)$ 内有定义,记 $\Delta x=x-x_0$,$\Delta y=y-y_0$,则

$$\Delta z = f(x,y) - f(x_0,y_0) = f(x_0+\Delta x, y_0+\Delta y) - f(x_0,y_0)$$

称为 $z=f(x,y)$ 在点 $P_0=(x_0,y_0)$ 处的**全增量**.

特别地,若 $\Delta y=0$,则称 $f(x_0+\Delta x,y_0)-f(x_0,y_0)$ 为 $f(x,y)$ 在点 P_0 处**关于 x 的偏增量**,记为 $\Delta_x z$.

若 $\Delta x=0$,则称 $f(x_0,y_0+\Delta y)-f(x_0,y_0)$ 为 $f(x,y)$ 在点 P_0 处关于 y 的偏增量,记为 $\Delta_y z$.

定义 5.5 设函数 $z=f(x,y)$ 在区域 D 上有定义,$P_0(x_0,y_0)\in D$,若对 $\forall (x_0+\Delta x,y_0)\in D$,极限

$$\lim_{\Delta x\to 0}\frac{f(x_0+\Delta x,y_0)-f(x_0,y_0)}{\Delta x}$$

存在,则称此极限值为函数 $f(x,y)$ 在点 P_0 关于 x 的**偏导数**. 记为

$$f'_x(x_0,y_0),\quad \left.\frac{\partial z}{\partial x}\right|_{P_0} \text{或} \left.\frac{\partial f}{\partial x}\right|_{P_0}.$$

同理,若极限

$$\lim_{\Delta y\to 0}\frac{f(x_0,y_0+\Delta y)-f(x_0,y_0)}{\Delta y}$$

存在,则称此极限值为函数 $f(x,y)$ 在点 P_0 关于 y 的**偏导数**,记为

$$f'_y(x_0,y_0),\quad \left.\frac{\partial z}{\partial y}\right|_{P_0} \text{或} \left.\frac{\partial f}{\partial y}\right|_{P_0}.$$

注 5.9 在定义 5.5 中,$f(x,y)$ 在点 (x_0,y_0) 存在关于 x(或 y)的偏导数,$f(x,y)$ 至少在

$$\{(x,y)\,|\,y=y_0,|x-x_0|<\delta\}\ (\text{或}\{(x,y)\,|\,x=x_0,|y-y_0|<\delta\})$$

上有定义.

从偏导数定义可知,多元函数的偏导数就是多元函数分别对其中一个自变量求导数.多元函数对某一个自变量求偏导数时,把其他自变量都看作常数,归结为一元函数的求导问题,因此一元函数的求导运算法则对多元函数求偏导数运算都适用.

若 $z=f(x,y)$ 在区域 D 上每一点 (x,y) 处都存在对 x(或 y)的偏导数,则得到函数 $z=f(x,y)$ 在区域 D 上对 x(或 y)的**偏导函数**(简称**偏导数**),记作

$$f'_x(x,y),\quad \frac{\partial z}{\partial x},\quad \frac{\partial f}{\partial x}\left(\text{或 } f'_y(x,y),\frac{\partial z}{\partial y},\quad \frac{\partial f}{\partial y}\right).$$

例 5.4 求下列函数的偏导数 $\frac{\partial z}{\partial x},\frac{\partial z}{\partial y}$:

(1) $z=\ln(x^2+y^3)$;

(2) $z=x^y, x>0$.

解　(1) $\dfrac{\partial z}{\partial x}=\dfrac{2x}{x^2+y^3}$,　$\dfrac{\partial z}{\partial y}=\dfrac{3y^2}{x^2+y^3}$.

(2) $\dfrac{\partial z}{\partial x}=yx^{y-1}$,　$\dfrac{\partial z}{\partial y}=x^y\ln x$.

例 5.5　已知理想气体的状态方程是 $pV=RT$, $R\neq 0$ 为常数,求证

$$\frac{\partial p}{\partial V}\cdot\frac{\partial V}{\partial T}\cdot\frac{\partial T}{\partial p}=-1.$$

证明　由

$$p=\frac{RT}{V}\Rightarrow\frac{\partial p}{\partial V}=-\frac{RT}{V^2};$$

$$V=\frac{RT}{p}\Rightarrow\frac{\partial V}{\partial T}\frac{R}{p};$$

$$T=\frac{pV}{R}\Rightarrow\frac{\partial T}{\partial p}=\frac{V}{R}.$$

所以

$$\frac{\partial p}{\partial V}\cdot\frac{\partial V}{\partial T}\cdot\frac{\partial T}{\partial p}=-\frac{RT}{V^2}\cdot\frac{R}{p}\cdot\frac{V}{R}=-\frac{RT}{pV}=-1.$$

例 5.6　求函数 $f(x,y)=x^3+2x^2y-y^3$ 在点(1,3)处的偏导数.

解　解法一　先求偏导函数,再代入.

$$f'_x(x,y)=3x^2+4xy,\quad f'_y(x,y)=2x^2-3y^2,$$

所以

$$f'_x(1,3)=(3x^2+4xy)\big|_{(1,3)}=15;$$

$$f'_y(1,3)=(2x^2-3y^2)\big|_{(1,3)}=-25.$$

解法二　由 $f(x,3)=x^3+6x^2-27$,得

$$f'_x(x,3)=3x^2+12x,$$

所以

$$f'_x(1,3)=(3x^2+12x)\big|_{x=1}=15.$$

同理

$$f'_y(1,3)=(2-3y^2)\big|_{y=3}=-25.$$

解法三　利用偏导数的定义

$$f'_x(1,3)=\lim_{\Delta x\to 0}\frac{f(1+\Delta x,3)-f(1,3)}{\Delta x}$$

$$=\lim_{\Delta x\to 0}\frac{(\Delta x)^3+4(\Delta x)^2+15\Delta x}{\Delta x}=15.$$

类似可得

$$f'_y(1,3)=\lim_{\Delta y\to 0}\frac{f(1,3+\Delta y)-f(1,3)}{\Delta y}=-25.$$

例 5.7 设 $f(x,y)=\begin{cases}\dfrac{xy}{x^2+y^2}, & (x,y)\neq(0,0),\\ 0, & (x,y)=(0,0),\end{cases}$ 求 $f'_x(x,y),f'_y(x,y)$.

解 当$(x,y)\neq(0,0)$时,

$$f'_x(x,y)=\frac{y(y^2-x^2)}{(x^2+y^2)^2},\quad f'_y(x,y)=\frac{x(x^2-y^2)}{(x^2+y^2)^2};$$

当$(x,y)=(0,0)$时,

$$f'_x(0,0)=\lim_{\Delta x\to 0}\frac{f(\Delta x,0)-f(0,0)}{\Delta x}=0,$$

$$f'_y(0,0)=\lim_{\Delta y\to 0}\frac{f(0,\Delta y)-f(0,0)}{\Delta y}=0.$$

所以

$$f'_x(x,y)=\begin{cases}\dfrac{y(y^2-x^2)}{(x^2+y^2)^2}, & (x,y)\neq(0,0),\\ 0, & (x,y)=(0,0);\end{cases}$$

$$f'_y(x,y)=\begin{cases}\dfrac{x(x^2+y^2)}{(x^2+y^2)^2}, & (x,y)\neq(0,0),\\ 0, & (x,y)=(0,0).\end{cases}$$

注 5.10 二元函数 $z=f(x,y)$在点(x_0,y_0)的偏导数的**几何意义**:

设 $M_0(x_0,y_0,f(x_0,y_0))$为曲面 $z=f(x,y)$上的一点,过 M_0 作平面 $y=y_0$,它与曲面的交线

$$c_1:\begin{cases}z=f(x,y),\\ y=y_0\end{cases}$$

是平面 $y=y_0$ 上的一条曲线. 则导数 $\left.\dfrac{\mathrm{d}}{\mathrm{d}x}f(x,y_0)\right|_{x=x_0}$ (即 $f'_x(x_0,y_0)$)就是曲线 c_1 在点 M_0 处的切线 M_0R 对 x 轴的斜率(图 5.2). 类似地,偏导数 $f'_y(x_0,y_0)$的几何意义是曲面被平面 $x=x_0$ 所截得的曲线在点 M_0 处的切线 M_0T 对 y 轴的斜率.

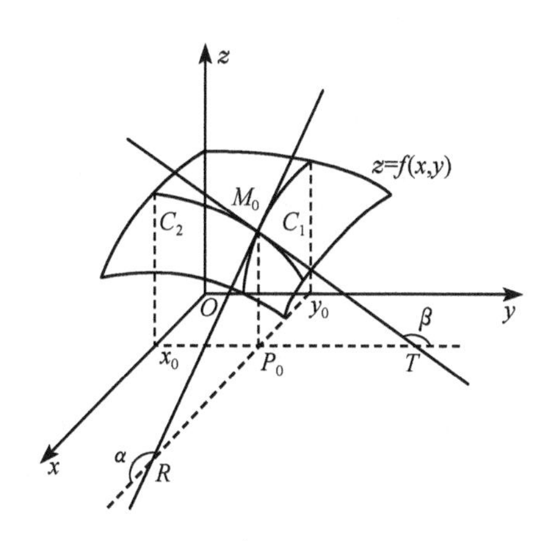

图 5.2

5.3.2 中值定理

在一元函数的微分学中学过中值定理:

若 $f(x)$ 在 (a,b) 上可微，$x_0, x_0+\Delta x\in(a,b)$，则

$$f(x_0+\Delta x)-f(x_0)=f'(x_0+\theta\cdot\Delta x)\cdot\Delta x,$$

其中 $0<\theta<1$.

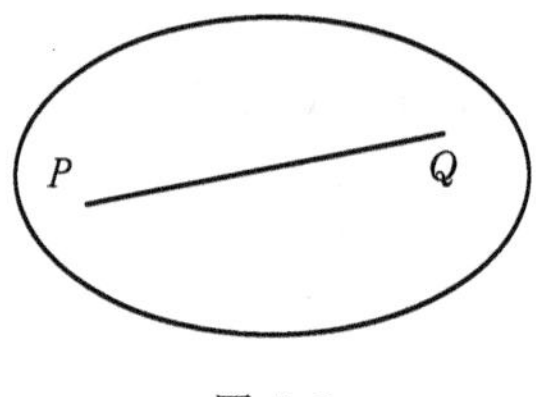

图 5.3

对于二元函数 $z=f(x,y)$，当 $f(x,y)$ 在凸区域上存在偏导数 f'_x, f'_y 时，也有类似的中值定理. 所谓凸区域是指对区域 D 内任何两点 $P(x_1,y_1), Q(x_2,y_2)$，P 与 Q 的连线段仍完全含于 D 内(图 5.3). 用数学语言叙述为 $\forall P(x_1,y_1), Q(x_2,y_2)\in D$，对任何 $0\leqslant\lambda\leqslant1$，恒有

$$(x_1+\lambda(x_2-x_1), y_1+\lambda(y_2-y_1))\in D.$$

定理 5.6　设二元函数 $z=f(x,y)$ 在凸区域 D 上两个偏导数 f'_x 和 f'_y 都存在，则对于 D 内任何两点 $(x_0,y_0), (x_0+\Delta x, y_0+\Delta y)\in D$ 有

$$\begin{aligned}&f(x_0+\Delta x,y_0+\Delta y)-f(x_0,y_0)\\&=f'_x(x_0+\theta_1\Delta x,y_0+\Delta y)\cdot\Delta x+f'_y(x_0,y_0+\theta_2\Delta y)\cdot\Delta y,\end{aligned}$$

其中 $0<\theta_1<1, 0<\theta_2<1$.

证明　由于

$$\begin{aligned}&f(x_0+\Delta x,y_0+\Delta y)-f(x_0,y_0)\\&=[f(x_0+\Delta x,y_0+\Delta y)-f(x_0,y_0+\Delta y)]\\&\quad+[f(x_0,y_0+\Delta y)-f(x_0,y_0)].\end{aligned}$$

令 $\varphi(x)=f(x,y_0+\Delta y)$，则由一元函数的中值定理，得

$$\varphi(x_0+\Delta x)-\varphi(x_0)=\varphi'(x_0+\theta_1\Delta x)\cdot\Delta x,\quad 0<\theta_1<1,$$

即

$$f(x_0+\Delta x,y_0+\Delta y)-f(x_0,y_0+\Delta y)=f'_x(x_0+\theta_1\Delta x,y_0+\Delta y)\cdot\Delta x.$$

类似地，令 $\psi(y)=f(x_0,y)$，可得

$$f(x_0,y_0+\Delta y)-f(x_0,y_0)=f'_y(x_0,y_0+\theta_2\Delta y)\cdot\Delta y,\quad 0<\theta_2<1.$$

结论得证.

注 5.11　定理 5.6 中 θ_1 与 θ_2 一般并不一致.

推论 5.3　若二元函数 $f(x,y)$ 的两个偏导数 f'_x 和 f'_y 在凸区域 D 内的点 $P_0(x_0,y_0)$ 处连续，则对任何 $(x_0+\Delta x,y_0+\Delta y)\in D$，有

$$\begin{aligned}&f(x_0+\Delta x,y_0+\Delta y)-f(x_0,y_0)\\&=f'_x(x_0,y_0)\cdot\Delta x+f'_y(x_0,y_0)\cdot\Delta y+o(\rho),\end{aligned}$$

其中 $\rho=\sqrt{(\Delta x)^2+(\Delta y)^2}$.

证明　由假设 f'_x, f'_y 在 P_0 连续，则

$$\lim_{\substack{\Delta x\to0\\\Delta y\to0}}f'_x(x_0+\theta_1\Delta x,y_0+\Delta y)=f'_x(x_0,y_0)$$

或

$$f'_x(x_0+\theta_1\Delta x, y_0+\Delta y)=f'_x(x_0,y_0)+\alpha,$$

其中$\lim\limits_{\substack{\Delta x\to 0\\ \Delta y\to 0}}\alpha=0, 0<\theta_1<1$.

同理

$$f'_y(x_0,y_0+\theta_2\Delta y)=f'_y(x_0,y_0)+\beta,$$

其中$\lim\limits_{\substack{\Delta x\to 0\\ \Delta y\to 0}}\beta=0, 0<\theta_2<1$.

于是由定理 5.6 可知

$$\begin{aligned}&f(x_0+\Delta x, y_0+\Delta y)-f(x_0,y_0)\\ =\ &f'_x(x_0,y_0)\cdot\Delta x+f'_y(x_0,y_0)\cdot\Delta y+\alpha\Delta x+\beta\Delta y.\end{aligned}$$

而

$$\begin{aligned}0\leqslant\left|\frac{\alpha\Delta x+\beta\Delta y}{\rho}\right|&\leqslant|\alpha|\left|\frac{\Delta x}{\rho}\right|+|\beta|\left|\frac{\Delta y}{\rho}\right|\\ &\leqslant|\alpha|+|\beta|\to 0,\quad(\Delta x,\Delta y)\to(0,0),\end{aligned}$$

所以

$$\alpha\Delta x+\beta\Delta y=o(\rho).$$

于是

$$\begin{aligned}&f(x_0+\Delta x, y_0+\Delta y)-f(x_0,y_0)\\ =\ &f'_x(x_0,y_0)\cdot\Delta x+f'_y(x_0,y_0)\cdot\Delta y+o(\rho).\end{aligned}$$

推论 5.4 若二元函数 $z=f(x,y)$ 在区域 D 内的两个偏导数恒为 0,即 $f'_x=f'_y\equiv 0$,则 $f(x,y)=C$(常数).

此结论由定理 5.6 立即可得.

例 5.8 设二元函数 $f(x,y)$ 在区域 D 内有定义,若 f'_x 在 D 内有界,$f(x,y)$ 对于每个 x 是关于变量 y 的连续函数,证明 $f(x,y)$ 在 D 内连续.

证明 任取 $P_0(x_0,y_0)\in D$. 由假设,不妨设 $|f'_x(x,y)|\leqslant M$,则

$$\begin{aligned}&|f(x_0+\Delta x, y_0+\Delta y)-f(x_0,y_0)|\\ \leqslant\ &|f(x_0+\Delta x, y_0+\Delta y)-f(x_0,y_0+\Delta y)|\\ &+|f(x_0,y_0+\Delta y)-f(x_0,y_0)|\\ =\ &|f'_x(x_0+\theta_1\Delta x, y_0+\Delta y)|\cdot|\Delta x|\\ &+|f(x_0,y_0+\Delta y)-f(x_0,y_0)|\\ \leqslant\ &M\cdot|\Delta x|+|f(x_0,y_0+\Delta y)-f(x_0,y_0)|.\end{aligned}$$

由 $f(x,y)$ 关于 y 连续,对 $\forall\varepsilon>0$, $\exists\delta_1>0$,当 $|y-y_0|<\delta_1$, $(x_0,y)\in D$ 时,有

$$|f(x_0,y_0+\Delta y)-f(x_0,y_0)|<\frac{\varepsilon}{2}.$$

于是取 $\delta=\min\left\{\delta_1,\frac{\varepsilon}{2M}\right\}$,当 $|\Delta x|<\delta$, $|\Delta y|<\delta$, $(x,y)\in D$ 时,有

$$|f(x_0+\Delta x,y_0+\Delta y)-f(x_0,y_0)|<M\frac{\varepsilon}{2M}+\frac{\varepsilon}{2}=\varepsilon,$$

所以 $f(x,y)$ 在 P_0 连续. 再由 P_0 的任意性, $f(x,y)$ 在 D 内连续.

5.3.3　全微分的概念

与一元函数的情形类似,引入二元函数全微分的概念.

定义 5.6　设函数 $z=f(x,y)$ 在区域 D 内有定义,如果存在两个与 $\Delta x,\Delta y$ 无关的常量 A 和 B,使 $f(x,y)$ 在点 $P_0(x_0,y_0)$ 处的全增量 Δz 可表示为

$$\Delta z=f(x_0+\Delta x,y_0+\Delta y)-f(x_0,y_0)=A\cdot\Delta x+B\cdot\Delta y+o(\rho),$$

其中 $\rho=\sqrt{(\Delta x)^2+(\Delta y)^2}$, $o(\rho)$ 是 ρ 较高阶的无穷小量,则称函数 $f(x,y)$ 在点 P_0 **可微**,并称 $A\cdot\Delta x+B\cdot\Delta y$ 为 $f(x,y)$ 在点 P_0 处的**全微分**,记为 $\mathrm{d}z$,即

$$\mathrm{d}z\big|_{(x_0,y_0)}=A\cdot\Delta x+B\cdot\Delta y.$$

全微分有下述两种等价定义:

(1) $\Delta z=f(x_0+\Delta x,y_0+\Delta y)-f(x_0,y_0)=A\cdot\Delta x+B\cdot\Delta y+\alpha\cdot\rho$,
其中 $\lim\limits_{\rho\to 0}\alpha=0$.

(2) $\Delta z=f(x_0+\Delta x,y_0+\Delta y)-f(x_0,y_0)=A\cdot\Delta x+B\cdot\Delta y+\alpha\Delta x+\beta\Delta y$,
其中 $\lim\limits_{\rho\to 0}\alpha=0$, $\lim\limits_{\rho\to 0}\beta=0$.

定理 5.7(可微的必要条件)　若函数 $z=f(x,y)$ 在点 $P_0(x_0,y_0)$ 处可微,则 $f(x,y)$ 在点 P_0 处的两个偏导数都存在,且

$$A=f'_x(x_0,y_0),\quad B=f'_y(x_0,y_0).$$

证明　由条件及定义 5.6 知,存在两个与 Δx 和 Δy 无关的常量 A,B,使得

$$\Delta z=f(x_0+\Delta x,y_0+\Delta y)-f(x_0,y_0)=A\cdot\Delta x+B\cdot\Delta y+o(\rho).$$

特别地,取 $\Delta y=0$,有

$$\Delta_x z=f(x_0+\Delta x,y_0)-f(x_0,y_0)=A\cdot\Delta x+o(|\Delta x|),$$

所以

$$\lim_{\Delta x\to 0}\frac{f(x_0+\Delta x,y_0)-f(x_0,y_0)}{\Delta x}=A,$$

即

$$f'_x(x_0,y_0)=A.$$

同理,取 $\Delta x=0$,可得 $f'_y(x_0,y_0)=B$.

注 5.12　由定理 5.7 知若 $f(x,y)$ 在点 $P_0=(x_0,y_0)$ 处可微,则

$$\mathrm{d}z\big|_{(x_0,y_0)}=f'_x(x_0,y_0)\cdot\Delta x+f'_y(x_0,y_0)\cdot\Delta y.$$

与一元函数的情形一样,由于自变量的增量等于自变量的微分,即

$$\mathrm{d}x=\Delta x,\quad \mathrm{d}y=\Delta y.$$

所以上式可改写为

$$dz\big|_{(x_0,y_0)} = f'_x(x_0,y_0)\cdot dx + f'_y(x_0,y_0)\cdot dy.$$

注 5.13 若函数 $f(x,y)$ 在区域 D 内每一点 (x,y) 处可微,则称 $f(x,y)$ 在 D 内可微,且

$$dz = f'_x(x,y)\cdot dx + f'_y(x,y)\cdot dy,\quad (x,y)\in D.$$

同理,可定义三元函数 $\omega=f(x,y,z)$ 的全微分.

例 5.9 求下列函数的全微分 dz:

(1) $z=e^{x^2y}$;

(2) $u=\ln(x^2+y^4+z^3)$.

解 (1) $dz=\dfrac{\partial z}{\partial x}dx+\dfrac{\partial z}{\partial y}dy=2xye^{x^2y}dx+x^2e^{x^2y}dy.$

(2) $$du=\frac{\partial u}{\partial x}dx+\frac{\partial u}{\partial y}dx+\frac{\partial u}{\partial z}dz$$
$$=\frac{2x}{x^2+y^4+z^3}dx+\frac{4y^3}{x^2+y^4+z^3}dy+\frac{3z^2}{x^2+y^4+z^3}dz.$$

5.3.4 可微、偏导数存在和偏导数连续的关系

在一元函数中,函数可导与可微是等价的,并且由函数可导可推出函数连续,但对多元函数而言,上述论断不一定成立.下面分别说明可微、偏导数存在及偏导数连续之间的关系.

(1) 偏导数存在,但函数不一定连续.

例 5.10 若 $f(x,y)=\begin{cases}\dfrac{xy}{x^2+y^2}, & (x,y)\neq(0,0),\\ 0, & (x,y)=(0,0),\end{cases}$ 则 $f'_x(0,0)$,$f'_y(0,0)$ 均存在,但 $f(x,y)$ 在点 $(0,0)$ 处不连续.

证明 由例 5.1 与例 5.7 易知结论成立.

(2) 函数的偏导数都存在,但函数不一定可微.

例 5.11 若 $f(x,y)=\sqrt{|xy|}$,则 $f'_x(0,0)$,$f'_y(0,0)$ 均存在,但 $f(x,y)$ 在点 $(0,0)$ 不可微.

证明 由偏导数的定义易得 $f'_x(0,0)=f'_x(0,0)=0$.下面说明 $f(x,y)$ 在 $(0,0)$ 不可微.假设 $f(x,y)$ 在点 $(0,0)$ 可微,则由可微定义,有

$$\Delta f = f'_x(\Delta x,\Delta y)dx + f'_y(0,0)dy + o(\rho),$$

其中 $\rho=\sqrt{\Delta x^2+\Delta y^2}$,所以 $\lim\limits_{\rho\to0}\dfrac{\Delta f}{\rho}=0$.

又 $\Delta f=f(\Delta x,\Delta y)-f(0,0)=\sqrt{|\Delta x\cdot\Delta y|}$,若取 $\Delta y=\Delta x$,有

$$\lim_{\substack{\Delta x\to0\\ \Delta y=\Delta x}}\frac{\Delta f}{\rho}=\lim_{\Delta x\to0}\frac{|\Delta x|}{\sqrt{2}|\Delta x|}=\frac{1}{\sqrt{2}}\neq0.$$

这与$\lim\limits_{\rho\to 0}\dfrac{\Delta f}{\rho}=0$矛盾,故$f(x,y)$在点$(0,0)$不可微.

(3) 函数可微,其偏导数均存在.

(4) 若函数可微,则函数一定连续.此结论由可微的定义及连续的定义立即可得.

(5) 函数可微,但函数的偏导数未必连续.

例 5.12　若 $f(x,y)=\begin{cases}(x^2+y^2)\sin\dfrac{1}{x^2+y^2}, & x^2+y^2\neq 0,\\ 0, & x^2+y^2=0,\end{cases}$ 则 $f(x,y)$ 在点$(0,0)$可微,但 f'_x,f'_y 在点$(0,0)$不连续.

证明　直接计算,得

$$f'_x(x,y)=\begin{cases}2x\sin\dfrac{1}{x^2+y^2}-\dfrac{2x}{x^2+y^2}\cos\dfrac{1}{x^2+y^2}, & x^2+y^2\neq 0,\\ 0, & x^2+y^2=0.\end{cases}$$

$$f'_y(x,y)=\begin{cases}2y\sin\dfrac{1}{x^2+y^2}-\dfrac{2y}{x^2+y^2}\cos\dfrac{1}{x^2+y^2}, & x^2+y^2\neq 0,\\ 0, & x^2+y^2=0.\end{cases}$$

并且取 $y=x$,有

$$\lim_{\substack{x\to 0\\ y=x}}f'_x(x,y)=\lim_{x\to 0}\left(2x\sin\frac{1}{2x^2}-\frac{1}{x}\cos\frac{1}{2x^2}\right)\text{不存在.}$$

所以 $f'_x(x,y)$ 在点$(0,0)$不连续.同理,$f'_y(x,y)$ 在点$(0,0)$也不连续.

但是由

$$\Delta z=f(\Delta x,\Delta y)-f(0,0)=(\Delta x^2+\Delta y^2)\sin\frac{1}{\Delta x^2+\Delta y^2},$$

$$f'_x(0,0)\Delta x+f'_y(0,0)\Delta y=0.$$

所以

$$\begin{aligned}&\lim_{\rho\to 0}\frac{\Delta z-(f'_x(0,0)\Delta x+f'_y(0,0)\Delta y)}{\rho}\\ =&\lim_{\rho\to 0}\sqrt{\Delta x^2+\Delta y^2}\sin\frac{1}{\Delta x^2+\Delta y^2}=0,\end{aligned}$$

其中 $\rho=\sqrt{\Delta x^2+\Delta y^2}$,故 $f(x,y)$ 在$(0,0)$可微.

(6) 函数的偏导数连续,则函数一定可微.

定理 5.8(可微的充分条件)　若函数 $f(x,y)$ 在点 $P_0(x_0,y_0)$ 的邻域内偏导数均存在且偏导数均在点 P_0 连续,则 $f(x,y)$ 在点 P_0 处可微.

此定理由定理 5.6 的推论 5.3 及可微的定义立即可证.

例 5.13　设函数 $z=f(x,y)$ 在点(x_0,y_0)的邻域内有连续的偏导数 $f'_y(x,y)$,

且 $f'_x(x_0,y_0)$存在，证明 $f(x,y)$在点(x_0,y_0)处可微.

证明 因为

$$\begin{aligned}\Delta z &= f(x_0+\Delta x,y_0+\Delta y)-f(x_0,y_0)\\ &=[f(x_0+\Delta x,y_0+\Delta y)-f(x_0+\Delta x,y_0)]\\ &\quad+[f(x_0+\Delta x,y_0)-f(x_0,y_0)]\\ &=f'_y(x_0+\Delta x,y_0+\theta\Delta y)\cdot\Delta y\\ &\quad+[f(x_0+\Delta x,y_0)-f(x_0,y_0)],\end{aligned}\tag{5.5}$$

其中 $0<\theta<1$. 又 $f'_x(x_0,y_0)$存在，即

$$\lim_{\Delta x\to 0}\frac{f(x_0+\Delta x,y_0)-f(x_0,y_0)}{\Delta x}=f'_x(x_0,y_0).$$

所以

$$f(x_0+\Delta x,y_0)-f(x_0,y_0)=f'_x(x_0,y_0)\Delta x+\alpha\cdot\Delta x,\tag{5.6}$$

其中$\lim\limits_{\Delta x\to 0}\alpha=0$.

又 $f'_y(x,y)$在点(x_0,y_0)连续，所以

$$\lim_{\substack{\Delta x\to 0\\ \Delta y\to 0}}f'_y(x_0+\Delta x,y_0+\theta\Delta y)=f'_y(x_0,y_0),$$

$$f'_y(x_0+\Delta x,y_0+\theta\Delta y)=f'_y(x_0,y_0)+\beta,\tag{5.7}$$

其中$\lim\limits_{\substack{\Delta x\to 0\\ \Delta y\to 0}}\beta=0$.

将式(5.6)、式(5.7)代入式(5.5)，得

$$\Delta z=f'_x(x_0,y_0)\Delta x+f'_y(x_0,y_0)\Delta y+\alpha\cdot\Delta x+\beta\cdot\Delta y,$$

所以 $f(x,y)$在点(x_0,y_0)处可微.

习 题 5.3

1. 求下列函数的偏导数：

(1) $z=\dfrac{x}{y^2}$；　(2) $z=\dfrac{x}{\sqrt{x^2+y^2}}$；

(3) $u=z^{\frac{y}{x}}$；　(4) $u=x^y+y^x+z^x$.

2. 求下列函数的全微分：

(1) $z=e^{xy}$；　(2) $z=\sqrt{x^2+y^2}$；　(3) $u=(xy)^z$；

(4) $f(x,y,z)=x^a+a^y+x^z$，　$a>0$，　$a\neq 1$.

3. 求下列函数在指定点处的全微分：

(1) $z=x^4+y^4-4x^2y^2$ 在点(1,1)处；

(2) $u=z\sqrt{\dfrac{x}{y}}$在点(1,1,1)处.

4. 设 $f(x,y)=x^2e^y+(x-1)\arctan\dfrac{y}{x}$，求 $f'_x(1,0)$，$f'_y(1,0)$.

5. 设 $f(x,y)=\begin{cases}\dfrac{xy^2}{x^2+y^2}, & x^2+y^2\neq 0,\\ 0, & x^2+y^2=0.\end{cases}$ 求 $f'_x(x,y),f'_y(x,y)$，并证明 $f(x,y)$ 在点 $(0,0)$ 不可微.

6. 证明：$f(x,y)=\sqrt{x^2+y^2}$ 在点 $(0,0)$ 处偏导数不存在，但在点 $(0,0)$ 处连续.

7. 设 $f(x,y)=\begin{cases}\dfrac{\sin(xy)}{x}, & x\neq 0,\\ y, & x=0.\end{cases}$ 证明：$f(x,y)$ 在全平面上可微.

8. 证明：函数 $f(x,y)=\begin{cases}xy\sin\dfrac{1}{x^2+y^2}, & x^2+y^2\neq 0,\\ 0, & x^2+y^2=0\end{cases}$ 在点 $(0,0)$ 处可微.

9. 试证：函数 $f(x,y)=\begin{cases}\dfrac{xy}{\sqrt{x^2+y^2}}, & x^2+y^2\neq 0,\\ 0, & x^2+y^2=0\end{cases}$

(1) 在点 $(0,0)$ 连续；　　(2) $f'_x(x,y),f'_y(x,y)$ 存在且有界；

(3) 在点 $(0,0)$ 不可微.

10. 证明：若 $f'_x(x,y)$ 与 $f'_y(x,y)$ 在凸区域 D 内有界，则 $f(x,y)$ 在 D 内一致连续.

11. 已知函数 $f(x,y)=\varphi(|xy|)$，其中函数 $\varphi(u)$ 在 $u=0$ 的某邻域内满足

$$|\varphi(u)|\leqslant u^2.$$

讨论 $f(x,y)$ 在 $(0,0)$ 点的可微性.

12. 设 $z=f(x,y)$ 在区域 $D=(a,b)\times(c,d)$ 上可微，且对于任意 $(x,y)\in D$，有

$$f'_x(x,y)=f'_y(x,y)=0,$$

则在 D 上 $f(x,y)$ 为常数函数.

思考　若将"$D=(a,b)\times(c,d)$"改为"集合 D"，上述命题还成立吗？

13. 设 $f(x,y)$ 满足 $f(x,x^2)=1$ 且任意 $(x,y)\in\mathbf{R}^2$，有

$$f'_y(x,y)=x^2+2y,$$

求 $f(x,y)$.

14. 设 $f(x,y,z)$ 在 $D:x^2+y^2+z^2<1$ 内有定义，$f(x,y,z)$ 是关于 z 的连续函数，若对任意 $(x,y,z)\in D$，$f'_x(x,y,z),f'_y(x,y,z)$ 在 D 内有界，则 $f(x,y,z)$ 在 D 内连续.

5.4　复合函数的偏导数与方向导数

5.4.1　复合函数的偏导数

在一元函数的求导法则中，有复合函数求导的链式法则. 对多元函数的偏导数，也有类似的链式法则.

定理 5.9　设 $x=\varphi(t),y=\psi(t)$ 在点 t 可导，二元函数 $z=f(x,y)$ 在点 $(x,y)=$

$(\varphi(t),\psi(t))$可微，则复合函数 $z=f(\varphi(t),\psi(t))$在点 t 可导，且

$$\frac{\mathrm{d}z}{\mathrm{d}t}=\frac{\partial f}{\partial x}\cdot\frac{\mathrm{d}x}{\mathrm{d}t}+\frac{\partial f}{\partial y}\cdot\frac{\mathrm{d}y}{\mathrm{d}t}.$$

证明 给自变量 t 一个改变量 Δt，相应有改变量 Δx 和 Δy，从而又有改变量 Δz，由可微定义知，有

$$\Delta z=f'_x(x,y)\Delta x+f'_y(x,y)\Delta y+\alpha\cdot\rho,$$

其中 $\rho=\sqrt{\Delta x^2+\Delta y^2}$，$\lim\limits_{\rho\to 0}\alpha=0$. 由于在 $\Delta t\to 0$ 的过程中，Δx 与 Δy 可能同时为 0，即 $\rho=0$，所以当 $\rho=0$ 时，定义 $\alpha=0$.

于是上式两端同时除以 Δt 得

$$\frac{\Delta z}{\Delta t}=f'_x(x,y)\cdot\frac{\Delta x}{\Delta t}+f'_y(x,y)\cdot\frac{\Delta y}{\Delta t}+\alpha\cdot\frac{\rho}{\Delta t},$$

在上式两端令 $\Delta t\to 0$，并注意到 $\varphi(t)$，$\psi(t)$的可导性，得 $\Delta x\to 0$，$\Delta y\to 0$，从而

$$\lim_{\Delta t\to 0}\frac{\Delta z}{\Delta t}=f'_x(x,y)\cdot\lim_{\Delta t\to 0}\frac{\Delta x}{\Delta t}+f'_y(x,y)\cdot\lim_{\Delta t\to 0}\frac{\Delta y}{\Delta t}+\lim_{\Delta t\to 0}\alpha\cdot\frac{\rho}{\Delta t},$$

其中由于当 $\Delta t\to 0$ 时，有 $\Delta x\to 0$ 与 $\Delta y\to 0$，从而 $\rho\to 0$ 及 $\alpha\to 0$，则

$$\lim_{\Delta t\to 0}\alpha\cdot\frac{\rho}{\Delta t}=\lim_{\Delta t\to 0}\alpha\cdot\sqrt{\left(\frac{\Delta x}{\Delta t}\right)^2+\left(\frac{\Delta y}{\Delta t}\right)^2}=0.$$

所以

$$\lim_{\Delta t\to 0}\frac{\Delta z}{\Delta t}=f'_x\cdot\varphi'(t)+f'_y\cdot\psi'(t)+0=\frac{\partial f}{\partial x}\cdot\frac{\mathrm{d}x}{\mathrm{d}t}+\frac{\partial f}{\partial y}\cdot\frac{\mathrm{d}y}{\mathrm{d}t},$$

即

$$\frac{\mathrm{d}z}{\mathrm{d}t}=\frac{\partial f}{\partial x}\cdot\frac{\mathrm{d}x}{\mathrm{d}t}+\frac{\partial f}{\partial y}\cdot\frac{\mathrm{d}y}{\mathrm{d}t}.$$

类似地，若三元函数 $u=f(x,y,z)$可微，$x=\varphi(t)$，$y=\psi(t)$与 $z=h(t)$可导，则复合函数 $u=f(\varphi(t),\psi(t),h(t))$可导，且

$$\frac{\mathrm{d}u}{\mathrm{d}t}=\frac{\partial f}{\partial x}\cdot\frac{\mathrm{d}x}{\mathrm{d}t}+\frac{\partial f}{\partial y}\cdot\frac{\mathrm{d}y}{\mathrm{d}t}+\frac{\partial f}{\partial z}\cdot\frac{\mathrm{d}z}{\mathrm{d}t}.$$

推论 5.5 若 $z=f(x,y)$可微，而 $x=\varphi(s,t)$，$y=\psi(s,t)$都存在偏导数，则复合函数 $z=f(\varphi(s,t),\psi(s,t))$存在偏导数，且

$$\begin{cases}\dfrac{\partial z}{\partial s}=\dfrac{\partial f}{\partial x}\cdot\dfrac{\partial x}{\partial s}+\dfrac{\partial f}{\partial y}\cdot\dfrac{\partial y}{\partial s},\\[2ex]\dfrac{\partial z}{\partial t}=\dfrac{\partial f}{\partial x}\cdot\dfrac{\partial x}{\partial t}+\dfrac{\partial f}{\partial y}\cdot\dfrac{\partial y}{\partial t}.\end{cases}$$

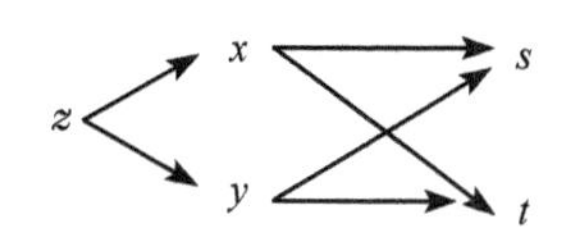

图 5.4

推论 5.5 中复合函数的变量之间的相互关系可由图 5.4 给出.

推论 5.6 若 $x=\varphi(s,t)$，$y=\psi(s,t)$ 在点 (s,t) 可微，$z=f(x,y)$ 在点 $(x,y)=(\varphi(s,t),\psi(s,t))$ 可微，则复合函数 $z=f(\varphi(s,t),\psi(s,t))$ 在点 (s,t) 可微，且

$$\begin{cases}\dfrac{\partial z}{\partial s}=\dfrac{\partial f}{\partial x}\cdot\dfrac{\partial x}{\partial s}+\dfrac{\partial f}{\partial y}\cdot\dfrac{\partial y}{\partial s},\\[2ex]\dfrac{\partial z}{\partial t}=\dfrac{\partial f}{\partial x}\cdot\dfrac{\partial x}{\partial t}+\dfrac{\partial f}{\partial y}\cdot\dfrac{\partial y}{\partial t}.\end{cases}$$

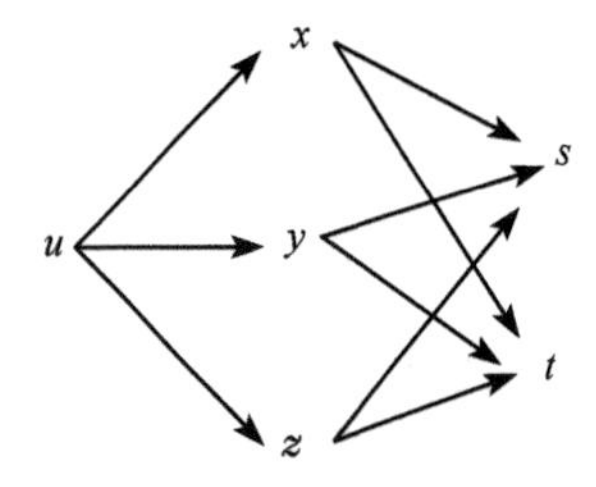

图 5.5

类似地，若 $u=f(x,y,z)$，$x=\varphi(t,s)$，$y=\psi(t,s)$，$z=h(t,s)$，并且 f,φ,ψ,h 均可微，则(图 5.5)

$$\frac{\partial u}{\partial t}=\frac{\partial f}{\partial x}\cdot\frac{\partial x}{\partial t}+\frac{\partial f}{\partial y}\cdot\frac{\partial y}{\partial t}+\frac{\partial f}{\partial z}\cdot\frac{\partial z}{\partial t},$$

$$\frac{\partial u}{\partial s}=\frac{\partial f}{\partial x}\cdot\frac{\partial x}{\partial s}+\frac{\partial f}{\partial y}\cdot\frac{\partial y}{\partial s}+\frac{\partial f}{\partial z}\cdot\frac{\partial z}{\partial s}.$$

上述定理及推论可推广到任意有限多个变量的情形．上述公式称为多元函数的复合函数求导公式，也称为链式法则．

例 5.14 设 $z=x^y$，$x=\sin t$，$y=\cos t$，求 $\dfrac{\mathrm{d}u}{\mathrm{d}t}$．

解 由链式法则

$$\frac{\mathrm{d}u}{\mathrm{d}t}=\frac{\partial z}{\partial x}\cdot\frac{\partial x}{\partial t}+\frac{\partial y}{\partial y}\cdot\frac{\partial y}{\partial t}=yx^{y-1}\cos t-x^y(\ln x)\cos t.$$

例 5.15 设 $z=\sin(x^2+y)$，$x=\mathrm{e}^{t+s^2}$，$y=t^3+s$，求 $\dfrac{\partial z}{\partial t}$，$\dfrac{\partial z}{\partial s}$．

解 由链式法则

$$\frac{\partial z}{\partial t}=\frac{\partial f}{\partial x}\cdot\frac{\partial x}{\partial t}+\frac{\partial f}{\partial y}\cdot\frac{\partial y}{\partial t}=2x\mathrm{e}^{t+s^2}\cos(x^2+y)+3t^2\cos(x^2+y),$$

$$\frac{\partial z}{\partial s}=\frac{\partial f}{\partial x}\cdot\frac{\partial x}{\partial s}+\frac{\partial f}{\partial y}\cdot\frac{\partial y}{\partial s}=4sx\mathrm{e}^{t+s^2}\cos(x^2+y)+\cos(x^2+y).$$

例 5.16 设 $w=f(x^2-y^3,\mathrm{e}^{x^2y})$，$f$ 可微．求 $\dfrac{\partial w}{\partial x}$，$\dfrac{\partial w}{\partial y}$．

解 令 $u=x^2-y^3$，$v=\mathrm{e}^{x^2y}$．由链式法则得

$$\frac{\partial w}{\partial x}=\frac{\partial f}{\partial u}\cdot 2x+\frac{\partial f}{\partial v}\cdot\mathrm{e}^{x^2y}\cdot 2xy=2x\frac{\partial f}{\partial u}+2xy\mathrm{e}^{x^2y}\frac{\partial f}{\partial v},$$

$$\frac{\partial w}{\partial y}=\frac{\partial f}{\partial u}(-3y^2)+\frac{\partial f}{\partial v}\cdot\mathrm{e}^{x^2y}\cdot x^2=-3y^2\frac{\partial f}{\partial u}+x^2\mathrm{e}^{x^2y}\frac{\partial f}{\partial v}.$$

在例 5.16 中，常用下述简便记号：

$$\frac{\partial w}{\partial x}=2xf'_1+2xy\mathrm{e}^{x^2y}f'_2,\quad \frac{\partial w}{\partial y}=-3y^2f'_1+x^2\mathrm{e}^{x^2y}f'_2.$$

例 5.17 设 $z=f(u,v,x)$，$u=\varphi(x)$，$v=\psi(x)$，求 $\dfrac{\mathrm{d}z}{\mathrm{d}x}$．

解 由变量关系图 5.6 知

$$\frac{\mathrm{d}z}{\mathrm{d}x}=\frac{\partial f}{\partial u}\cdot\frac{\mathrm{d}u}{\mathrm{d}x}+\frac{\partial f}{\partial v}\cdot\frac{\mathrm{d}v}{\mathrm{d}x}+\frac{\partial f}{\partial x}.$$

例 5.18 设 $w=f(x,u,v)$，$u=\varphi(x,y)$，$v=\psi(x,y,z)$，并且 f,φ,ψ 均可微，求复合函数的偏导数.

解 由链式法则及变量关系图 5.7 知

$$\frac{\partial w}{\partial x}=f_1'+f_2'\cdot\varphi_1'+f_3'\cdot\psi_1',$$

$$\frac{\partial w}{\partial y}=f_2'\cdot\varphi_2'+f_3'\cdot\psi_2',$$

$$\frac{\partial w}{\partial z}=f_3'\cdot\psi_3'.$$

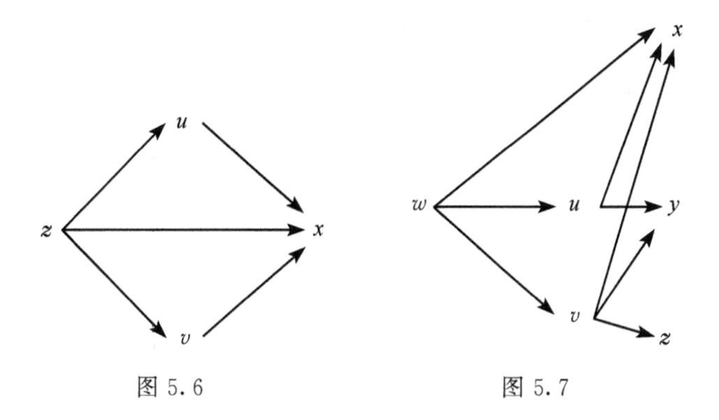

图 5.6 图 5.7

例 5.19 设 $z=f(x,y,u)$，$u=\varphi(x,y)$，$x=\psi(t)$，并且 f,φ,ψ 均可微，求其偏导数.

解 由链式法则及变量关系图 5.8 知

$$\frac{\partial z}{\partial t}=f_1'\cdot\psi'+f_3'\cdot\varphi_1'\cdot\psi',$$

$$\frac{\partial z}{\partial y}=f_2'+f_3'\cdot\varphi_2'$$

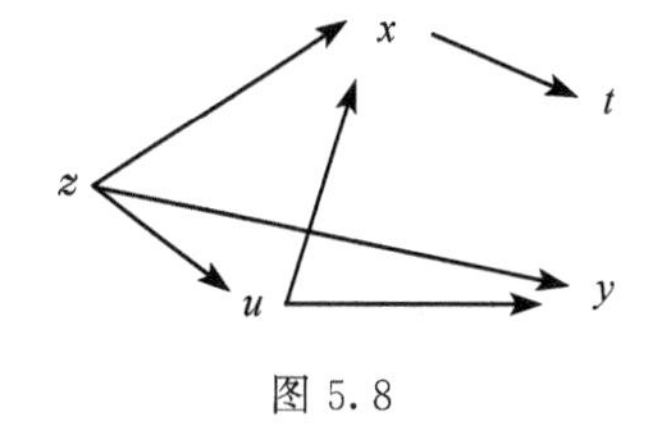

图 5.8

例 5.20 若函数 $z=f(x,y)$ 满足

$$f(tx,ty)=t^k f(x,y),\quad t>0,\tag{5.8}$$

则称 $f(x,y)$ 为 k **次齐次函数**. 证明可微函数 $f(x,y)$ 为 k 次齐次函数的充要条件是

$$xf'_x(x,y)+yf'_y(x,y)=kf(x,y).\tag{5.9}$$

证明 必要性. 任取 (x_0,y_0)，则由条件，有

$$f(tx_0,ty_0)=t^k f(x_0,y_0).$$

两端关于 t 求导,得

$$f'_x(tx_0,ty_0)\cdot x_0+f'_y(tx_0,ty_0)\cdot y_0=kt^{k-1}f(x_0,y_0).$$

由 $t>0$ 的任意性,令 $t=1$ 得

$$f'_x(x_0,y_0)\cdot x_0+f'_y(x_0,y_0)\cdot y_0=kf(x_0,y_0).$$

由 (x_0,y_0) 的任意性,上式对任意点 (x,y) 都成立.

充分性. 任取 (x_0,y_0),令

$$\varphi(t)=\frac{f(tx_0,ty_0)}{t^k},\quad t>0.$$

显然 $\varphi(1)=f(x_0,y_0)$. 下面只需证明 $\varphi(t)\equiv\varphi(1)$ 即可. 因为

$$\begin{aligned}\varphi'(t)&=\frac{1}{t^k}[x_0f'_x(tx_0,ty_0)+y_0f'_y(tx_0,ty_0)]-\frac{k}{t^{k+1}}f(tx_0,ty_0)\\&=\frac{1}{t^{k+1}}[tx_0f'_x(tx_0,ty_0)+ty_0f'_y(tx_0,ty_0)-kf(tx_0,ty_0)]\\&=\frac{1}{t^{k+1}}\cdot 0=0,\end{aligned}$$

所以

$$\varphi(t)\equiv c(\text{常数}).$$

于是

$$\varphi(t)=\varphi(1)=f(x_0,y_0)\text{ 或 }f(tx_0,ty_0)=t^kf(x_0,y_0).$$

由 (x_0,y_0) 的任意性,得

$$f(tx,ty)=t^kf(x,y),\quad t>0.$$

故 $f(x,y)$ 为 k 次齐次函数.

5.4.2　一阶微分形式不变性

设 $z=f(x,y)$ 为可微函数,则

$$dz=\frac{\partial z}{\partial x}dx+\frac{\partial z}{\partial y}dy. \tag{5.10}$$

若 x,y 为中间变量,不妨设 $x=\varphi(t,s)$, $y=\psi(t,s)$ 且 φ,ψ 均可微,则由复合函数的链式法则得

$$\begin{aligned}dz&=\frac{\partial z}{\partial t}dt+\frac{\partial z}{\partial s}ds\\&=\left(f'_x\cdot\frac{\partial x}{\partial t}+f'_y\cdot\frac{\partial y}{\partial t}\right)dt+\left(f'_x\cdot\frac{\partial x}{\partial s}+f'_y\cdot\frac{\partial y}{\partial s}\right)ds\\&=f'_x\cdot\left(\frac{\partial x}{\partial t}dt+\frac{\partial x}{\partial s}ds\right)+f'_y\cdot\left(\frac{\partial y}{\partial t}dt+\frac{\partial y}{\partial s}ds\right).\end{aligned}$$

而

$$dx = \frac{\partial x}{\partial t}dt + \frac{\partial x}{\partial s}ds, \quad dy = \frac{\partial y}{\partial t}dt + \frac{\partial y}{\partial s}ds,$$

所以

$$dz = f'_x dx + f'_y dy = \frac{\partial z}{\partial x}dx + \frac{\partial z}{\partial y}dy.$$

这说明无论 x, y 是自变量还是中间变量，一阶微分都具有形式(5.10)，此性质通常称为**一阶(全)微分的形式不变性**.

5.4.3　方向导数

以三元函数为例. 设三元函数 $u=f(x,y,z)$ 在点 $P_0(x_0,y_0,z_0)$ 的邻域内有定义，在以 P_0 为端点的射线 l 上任取一点(图 5.9)

$$P(x,y,z) = P(x_0+\Delta x, y_0+\Delta y, z_0+\Delta z).$$

记 $\rho=\sqrt{\Delta x^2+\Delta y^2+\Delta z^2}$，射线 l 的方向余弦为 $\cos\alpha, \cos\beta, \cos\gamma$，则有

$$\Delta x = x - x_0 = \rho\cos\alpha,$$
$$\Delta y = y - y_0 = \rho\cos\beta,$$
$$\Delta z = z - z_0 = \rho\cos\gamma.$$

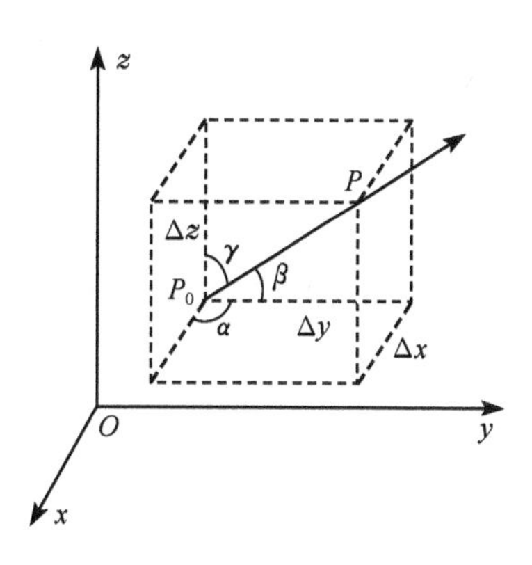

图 5.9

定义 5.7　若极限

$$\lim_{\rho\to 0}\frac{f(P)-f(P_0)}{\rho}$$
$$= \lim_{\rho\to 0}\frac{f(x_0+\rho\cos\alpha, y_0+\rho\cos\beta, z_0+\rho\cos\gamma) - f(x_0,y_0,z_0)}{\rho}$$

存在，则称此极限值为函数 $f(x,y,z)$ 在点 P_0 沿方向 $\boldsymbol{l}$ 的**方向导数**，记作

$$\left.\frac{\partial f}{\partial \boldsymbol{l}}\right|_{P_0}, \quad f'_l(P_0) \text{ 或 } f'_l(x_0,y_0,z_0).$$

由定义知，方向导数是函数在点 P_0 处沿方向 $\boldsymbol{l}$ 的全增量与 ρ 的比值的极限. 特别 $\rho=\Delta x>0$(即 $\Delta y=0, \Delta z=0$)时，则 $f(x,y,z)$ 沿 x 轴正向的方向导数恰为

$$f_l(P_0) = f_x(P_0).$$

$f(x,y,z)$ 沿 x 轴负向的方向导数恰为

$$f_l(P_0) = -f_x(P_0).$$

定理 5.10　若 $f(x,y,z)$ 在点 $P(x,y,z)$ 可微，则 $f(x,y,z)$ 在点 P 沿任意方向 $\boldsymbol{l}$ 的方向导数都存在，且

$$\frac{\partial f}{\partial \boldsymbol{l}} = f'_x \cdot \cos\alpha + f'_y \cdot \cos\beta + f'_z\cos\gamma,$$

其中 $\cos\alpha,\cos\beta,\cos\gamma$ 是方向 $\boldsymbol{l}$ 的方向余弦.

证明　由于 $f(x,y,z)$ 可微,则

$$\begin{aligned}&f(x+\Delta x,y+\Delta y,z+\Delta z)-f(x,y,z)\\=&f'_x\cdot\Delta x+f'_y\cdot\Delta y+f'_z\cdot\Delta z+o(\rho)\\=&f'_x\cdot\rho\cos\alpha+f'_y\cdot\rho\cos\beta+f'_z\cdot\rho\cos\gamma+o(\rho),\end{aligned}$$

其中 $\rho=\sqrt{\Delta x^2+\Delta y^2+\Delta z^2}$. 于是

$$\begin{aligned}\lim_{\rho\to0}\frac{f(P)-f(P_0)}{\rho}&=f'_x\cdot\cos\alpha+f'_y\cdot\cos\beta+f'_z\cdot\cos\gamma+\lim_{\rho\to0}\frac{o(\rho)}{\rho}\\&=f'_x\cdot\cos\alpha+f'_y\cdot\cos\beta+f'_z\cdot\cos\gamma,\end{aligned}$$

即

$$\frac{\partial f}{\partial \boldsymbol{l}}=f'_x\cdot\cos\alpha+f'_y\cdot\cos\beta+f'_z\cdot\cos\gamma.$$

注 5.14　对二元函数 $z=f(x,y)$,也有相应的结论

$$\frac{\partial f}{\partial \boldsymbol{l}}=\frac{\partial f}{\partial x}\cos\alpha+\frac{\partial f}{\partial y}\cos\beta,$$

其中 α,β 是平面向量 $\boldsymbol{l}$ 的方向角.

注 5.15　定理 5.10 的逆不成立,即函数在某点沿任意方向的方向导数都存在,但函数未必可微. 例如,$f(x,y)=\sqrt{x^2+y^2}$,可以证明它在点(0,0)处沿任何方向的方向导数都存在且值为 1,但此函数在点(0,0)处偏导数不存在,当然不可微.

5.4.4　梯度

定义 5.8　若函数 $f(x,y,z)$ 在点 $P(x,y,z)$ 的所有偏导数都存在,则称向量

$$\left.\left(\frac{\partial f}{\partial x},\frac{\partial f}{\partial y},\frac{\partial f}{\partial z}\right)\right|_P$$

为函数 $f(x,y,z)$ 在点 $P(x,y,z)$ 处的梯度,记为 $\mathbf{grad}f|_P$,即

$$\mathbf{grad}f|_P=\left.\left(\frac{\partial f}{\partial x},\frac{\partial f}{\partial y},\frac{\partial f}{\partial z}\right)\right|_P.$$

利用解析几何中数量积的记号,方向导数 $\frac{\partial f}{\partial \boldsymbol{l}}$ 可表示为

$$\begin{aligned}\frac{\partial f}{\partial \boldsymbol{l}}&=\frac{\partial f}{\partial x}\cos\alpha+\frac{\partial f}{\partial y}\cos\beta+\frac{\partial f}{\partial z}\cos\gamma\\&=\left(\frac{\partial f}{\partial x},\frac{\partial f}{\partial y},\frac{\partial f}{\partial z}\right)\cdot\boldsymbol{l}^\circ=\mathbf{grad}f\cdot\boldsymbol{l}^\circ,\end{aligned}$$

其中 $\boldsymbol{l}^\circ=(\cos\alpha,\cos\beta,\cos\gamma)$ 为方向 $\boldsymbol{l}$ 的单位方向向量. 从而

$$\frac{\partial f}{\partial \boldsymbol{l}}=|\mathbf{grad}f|\cdot|\boldsymbol{l}^\circ|\cdot\cos\theta=|\mathbf{grad}f|\cdot\cos\theta,\qquad(5.11)$$

其中 θ 是 $\boldsymbol{l}$ 与梯度 $\mathbf{grad}f$ 方向的夹角.

由式(5.11)知当 $\theta=0$ 时,方向导数取得最大值,最大值为梯度的模 $|\mathbf{grad}f|$. 由此可得梯度的另一种解释:

梯度方向就是函数值增加最快的方向,沿梯度方向的方向导数就是梯度的模.

例 5.21 设 $z=f(x,y)=x^2+y^2$,向量 $\boldsymbol{l}=(1,2)$,

(1) 求函数 $f(x,y)$ 在点 $P_0(-1,3)$ 沿 $\boldsymbol{l}$ 方向的方向导数,

(2) 求函数 $f(x,y)$ 在点 P_0 处沿增加最快方向上的方向导数.

解 (1) $P_0(-1,3)$, $\mathbf{grad}f|_{P_0}=\left(\dfrac{\partial f}{\partial x},\dfrac{\partial f}{\partial y}\right)\Big|_{P_0}=(-2,6)$. $\boldsymbol{l}$ 不是单位向量, $|\boldsymbol{l}|=\sqrt{5}$,则 $\boldsymbol{l}^\circ=\dfrac{1}{\sqrt{5}}(1,2)$. 所以

$$\frac{\partial f}{\partial \boldsymbol{l}}\Big|_{P_0}=\mathbf{grad}f|_{P_0}\cdot\boldsymbol{l}^\circ=\frac{1}{\sqrt{5}}(1,2)\cdot(-2,6)=2\sqrt{5}.$$

(2) $f(x,y)$ 在点 P_0 沿函数值增加最快的方向(即梯度方向)的方向导数为

$$|\mathbf{grad}f|_{P_0}|=|\{-2,6\}|=\sqrt{(-2)^2+6^2}=2\sqrt{10}.$$

习 题 5.4

1. 求下列复合函数的偏导数:

(1) $z=x^2\ln y, x=\dfrac{v}{u}, y=3u-2v$,求 $\dfrac{\partial z}{\partial u},\dfrac{\partial z}{\partial v}$;

(2) 设 $z=u^v, u=xy, v=x-y$,求 $\dfrac{\partial z}{\partial x},\dfrac{\partial z}{\partial y}$;

(3) 设 $u=f(\sin x, x^2+y^2, \ln y)$,求 $\dfrac{\partial u}{\partial x},\dfrac{\partial u}{\partial y}$;

(4) 设 $u=f\left(\dfrac{x}{y},\dfrac{y}{z}\right)$,求 $\dfrac{\partial u}{\partial x},\dfrac{\partial u}{\partial y},\dfrac{\partial u}{\partial z}$;

(5) 设 $z=y\varphi(x,y)+x\psi(y-x)+xy$,求 $\dfrac{\partial z}{\partial x},\dfrac{\partial z}{\partial y}$.

2. 求下列复合函数的全微分:

(1) $z=f(u), u=x^2+y^2$; (2) $z=f(x^2+y^2, xy)$.

3. 设 f 为可微函数,$z=x^nf\left(\dfrac{y}{x^2}\right)$,证明:$x\dfrac{\partial z}{\partial x}+2y\dfrac{\partial z}{\partial y}=nz$.

4. 设 $z=\sin y+f(\sin x-\sin y)$,其中 f 可微,证明:

$$\frac{\partial z}{\partial x}\sec x+\frac{\partial z}{\partial y}\sec y=1.$$

5. 求下列函数在指定点和指定方向的方向导数:

(1) $u=x^2-xy+z^2$,从点 $(1,0,1)$ 到点 $(3,-1,3)$ 的方向,点 $(1,0,1)$;

(2) $u=x^2+4xy-2z^2$,从点 $(1,1,1)$ 到点 $(1,5,4)$ 的方向,点 $(1,1,1)$.

6. 求函数 $z=x^2-xy+y^2$ 在点(1,1)沿与 x 轴正向成 α 角的射线 l 的方向导数,问 α 取何值时,方向导数有最大值、最小值、等于 0.

7. 设函数 $u=\frac{z^2}{c^2}-\frac{x^2}{a^2}-\frac{y^2}{b^2}$,求它在点$(a,b,c)$的梯度.

8. 设 $z=f(x,y)$在全平面上有定义,且具有连续偏导数,并且满足

$$x\frac{\partial f}{\partial x}+y\frac{\partial f}{\partial y}=0.$$

求证 $z=f(x,y)$为常数函数.

9. 设可微 $u=f(x,y,z)$,令 $x=r\sin\theta\cos\varphi, y=r\sin\theta\sin\varphi, z=r\cos\theta$,则

(1) 当 $x\frac{\partial u}{\partial x}+y\frac{\partial u}{\partial y}+z\frac{\partial u}{\partial z}=0$ 时,u 仅为 θ 和 φ 的函数;

(2) 当$\frac{1}{x}\frac{\partial u}{\partial x}=\frac{1}{y}\frac{\partial u}{\partial y}=\frac{1}{z}\frac{\partial u}{\partial z}$时,$u$ 仅为 r 的函数.

5.5　高阶偏导数与泰勒公式

5.5.1　高阶偏导数

一般来说,二元函数 $f(x,y)$的两个偏导数 f'_x, f'_y仍然是关于变量 x,y 的二元函数.若 f'_x, f'_y关于 x,y 的偏导数存在,则称二元函数 $f(x,y)$存在**二阶偏导数**,即

$$\frac{\partial}{\partial x}\left(\frac{\partial f}{\partial x}\right)=\frac{\partial^2 f}{\partial x^2}=f''_{xx}(x,y),\quad \frac{\partial}{\partial x}\left(\frac{\partial f}{\partial y}\right)=\frac{\partial^2 f}{\partial y\partial x}=f''_{yx}(x,y),$$

$$\frac{\partial}{\partial y}\left(\frac{\partial f}{\partial x}\right)=\frac{\partial^2 f}{\partial x\partial y}=f''_{xy}(x,y),\quad \frac{\partial}{\partial y}\left(\frac{\partial f}{\partial y}\right)=\frac{\partial^2 f}{\partial y^2}=f''_{yy}(x,y).$$

类似可定义三阶偏导数或更高阶的偏导数.二阶及二阶以上的偏导数统称为**高阶偏导数**.对于既有关于变量 x 又有关于变量 y 的高阶偏导数,称为**高阶混合偏导数**.例如,三阶混合偏导数

$$f'''_{xyy},\quad f'''_{xyx},\quad f'''_{yyx},\quad f'''_{yxy},\quad \cdots.$$

例 5.22　求函数 $f(x,y)=e^{xy}$的二阶偏导数.

解

$$f'_x=ye^{xy},\quad f'_y=xe^{xy},$$

$$f''_{xx}=y^2e^{xy},\quad f''_{xy}=e^{xy}+xye^{xy},$$

$$f''_{yx}=e^{xy}+xye^{xy},\quad f''_{yy}=x^2e^{xy}.$$

例 5.23　求函数 $f(x,y,z)=xy+y^2z+zx^3$ 的二阶偏导数.

解

$$f'_x=y+3zx^2,\quad f'_y=x+2yz,\quad f'_z=y^2+x^3,$$

$$f''_{xx}=6zx,\quad f''_{yy}=2z,\quad f''_{zz}=0,$$

$$f''_{xy}=1,\quad f''_{yx}=1,\quad f''_{xz}=3x^2,$$
$$f''_{zx}=3x^2,\quad f''_{yz}=2y,\quad f''_{zy}=2y.$$

在上面两例中，易见所有关于 x,y 或 x,z 或 y,z 的二阶混合偏导数均相等，即

$$f''_{xy}=f''_{yx},\quad f''_{xz}=f''_{zx},\quad f''_{yz}=f''_{zy}.$$

但不是对所有的函数都具有此性质.

例 5.24 证明 $f(x,y)=\begin{cases} xy\dfrac{x^2-y^2}{x^2+y^2}, & x^2+y^2\neq 0, \\ 0, & x^2+y^2=0 \end{cases}$ 在点(0,0)处关于 x,y 的两个混合偏导数都存在，但不相等.

证明 当 $x^2+y^2\neq 0$ 时，

$$f'_x=y\left[\frac{x^2-y^2}{x^2+y^2}+\frac{4x^2y^2}{(x^2+y^2)^2}\right],\quad f'_y=x\left[\frac{x^2-y^2}{x^2+y^2}-\frac{4x^2y^2}{(x^2+y^2)^2}\right];$$

当 $x^2+y^2=0$ 时，

$$f'_x(0,0)=\lim_{\Delta x\to 0}\frac{f(\Delta x,0)-f(0,0)}{\Delta x}=\lim_{\Delta x\to 0}\frac{0}{\Delta x}=0.$$

同理，$f'_y(0,0)=0$.

于是

$$f''_{xy}(0,0)=\lim_{\Delta y\to 0}\frac{f'_x(0,\Delta y)-f'_x(0,0)}{\Delta y}=\lim_{\Delta y\to 0}\frac{\Delta y(-1)}{\Delta y}=-1,$$

$$f''_{yx}(0,0)=\lim_{\Delta x\to 0}\frac{f'_y(\Delta x,0)-f'_y(0,0)}{\Delta x}=\lim_{\Delta x\to 0}\frac{\Delta x}{\Delta x}=1.$$

所以

$$f''_{xy}(0,0)\neq f''_{yx}(0,0).$$

此例说明，求混合偏导数与对变量求导的顺序有关. 下面给出求混合偏导数与对变量求导顺序无关的一个充分条件. 仍以二元函数为例.

定理 5.11 设函数 $f(x,y)$ 的混合偏导数 f''_{xy}，f''_{yx} 都在点 $P_0(x_0,y_0)$ 处连续，则

$$f''_{xy}(x_0,y_0)=f''_{yx}(x_0,y_0).$$

证明 记

$$F(\Delta x,\Delta y)=f(x_0+\Delta x,y_0+\Delta y)-f(x_0+\Delta x,y_0)$$
$$-f(x_0,y_0+\Delta y)+f(x_0,y_0).$$

(1) 若令 $\varphi(x)=f(x,y_0+\Delta y)-f(x,y_0)$，则

$$F(\Delta x,\Delta y)=\varphi(x_0+\Delta x)-\varphi(x_0).$$

由于 $f(x,y)$ 关于 x 的偏导数存在，故 $\varphi(x)$ 可导，于是由一元函数的微分中值定

理,得

$$F(\Delta x,\Delta y)=\varphi'(x_0+\theta_1\Delta x)\cdot\Delta x$$
$$=[f'_x(x_0+\theta_1\Delta x,y_0+\Delta y)-f'_x(x_0+\theta_1\Delta x,y_0)]\cdot\Delta x,$$

其中 $0<\theta_1<1$.

(2) 若令 $\psi(y)=f'_x(x_0+\theta_1\Delta x,y)$, $0<\theta_1<1$,则由上式,得

$$F(\Delta x,\Delta y)=[\psi(y_0+\Delta y)-\psi(y_0)]\Delta x.$$

同理,由一元函数的微分中值定理又得

$$\psi(y_0+\Delta y)-\psi(y_0)=\psi'(y_0+\theta_2\Delta y)\cdot\Delta y$$
$$=f''_{xy}(x_0+\theta_1\Delta x,y_0+\theta_2\Delta y)\cdot\Delta y,$$

其中 $0<\theta_2<1$. 所以

$$F(\Delta x,\Delta y)=f''_{xy}(x_0+\theta_1\Delta x,y_0+\theta_2\Delta y)\cdot\Delta x\cdot\Delta y. \tag{5.12}$$

(3) 类似地,若令 $h(y)=f(x_0+\Delta x,y)-f(x_0,y)$. 重复上述步骤,得

$$F(\Delta x,\Delta y)=f''_{yx}(x_0+\theta_3\Delta x,y_0+\theta_4\Delta y)\cdot\Delta x\cdot\Delta y, \tag{5.13}$$

其中 $0<\theta_3<1$, $0<\theta_4<1$.

故由式(5.12)与式(5.13),得

$$f''_{xy}(x_0+\theta_1\Delta x,y_0+\theta_2\Delta y)=f''_{yx}(x_0+\theta_3\Delta x,y_0+\theta_4\Delta y).$$

而由题设 f''_{xy}, f''_{yx} 在点 (x_0,y_0) 连续,所以对上式两端令 $\Delta x\to0$, $\Delta y\to0$,得

$$f''_{xy}(x_0,y_0)=f''_{yx}(x_0,y_0).$$

这个定理的结论对于三元函数,四元函数的混合偏导数都成立.

5.5.2　泰勒公式

同一元函数的情形类似,多元函数也有相应的泰勒公式. 仍以二元函数为例.

定理 5.12　若 $f(x,y)$ 在点 $P_0(x_0,y_0)$ 的邻域 $U(P_0)$ 内存在 $n+1$ 阶连续的偏导数,则对 $\forall\,(x_0+h,y_0+k)\in U(P_0)$,有

$$\begin{aligned}&f(x_0+h,y_0+k)\\&=f(x_0,y_0)+\left(h\frac{\partial}{\partial x}+k\frac{\partial}{\partial y}\right)f(x_0,y_0)\\&\quad+\frac{1}{2!}\left(h\frac{\partial}{\partial x}+k\frac{\partial}{\partial y}\right)^2f(x_0,y_0)+\cdots+\frac{1}{n!}\left(h\frac{\partial}{\partial x}+k\frac{\partial}{\partial y}\right)^nf(x_0,y_0)\\&\quad+\frac{1}{(n+1)!}\left(h\frac{\partial}{\partial x}+k\frac{\partial}{\partial y}\right)^{n+1}f(x_0+\theta h,y_0+\theta k),\quad 0<\theta<1,\end{aligned}$$

其中

$$\left(h\frac{\partial}{\partial x}+k\frac{\partial}{\partial y}\right)f(x_0,y_0)=h\cdot\left.\frac{\partial f}{\partial x}\right|_{P_0}+k\cdot\left.\frac{\partial f}{\partial y}\right|_{P_0},$$

$$\left(h\frac{\partial}{\partial x}+k\frac{\partial}{\partial y}\right)^2f(x_0,y_0)=h^2\left.\frac{\partial^2 f}{\partial x^2}\right|_{P_0}+2hk\left.\frac{\partial^2 f}{\partial x\partial y}\right|_{P_0}+k^2\left.\frac{\partial^2 f}{\partial y^2}\right|_{P_0},$$

……

$$\left(h\frac{\partial}{\partial x}+k\frac{\partial}{\partial y}\right)^n f(x_0,y_0)=\sum_{i=0}^{n} C_n^i h^{n-i}k^i\left.\frac{\partial^n f}{\partial x^{n-i}\partial y^i}\right|_{P_0}.$$

证明 引入变量化为一元函数的情形证明.令

$$x=x_0+th,\quad y=y_0+tk,\quad 0\leqslant t\leqslant 1.$$

作辅助函数 $\varphi(t)=f(x_0+th,y_0+tk)$,由定理的条件知 $\varphi(t)$ 在 $[0,1]$ 上的 $n+1$ 阶导数连续,则由一元函数的泰勒公式,得

$$\varphi(1)=\varphi(0)+\frac{\varphi'(0)}{1!}+\frac{\varphi''(0)}{2!}+\cdots+\frac{\varphi^{(n)}(0)}{n!}+\frac{\varphi^{(n+1)}(\theta)}{(n+1)!},\quad 0<\theta<1. \tag{5.14}$$

根据复合函数求导的链式法则及混合偏导数的连续性,得

$$\varphi'(0)=\left(h\frac{\partial}{\partial x}+k\frac{\partial}{\partial y}\right)f(x_0,y_0),$$

$$\varphi''(0)=\left(h\frac{\partial}{\partial x}+k\frac{\partial}{\partial y}\right)^2 f(x_0,y_0),$$

……

$$\varphi^{(n+1)}(\theta)=\left(h\frac{\partial}{\partial x}+k\frac{\partial}{\partial y}\right)^{n+1} f(x_0+\theta h,y_0+\theta k),\quad 0<\theta<1.$$

将上述式子代入式(5.14),并注意到 $\varphi(1)=f(x_0+h,y_0+k)$,$\varphi(0)=f(x_0,y_0)$,即得结论.

类似于一元函数的情形,$f(x,y)$ 也有佩亚诺型余项的泰勒公式.

定理 5.13 若 $f(x,y)$ 在点 $P_0(x_0,y_0)$ 的邻域内存在 n 阶连续的偏导数,则对 $\forall(x_0+h,y_0+k)\in U(P_0)$,有

$$\begin{aligned}&f(x_0+h,y_0+k)\\=&f(x_0,y_0)+\left(h\frac{\partial}{\partial x}+k\frac{\partial}{\partial y}\right)f(x_0,y_0)+\frac{1}{2!}\left(h\frac{\partial}{\partial x}+k\frac{\partial}{\partial y}\right)^2 f(x_0,y_0)\\&+\cdots+\frac{1}{n!}\left(h\frac{\partial}{\partial x}+k\frac{\partial}{\partial y}\right)^n f(x_0,y_0)+o(\rho^n),\end{aligned}$$

其中 $\rho=\sqrt{h^2+k^2}$.

证明留给读者.

当 $x_0=0$,$y_0=0$ 时,相应可得二元函数 $f(x,y)$ 麦克劳林公式的两种形式:

$$\begin{aligned}(1)\ f(x,y)=&f(0,0)+\left(x\frac{\partial}{\partial x}+y\frac{\partial}{\partial y}\right)f(0,0)+\cdots\\&+\frac{1}{n!}\left(x\frac{\partial}{\partial x}+y\frac{\partial}{\partial y}\right)^n f(0,0)\\&+\frac{1}{(n+1)!}\left(x\frac{\partial}{\partial x}+y\frac{\partial}{\partial y}\right)^{n+1} f(\theta x,\theta y);\end{aligned}$$

(2) $f(x,y)=f(0,0)+\left(x\frac{\partial}{\partial x}+y\frac{\partial}{\partial y}\right)f(0,0)$

$$+\cdots+\frac{1}{n!}\left(x\frac{\partial}{\partial x}+y\frac{\partial}{\partial y}\right)^n f(0,0)+o(\rho^n),$$

其中 $0<\theta<1,\rho=\sqrt{x^2+y^2}$.

注 5.16　把 $U(P_0)$ 改为凸区域,上述泰勒公式仍成立.

例 5.25　写出函数 $f(x,y)=\mathrm{e}^{x+y}$ 的麦克劳林公式.

解　由 $\frac{\partial^{i+j}f}{\partial x^i\partial y^j}=\mathrm{e}^{x+y},\left.\frac{\partial^{i+j}f}{\partial x^i\partial y^j}\right|_{(0,0)}=1$,则

$$\mathrm{e}^{x+y}=1+(x+y)+\frac{1}{2!}(x+y)^2+\cdots+\frac{1}{n!}(x+y)^n$$

$$+\frac{1}{(n+1)!}(x+y)^{n+1}\mathrm{e}^{\theta(x+y)},\quad 0<\theta<1.$$

例 5.26　设 $f(x,y)$ 在全平面上有连续的偏导数,$f(0,0)=0$ 且当 $x^2+y^2\leqslant 5$ 时,$|\mathbf{grad}f|\leqslant 1$. 证明 $f(1,2)\leqslant\sqrt{5}$.

证明　根据麦克劳林公式,有

$$f(x_0+\Delta x,y_0+\Delta y)-f(x_0,y_0)$$

$$=f'_x(x_0+\theta\Delta x,y_0+\theta\cdot\Delta y)\Delta x+f'_y(x_0+\theta\Delta x,y_0+\theta\Delta y)\Delta y,$$

其中 $0<\theta<1$. 所以

$$\begin{aligned}f(1,2)&=f(1,2)-f(0,0)=f'_x(\theta,2\theta)\cdot 1+f'_y(\theta,2\theta)\cdot 2\\&=(f'_x(\theta,2\theta),f'_y(\theta,2\theta))\cdot(1,2)\\&\leqslant|(f'_x(\theta,2\theta),f'_y(\theta,2\theta))|\cdot|(1,2)|\\&=\left|\mathbf{grad}f|_{(\theta,2\theta)}\right|\cdot\sqrt{5}\leqslant\sqrt{5}.\end{aligned}$$

5.5.3　高阶全微分

一般地,二元函数 $z=f(x,y)$ 的全微分

$$\mathrm{d}z=\frac{\partial z}{\partial x}\mathrm{d}x+\frac{\partial z}{\partial y}\mathrm{d}y$$

仍是 x 与 y 的二元函数,$\mathrm{d}x$ 与 $\mathrm{d}y$ 是与 x,y 无关的常量.

定义 5.9　若二元函数 $z=f(x,y)$ 有 $k(k>1)$ 阶连续的偏导数,称全微分 $\mathrm{d}z$ 的全微分 $\mathrm{d}(\mathrm{d}z)$ 为二元函数 $z=f(x,y)$ 的**二阶全微分**,记为 d^2z.

一般地,称 $k-1$ 阶全微分的全微分 $\mathrm{d}(\mathrm{d}^{k-1}z)$ 是二元函数 $z=f(x,y)$ 的 **k 阶全微分.**

具体地,二元函数 $z=f(x,y)$ 的二阶全微分是

$$\mathrm{d}^2z=\mathrm{d}(\mathrm{d}z)=\frac{\partial}{\partial x}\left(\frac{\partial z}{\partial x}\mathrm{d}x+\frac{\partial z}{\partial y}\mathrm{d}y\right)\mathrm{d}x+\frac{\partial}{\partial y}\left(\frac{\partial z}{\partial x}\mathrm{d}x+\frac{\partial z}{\partial y}\mathrm{d}y\right)\mathrm{d}y$$

$$= \frac{\partial^2 z}{\partial x^2}(\mathrm{d}x)^2 + \frac{\partial^2 z}{\partial y \partial x}\mathrm{d}y\mathrm{d}x + \frac{\partial^2 z}{\partial x \partial y}\mathrm{d}x\mathrm{d}y + \frac{\partial^2 z}{\partial y^2}(\mathrm{d}y)^2$$

$$= \frac{\partial^2 z}{\partial x^2}\mathrm{d}x^2 + 2\,\frac{\partial^2 z}{\partial x \partial y}\mathrm{d}x\mathrm{d}y + \frac{\partial^2 z}{\partial y^2}\mathrm{d}y^2.$$

为书写简便和便于记忆，约定

$$\left(\frac{\partial}{\partial x}\right)^i \cdot \left(\frac{\partial}{\partial y}\right)^j = \frac{\partial^{i+j}}{\partial x^i \partial y^j}, \quad \frac{\partial^{i+j}}{\partial x^i \partial y^j} \cdot z = \frac{\partial^{i+j} z}{\partial x^i \partial y^j},$$

则

$$\mathrm{d}^2 z = \left(\mathrm{d}x\,\frac{\partial}{\partial x} + \mathrm{d}y\,\frac{\partial}{\partial y}\right)^2 z.$$

类似可得

$$\mathrm{d}^k z = \left(\mathrm{d}x\,\frac{\partial}{\partial x} + \mathrm{d}y\,\frac{\partial}{\partial y}\right)^k z.$$

一般情形，n 元函数 $u=f(x_1, x_2, \cdots, x_n)$ 的 k 阶全微分是

$$\mathrm{d}^k u = \left(\mathrm{d}x_1\,\frac{\partial}{\partial x_1} + \mathrm{d}x_2\,\frac{\partial}{\partial x_2} + \cdots + \mathrm{d}x_n\,\frac{\partial}{\partial x_n}\right)^k u.$$

习　题　5.5

1. 求下列函数的二阶偏导数：

(1) $u=x\sin(x+y)$；　　　(2) $u=\arctan\dfrac{y}{x}$；

(3) $u=\left(\dfrac{x}{y}\right)^x$；　　　(4) $u=f(\sin x, \sin y)$；

(5) $u=f(xy, x-y)$；　　　(6) $u=f\left(\dfrac{x}{y}, \dfrac{y}{z}\right)$.

2. 设 $u=\varphi(x+\psi(y))$ 且 φ, ψ 均存在二阶导数，证明：$\dfrac{\partial^2 u}{\partial x \partial y}=\dfrac{\partial^2 u}{\partial y \partial x}$.

3. 求下列函数在指定点处的泰勒公式(带佩亚诺型余项)：

(1) $f(x,y)=x^3+y^3-3xy$ 在点(1,1)处；

(2) $f(x,y)=\mathrm{e}^{xy}$ 在点(0,0)处到三阶为止；

(3) $f(x,y)=\ln(1+x+y)$ 在点(0,0)处到三阶为止.

4. 设 $f(x,y)$ 的 f'_x, f'_y 和 f''_{yx} 在点 (x_0, y_0) 的某邻域内存在，f''_{yx} 在点 (x_0, y_0) 处连续，证明：$f''_{xy}(x_0, y_0)$ 也存在，且

$$f''_{xy}(x_0, y_0) = f''_{yx}(x_0, y_0).$$

5. 设函数 $f(x,y)$ 的偏导数 f'_x, f'_y 在点 (x_0, y_0) 的某邻域内存在，并且 f'_x, f'_y 在点 (x_0, y_0) 处可微，证明：$f''_{xy}(x_0, y_0)=f''_{yx}(x_0, y_0)$.

6. 设函数 $u=f(\sqrt{x^2+y^2})$ 满足 $\dfrac{\partial^2 u}{\partial x^2}+\dfrac{\partial^2 u}{\partial y^2}=0$，求 $u=f(\sqrt{x^2+y^2})$ 的表达式.

7. 设 $u=u(x,y)$ 的所有二阶偏导数连续，$\dfrac{\partial^2 u}{\partial x^2}=\dfrac{\partial^2 u}{\partial y^2}$，$u(x,2x)=x$，$u'_x(x,2x)=x^4$. 求

$u''_{xx}(x,2x)$，$u''_{xy}(x,2x)$，$u''_{yy}(x,2x)$.

8. 设 $f(x,y)=\int_0^{xy}\mathrm{e}^{-t^2}\,\mathrm{d}t$，求 $\dfrac{x}{y}\dfrac{\partial^2 f}{\partial x^2}-2\dfrac{\partial^2 f}{\partial x\partial y}+\dfrac{y}{x}\dfrac{\partial^2 f}{\partial y^2}$.

9. 设 $f(t)$具有任意阶连续导数，而 $u=f(ax+by+cz)$，对任意正整数 k，求 $\mathrm{d}^k u$.

10. 若函数 $z=f(x,y)$在 $\mathbf{R}^2$ 内任意一点处均有$\dfrac{\partial^2 f}{\partial x\partial y}$存在，问$\dfrac{\partial f}{\partial x}$与$\dfrac{\partial f}{\partial y}$一定存在吗？

第 5 章总练习题

1. $f(x,y)$在点(x_0,y_0)处两个偏导数存在是 $f(x,y)$在该点连续的________.

(A) 充分条件而非必要条件；　　(B) 必要条件而非充分条件；

(C) 充要条件；　　(D) 既非充分条件又非必要条件.

2. 二元函数 $f(x,y)=\begin{cases}\dfrac{xy}{x^2+y^2}, & x^2+y^2\neq 0,\\ 0, & x^2+y^2=0\end{cases}$在点$(0,0)$处________.

(A) 连续，偏导数存在；　　(B) 连续，偏导数不存在；

(C) 不连续，但偏导数存在；　　(D) 不连续，偏导数也不存在.

3. 设函数 $u(x,y,z)=\varphi(x+y)+\varphi(x-y)+\int_{x-y}^{x+y}\psi(t)\,\mathrm{d}t$，其中函数 φ 具有二阶导数，ψ 具有一阶导数，则必有________.

(A) $\dfrac{\partial^2 u}{\partial x^2}=-\dfrac{\partial^2 u}{\partial y^2}$；　　(B) $\dfrac{\partial^2 u}{\partial x^2}=\dfrac{\partial^2 u}{\partial y^2}$；

(C) $\dfrac{\partial^2 u}{\partial x\partial y}=\dfrac{\partial^2 u}{\partial y^2}$；　　(D) $\dfrac{\partial^2 u}{\partial x\partial y}=\dfrac{\partial^2 u}{\partial x^2}$.

4. 设 $f'_x(0,0)=1$，$f'_y(0,0)=2$，则________.

(A) $f(x,y)$在点$(0,0)$处连续；

(B) $\mathrm{d}z\big|_{(0,0)}=\mathrm{d}x+2\mathrm{d}y$；

(C) $\left.\dfrac{\partial f}{\partial \boldsymbol{l}}\right|_{(0,0)}=\cos\alpha+2\cos\beta$，其中 $\cos\alpha$，$\cos\beta$ 为 $\boldsymbol{l}$ 的方向余弦；

(D) $f(x,y)$在$(0,0)$点沿 x 轴方负方向方向导数为-1.

5. 已知 $f(x,y)=x^2+y^2$，$g(x,y)=x^2-y^2$，求 $f(g(x,y),y^2)$与 $g(f(x,y),g(x,y))$.

6. 讨论 $f(x,y)=\dfrac{xy^3}{x^2+y^6}$在$(x,y)\to(0,0)$时的极限.

7. 设 $u=\sin(xy)\tan\left(\dfrac{y}{x}\right)$，求$\dfrac{\partial u}{\partial x}$，$\dfrac{\partial u}{\partial y}$.

8. 设 $\varphi(x)$，$\phi(x)$具有连续的二阶导数，证明函数 $u=\varphi\left(\dfrac{y}{x}\right)+\phi\left(\dfrac{y}{x}\right)$满足方程 $x^2\dfrac{\partial^2 u}{\partial x^2}+2xy\dfrac{\partial^2 u}{\partial x\partial y}+y^2\dfrac{\partial^2 u}{\partial y^2}=0$.

9. 设 $f(x,y)$有连续的偏导数，且 $f(x,x^2)\equiv 1$.

(1) 若 $f'_x(x,x^2)=x$，求 $f'_y(x,x^2)$；

(2) 若 $f'_y(x,y)=x^2+2y$，求 $f(x,y)$.

10. 设 $f(x,y)=\begin{cases}\dfrac{x^2y}{x^2+y^2}\sin\sqrt{x^2+y^2}, & x^2+y^2\neq 0,\\ 0, & x^2+y^2=0,\end{cases}$ 讨论函数 $f(x,y)$ 在点 $(0,0)$ 处的连续性，偏导数的存在性，可微性及偏导数的连续性.

11. 设 $u=xyze^{x+y+z}$，求 $\dfrac{\partial^k u}{\partial x^p\partial y^q\partial z^r}$，其中 $p+q+r=k$.

12. 设有一小山，取它的地面所在平面为 xOy 坐标面，其底部所占区域为 $D=\{(x,y)\mid x^2+y^2-xy\leqslant 75\}$，小山的高度函数为 $h(x,y)=75-x^2-y^2+xy$. 设 $M(x_0,y_0)$ 为区域 D 上的一个点，问 $h(x,y)$ 在该点沿平面上沿什么方向的方向导数最大？若记此方向导数的最大值为 $g(x_0,y_0)$，试写出 $g(x_0,y_0)$ 的表达式.

13. 设 $f(x,y)$ 是 $\mathbf{R}^2$ 一个可微函数，且 $\lim\limits_{\rho\to+\infty}\left(x\dfrac{\partial f}{\partial x}+y\dfrac{\partial f}{\partial y}\right)=\alpha>0$，其中 $\rho=\sqrt{x^2+y^2}$，α 为常数. 证明：$f(x,y)$ 在 $\mathbf{R}^2$ 上有最小值.

第 6 章　隐函数定理及应用

6.1　隐函数及隐函数定理

6.1.1　隐函数概念

以前所接触的函数 $f(x)$(对应关系)多是用自变量的某个算式表示的,一般称这样的函数为**显函数**,如 $f(x)=x^2$,$f(x)=\sin x$ 等.若自变量 x 与因变量 y 之间的对应关系 f 是由某个方程 $F(x,y)=0$ 所确定的,即有两个非空数集 A 与 B,对任意 $x\in A$,通过方程 $F(x,y)=0$ 对应唯一一个 $y\in B$,这种对应关系称为由方程 $F(x,y)=0$ 所确定的**隐函数**.若能把它记为

$$y=f(x),\quad x\in A,\quad y\in B,$$

则成立恒等式

$$F(x,f(x))=0,\quad x\in A.$$

在一定条件下,有些方程所确定的隐函数可转化为显函数,如由方程 $2x-y-5=0$,可得 $y=2x-5$;但有些方程 $F(x,y)=0$ 确定的隐函数转化为显函数十分困难,如 $y^2+\ln y=\sin x$,$e^y-xy+x^2=0$;还有些方程根本不能确定隐函数,如 $\sin(x^2+y^2)+2=0$ 等.因此需要知道

(1) 一般情况下,方程 $F(x,y)=0$ 具备什么条件,才能确定隐函数?

(2) 若方程 $F(x,y)=0$ 能够确定隐函数 $y=f(x)$,那么它在什么条件下连续、可导?

(3) 若方程 $F(x,y)=0$ 所确定的隐函数可导,但隐函数不能用显函数表示出来,那么如何求隐函数的导数?

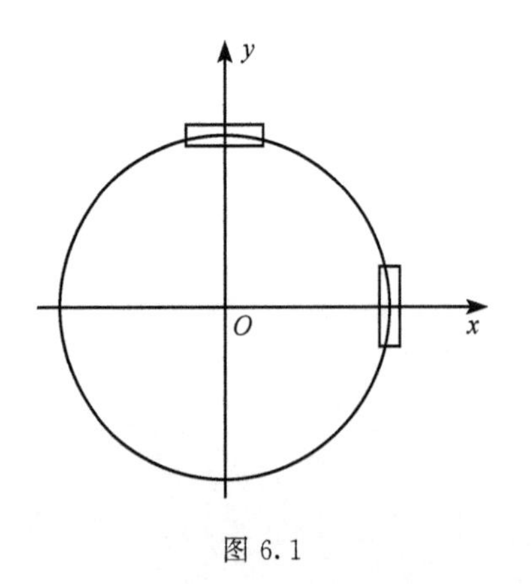

图 6.1

6.1.2　一个方程确定的隐函数存在定理

问题　平面上单位圆周 $x^2+y^2=1$,在什么条件下可以确定隐函数 $y=f(x)$?

如图 6.1 所示,在点 $(0,1)$ 附近,y 是 x 的函数 $y=\sqrt{1-x^2}$,$x\in(-\varepsilon,\varepsilon)$,这里 ε 是一个适当小的正数.而在点 $(1,0)$ 附近,总会发生同一个 x

值对应两个不同的 y 值,因此 y 不是 x 的单值函数.

如果将单位圆周的方程写为

$$F(x,y)=x^2+y^2-1=0,$$

则有 $F'_y(1,0)=0$,$F'_y(0,1)=2\neq0$. 这说明 $F'_y\neq0$ 对确定 y 是 x 的隐函数有着重要作用. 事实上,有如下结论.

定理 6.1(隐函数存在唯一性定理) 若函数 $F(x,y)$ 满足下列条件:

(1) 在以 $P_0(x_0,y_0)$ 为内点的某区域 $D\subset\mathbf{R}^2$ 上连续;

(2) $F(x_0,y_0)=0$(通常称为初始条件);

(3) $F'_x(x,y)$,$F'_y(x,y)$ 在 D 内连续;

(4) $F'_y(x_0,y_0)\neq0$,

则在点 P_0 的某邻域 $U(P_0)\subset D$ 内,方程 $F(x,y)=0$ 唯一地确定了一个定义在某区间 $U(x_0)$ 内的隐函数 $y=f(x)$,使得

1°. $y_0=f(x_0)$;

2°. $F(x,f(x))\equiv0,x\in U(x_0)$;

3°. $f(x)$ 在 $U(x_0)$ 内连续,且有连续的导函数

$$f'(x)=-\frac{F'_x(x,y)}{F'_y(x,y)}.$$

证明 不失一般性,不妨设 $F'_y(x_0,y_0)>0$.

先证隐函数的存在性. 由 $F'_y(x,y)$ 的连续性与局部保号性可知,存在 $\alpha>0$,$\beta>0$,使得在闭矩形域

$$D^*=\{(x,y)\mid |x-x_0|\leqslant\alpha,|y-y_0|\leqslant\beta\}\subset D$$

上恒有 $F'_y(x,y)>0$. 于是 $F(x_0,y)$ 在 $[y_0-\beta,y_0+\beta]$ 上严格单调增加. 又由 $F(x_0,y_0)=0$,得

$$F(x_0,y_0-\beta)<0,\quad F(x_0,y_0+\beta)>0.$$

由 $F(x,y)$ 在 D^* 上的连续性知存在 $\rho>0$,使得在线段 $x_0-\rho<x<x_0+\rho,y=y_0+\beta$ 上有 $F(x,y_0+\beta)>0$,在线段 $x_0-\rho<x<x_0+\rho,y=y_0-\beta$ 上有 $F(x,y_0-\beta)<0$.

对于 $(x_0-\rho,x_0+\rho)$ 内任意点 $\bar{x}$,由上面的讨论知

$$F(\bar{x},y_0-\beta)<0,\quad F(\bar{x},y_0+\beta)>0.$$

而 $F(\bar{x},y)$ 在 $[y_0-\beta,y_0+\beta]$ 上是连续的,由零点存在定理知,必存在 $\bar{y}\in(y_0-\beta,y_0+\beta)$ 使 $F(\bar{x},\bar{y})=0$. 又因为在 D^* 上 $F'_y>0$,所以 $F(\bar{x},y)$ 在 $[y_0-\beta,y_0+\beta]$ 上是严格单调增加的,因此这样的 $\bar{y}$ 是唯一的. 于是在 $(x_0-\rho,x_0+\rho)$,即 $U(x_0)$ 上确定了一个隐函数 $y=f(x)$,它满足

$$y_0=f(x_0)\text{ 且 }F(x,f(x))\equiv0,\quad x\in(x_0-\rho,x_0+\rho).$$

再证 $y=f(x)$ 在 $U(x_0)$ 上的连续性. 设 $\bar{x}$ 为 $U(x_0)$ 内的任一点,对于任意给定

的$\varepsilon>0$,($\varepsilon<\beta$),根据 $F(\bar{x},\bar{y})=0(\bar{y}=f(\bar{x}))$,由前面讨论可得 $F(\bar{x},\bar{y}-\varepsilon)<0$,$F(\bar{x},\bar{y}+\varepsilon)>0$. 由 $F(x,y)$在 D^* 上的连续性知,存在 $\delta>0$,使当 $x\in U(\bar{x},\delta)$时,相应的隐函数满足

$$f(x)\in(\bar{y}-\varepsilon,\bar{y}+\varepsilon),$$

即 $|f(x)-f(\bar{x})|<\varepsilon$. 这说明 $y=f(x)$在 $U(x_0)$上连续.

最后证明 $y=f(x)$在 $U(x_0)$上的可微性. 设 $\bar{x}\in U(x_0)$,取 Δx 充分小,使得 $\bar{x}+\Delta x\in U(x_0)$. 若记

$$\bar{y}=f(\bar{x}),\quad \bar{y}+\Delta y=f(\bar{x}+\Delta x),$$

则显然有

$$F(\bar{x},\bar{y})=0,\quad F(\bar{x}+\Delta x,\bar{y}+\Delta y)=0.$$

应用多元函数的微分中值公式得

$$\begin{aligned}0&=F(\bar{x}+\Delta x,\bar{y}+\Delta y)-F(\bar{x},\bar{y})\\&=F'_x(\bar{x}+\theta_1\Delta x,\bar{y}+\Delta y)\Delta x+F'_y(\bar{x},\bar{y}+\theta_2\Delta y)\Delta y,\end{aligned}$$

其中 $0<\theta_1<1,0<\theta_2<1$. 注意到在 D^* 上 $F'_y\neq0$,因此

$$\frac{\Delta y}{\Delta x}=-\frac{F'_x(\bar{x}+\theta_1\Delta x,\bar{y}+\Delta y)}{F'_y(\bar{x},\bar{y}+\theta_2\Delta y)}.$$

注意到 $y=f(x)$及 F'_x,F'_y的连续性,令 $\Delta x\to0$(同时有 $\Delta y\to0$),得

$$\left.\frac{\mathrm{d}y}{\mathrm{d}x}\right|_{x=\bar{x}}=-\frac{F'_x(\bar{x},\bar{y})}{F'_y(\bar{x},\bar{y})}$$

或

$$f'(\bar{x})=-\frac{F'_x(\bar{x},\bar{y})}{F'_y(\bar{x},\bar{y})}.$$

再由 $\bar{x}$ 的任意性即得结论.

注 6.1 如果把定理 6.1 的条件(4)改为 $F'_x(x_0,y_0)\neq0$,这时结论是存在唯一的可导函数 $x=g(y)$.

注 6.2 如果只要求方程 $F(x,y)=0$ 确定连续的隐函数,则定理 6.1 的条件可以减弱,即有下述结论.

定理 6.2 若函数 $F(x,y)$满足下列条件:

(1) 在以 $P_0(x_0,y_0)$为内点的某区域 $D\subset\mathbf{R}^2$ 上连续;

(2) $F(x_0,y_0)=0$(通常称为**初始条件**);

(3) $F'_y(x,y)$在 D 内存在且连续;

(4) $F'_y(x_0,y_0)\neq0$,

则在点 P_0 的某邻域 $U(P_0)\subset D$ 内,方程 $F(x,y)=0$ 唯一地确定了一个定义在某区间 $U(x_0)$内的隐函数 $y=f(x)$,使得

1°. $y_0=f(x_0)$,$x\in U(x_0)$;

2°. $F(x,f(x))\equiv 0, x\in U(x_0)$；

3°. $f(x)$在$U(x_0)$内连续.

注 6.3　在定理 6.2 中,条件(3)和条件(4)只是用来保证存在P_0的某一邻域,在此邻域内F关于变量y是严格单调的.因此对于该定理所要证明的结论来说,可以把这两个条件减弱为"F在P_0的某一邻域内关于y严格单调".

对于更一般的情形,则有下述结论.

定理 6.3　若函数$F(x_1,x_2,\cdots,x_n,y)$满足下列条件:

(1) 函数$F(x_1,x_2,\cdots,x_n,y)$在以$P_0(x_1^0,x_2^0,\cdots,x_n^0,y^0)$为内点的某区域$G\subset \mathbf{R}^{n+1}$上连续;

(2) $F(x_1^0,x_2^0,\cdots,x_n^0,y^0)=0$;

(3) 偏导数$F'_{x_1},F'_{x_2},\cdots,F'_{x_n},F'_y$均在$G$上存在且连续;

(4) $F'_y|_{P_0}\neq 0$,

则在P_0的某邻域$U(P_0)\subset G$内,方程$F(x_1,x_2,\cdots,x_n,y)=0$唯一确定了一个定义在$Q_0(x_1^0,x_2^0,\cdots,x_n^0)$的某邻域$U(Q_0)\subset \mathbf{R}^n$内的$n$元连续函数(隐函数)$y=f(x_1,x_2,\cdots,x_n)$,使得

1°. 当$(x_1,x_2,\cdots,x_n)\in U(Q_0)$时,有

$$F(x_1,x_2,\cdots,x_n,f(x_1,x_2,\cdots,x_n))\subset U(P_0)$$

且

$$F(x_1,x_2,\cdots,x_n,f(x_1,x_2,\cdots,x_n))\equiv 0,$$

$$y^0=f(x_1{}^0,x_2{}^0,\cdots,x_n{}^0).$$

2°. $f(x_1,x_2,\cdots,x_n)$在$U(Q_0)$内有连续的偏导数$f'_{x_i}, i=1,\cdots,n$且

$$f'_{x_1}=-\frac{F'_{x_1}}{F'_y},\quad f'_{x_2}=-\frac{F'_{x_2}}{F'_y},\cdots,f'_{x_n}=-\frac{F'_{x_n}}{F'_y}.$$

注 6.4　隐函数存在定理的条件仅是充分条件而不是必要条件,但具体应用于计算时,一般总假设所给方程满足隐函数存在定理的条件.

例 6.1　验证方程$F(x,y)=x\mathrm{e}^y+y\mathrm{e}^x=0$在原点$(0,0)$的某邻域内确定唯一的连续隐函数$y=f(x)$.

证明　由于$F(x,y)$与$F'_y=x\mathrm{e}^y+\mathrm{e}^x$都在$\mathbf{R}^2$上连续,当然在点$(0,0)$的邻域内连续,且$F(0,0)=0,F'_y(0,0)=1\neq 0$.由定理 6.2 知方程$F(x,y)=0$在点$(0,0)$的某邻域内确定唯一连续的隐函数$y=f(x)$.

例 6.2　验证方程$F(x,y)=y-x-\frac{1}{2}\sin y=0$在原点$(0,0)$的某邻域内确定唯一的连续可导函数$y=f(x)$,并求$f'(x)$.

解　由于F及其偏导数$F'_x(x,y)=-1,F'_y(x,y)=1-\frac{1}{2}\cos y$在平面$\mathbf{R}^2$上

连续,且 $F(0,0)=0, F'_y(0,0)=\frac{1}{2}\neq 0$. 所以原方程在原点(0,0)附近确定了一个连续可导隐函数 $y=f(x)$,其导数为

$$f'(x)=-\frac{F'_x(x,y)}{F'_y(x,y)}=\frac{1}{1-\frac{1}{2}\cos y}=\frac{2}{2-\cos y}.$$

例 6.3　验证方程 $F(x,y,z)=xy+\sin z+y-2z=0$ 在原点附近确定二元隐函数 $z=f(x,y)$,并求偏导数 $\frac{\partial z}{\partial x}, \frac{\partial z}{\partial y}$.

解　解法一　由于 $F'_x=y, F'_y=x+1, F'_z=\cos z-2\neq 0$,显然在原点附近满足定理 6.3 的条件,所以 $F(x,y,z)=0$ 在原点附近确定二元隐函数 $z=f(x,y)$,且

$$\frac{\partial z}{\partial x}=-\frac{F'_x}{F'_y}=-\frac{y}{\cos z-2},\quad \frac{\partial z}{\partial y}=-\frac{F'_y}{F'_x}=-\frac{x+1}{\cos z-2}.$$

解法二　隐函数的存在同上,下面只求 $\frac{\partial z}{\partial x}, \frac{\partial z}{\partial y}$,则方程两端分别对 x 和 y 求偏导,并注意 z 是 x,y 的函数,得

$$y+\cos z\cdot\frac{\partial z}{\partial x}-2\cdot\frac{\partial z}{\partial x}=0,$$

$$x+\cos z\cdot\frac{\partial z}{\partial y}+1-2\cdot\frac{\partial z}{\partial y}=0.$$

解得

$$\frac{\partial z}{\partial x}=-\frac{y}{\cos z-2},\quad \frac{\partial z}{\partial y}=-\frac{x+1}{\cos z-2}.$$

注 6.5　求 $F(x,y,z)=0$ 确定的隐函数 $z=f(x,y)$ 的偏导数可以用两种方法:

(1) 用公式 $\frac{\partial z}{\partial x}=-\frac{F'_x}{F'_z}, \frac{\partial z}{\partial y}=-\frac{F'_y}{F'_z}$. 此时要注意 F'_x, F'_y 和 F'_z 是三元函数 $F(x,y,z)$ 对相应变量的偏导数.

(2) 在方程 $F(x,y,z)=0$ 两边同时分别对 x 和 y 求偏导,得到

$$F'_x+F'_z\frac{\partial z}{\partial x}=0,\quad F'_y+F'_z\frac{\partial z}{\partial y}=0,\tag{6.1}$$

然后解出 $\frac{\partial z}{\partial x}, \frac{\partial z}{\partial y}$. 此时要注意在求导过程中 z 是 x,y 的函数.

注 6.6　对于隐函数的高阶导数,可用以上类似的方法求得,这时只要假定函数 F 存在相应阶数的连续高阶偏导数. 例如,要计算 $\frac{\partial^2 z}{\partial x^2}$,只需对式(6.1)的第一式两端再关于 x 求偏导,并注意到 z 及 $\frac{\partial z}{\partial x}, \frac{\partial z}{\partial y}$ 是 x,y 的函数,可得

$$F''_{xx}+2F''_{zx}\frac{\partial z}{\partial x}+F''_{zz}\cdot\left(\frac{\partial z}{\partial x}\right)^2+F'_z\cdot\frac{\partial^2 z}{\partial x^2}=0.$$

所以

$$\begin{aligned}\frac{\partial^2 z}{\partial x^2}&=-\frac{1}{F'_z}\left[F''_{xx}+2F''_{zx}\frac{\partial z}{\partial x}+F''_{zz}\cdot\left(\frac{\partial z}{\partial x}\right)^2\right]\\&=-\frac{1}{(F'_z)^3}[F''_{xx}\cdot(F'_z)^2-2F''_{zx}\cdot F'_z\cdot F'_x+F''_{zz}\cdot(F'_x)^2].\end{aligned}\tag{6.2}$$

例 6.4 设 $z=f(x,y),\varphi(x,y)=0$，其中 f,φ 均有一阶连续的偏导数，且 $\varphi'_y\neq 0$，求$\frac{\mathrm{d}z}{\mathrm{d}x}$.

解 由 $\varphi'_y\neq 0$ 及隐函数存在定理知，方程 $\varphi(x,y)=0$ 确定唯一的隐函数 $y=y(x)$，且 $y'=-\frac{\varphi'_x}{\varphi'_y}$. 所以

$$\frac{\mathrm{d}z}{\mathrm{d}x}=f'_x+f'_y\cdot y'=f'_x+f'_y\cdot\left(-\frac{\varphi'_x}{\varphi'_y}\right)=\frac{f'_x\cdot\varphi'_y-f'_y\cdot\varphi'_x}{\varphi'_y}.$$

例 6.5 设 $F(x-y,y-z)=0$，且 F 的一阶偏导数均连续，求$\frac{\partial z}{\partial x},\frac{\partial z}{\partial y}$.

解 在方程 $F(x-y,y-z)=0$ 两端同时分别对 x,y 求导得

$$F'_1+F'_2\left(-\frac{\partial z}{\partial x}\right)=0,\quad F'_1\cdot(-1)+F'_2\cdot\left(1-\frac{\partial z}{\partial y}\right)=0.$$

解得

$$\frac{\partial z}{\partial x}=\frac{F'_1}{F'_2},\quad \frac{\partial z}{\partial y}=\frac{F'_2-F'_1}{F'_2}.$$

例 6.6 设 $x=x(y,z),y=y(x,z),z=z(x,y)$是由方程 $F(x,y,z)=0$ 所确定的隐函数，证明$\frac{\partial x}{\partial y}\cdot\frac{\partial y}{\partial z}\cdot\frac{\partial z}{\partial x}=-1$.

证明 根据题意，应有 $F'_x\neq 0,F'_y\neq 0,F'_z\neq 0$，则

$$\frac{\partial x}{\partial y}=-\frac{F'_y}{F'_x},\quad \frac{\partial y}{\partial z}=-\frac{F'_z}{F'_y},\quad \frac{\partial z}{\partial x}=-\frac{F'_x}{F'_z}.$$

所以

$$\frac{\partial x}{\partial y}\cdot\frac{\partial y}{\partial z}\cdot\frac{\partial z}{\partial x}=\left(-\frac{F'_y}{F'_x}\right)\left(-\frac{F'_z}{F'_y}\right)\left(-\frac{F'_x}{F'_z}\right)=-1.$$

例 6.7 设由方程 $x^3+y^3-3xy=0$(其中 $3y^2-3x\neq 0$)确定隐函数 $y=f(x)$，求 $f(x)$的极值.

解 对方程 $x^3+y^3-3xy=0$ 两端同时关于 x 求导得

$$3x^2+3y^2\cdot f'(x)-3y-3x\cdot f'(x)=0.\tag{6.3}$$

所以

$$f'(x)=-\frac{3x^2-3y}{3y^2-3x},\quad 3y^2-3x\neq 0.$$

注意到函数极值点在曲线 $x^3+y^3-3xy=0$ 上，故令

$$\begin{cases}x^3+y^3-3xy=0,\\ f'(x)=0,\end{cases}$$

得

$$\begin{cases}x^3+y^3-3xy=0,\\ 3x^2-3y=0,\end{cases}$$

解得 $f(x)$ 的驻点为 $(\sqrt[3]{2},\sqrt[3]{4})$.

在(6.3)两端再继续关于 x 求导，注意到

$$f'(\sqrt[3]{2})=0,\quad f''(\sqrt[3]{2})=-2<0.$$

由一元函数极值的充分条件判别法知隐函数 $y=f(x)$ 在 $x=\sqrt[3]{2}$ 处取得极大值，且极大值为 $f(\sqrt[3]{2})=\sqrt[3]{4}$.

习　题　6.1

1. 由方程 $x^2+y+\sin(xy)=0$ 确定的曲线，在原点的邻域内能否用 $y=f(x)$ 的方程表示？能否用 $x=g(y)$ 的方程表示？

2. 设 $x=y+\varphi(y)$，其中 $\varphi(0)=0$，且当 $-a<y<a$ 时，φ' 连续，$|\varphi'(0)|\leqslant k<1$. 证明：存在 $\delta>0$，当 $-\delta<x<\delta$ 时，有唯一可微的函数 $y=y(x)$，满足 $y(0)=0$.

3. 设方程 $x+y+z=\mathrm{e}^z$ 确定隐函数 $z=z(x,y)$，求 $\frac{\partial z}{\partial x},\frac{\partial z}{\partial y}$.

4. 设 $z=x^2+y^2$，而 $y=f(x)$ 是由方程 $x^2-xy+y^2=1$ 所确定的隐函数，求 $\frac{\mathrm{d}z}{\mathrm{d}x},\frac{\mathrm{d}^2z}{\mathrm{d}x^2}$.

5. 设 $f(x,y,z)=xy^2z^3$，而 $z=z(x,y)$ 是由方程 $x^2+y^2+z^2-3xyz=0$ 所确定的隐函数，求 $f'_x(1,1,1)$.

6. 设 $u=f(z)$，$z=g(x,y)$ 由 $z=y+x\varphi(z)$ 确定，f,φ 均连续可微，且 $1-x\varphi'(z)\neq 0$，证明：$\frac{\partial u}{\partial x}=\varphi(z)\cdot\frac{\partial u}{\partial y}$.

7. 设 $z=f(x+y+z,xyz)$ 确定隐函数 $z=z(x,y)$，求 $\frac{\partial z}{\partial x},\frac{\partial z}{\partial y}$.

8. 设方程 $F(x,x+y,x+y+z)=0$ 满足隐函数定理的条件，求 $\frac{\partial z}{\partial x},\frac{\partial z}{\partial y}$ 和 $\frac{\partial^2 z}{\partial y^2}$.

9. 设 $x=x(y,z,u)$，$y=y(x,z,u)$，$z=z(x,y,u)$，$u=u(x,y,z)$ 都是由方程 $F(x,y,z,u)=0$ 确定的隐函数，F 的偏导数连续且均不为 0，证明：$\frac{\partial u}{\partial x}\cdot\frac{\partial x}{\partial y}\cdot\frac{\partial y}{\partial z}\cdot\frac{\partial z}{\partial u}=1$.

10. $F(xz,yz)=0$ 确定隐函数 $z=z(x,y)$，求 $\frac{\partial^2 z}{\partial x^2}$.

6.2 隐函数组及隐函数组定理

6.2.1 隐函数组概念

设 $F(x,y,u,v)$和$G(x,y,u,v)$为定义在区域$V\subset\mathbf{R}^4$ 上的两个四元函数.若存在平面区域 D,对于 D 中每一点(x,y),分别在区间 J 和 K 上有唯一一对值 $u\in J,v\in K$,它们与 x,y 一起满足方程组

$$\begin{cases}F(x,y,u,v)=0,\\G(x,y,u,v)=0.\end{cases}\tag{6.4}$$

则称方程组(6.4)确定了两个定义在区域 D 上,值域分别在 J 和 K 内的函数.称这两个函数为由方程组(6.4)所确定的**隐函数组**.若分别记这两个函数为 $u=f(x,y),v=g(x,y)$,则在 D 上成立恒等式

$$F(x,y,f(x,y),g(x,y))\equiv 0,\quad G(x,y,f(x,y),g(x,y))\equiv 0.$$

6.2.2 隐函数组定理

为了探索方程组(6.4)确定隐函数组的条件,不妨假设(6.4)中的函数 $F(x,y,u,v)$,$G(x,y,u,v)$都可微,且它们确定的两个隐函数 u 和 v 也是可微的,则通过方程组(6.4)关于 x,y 分别求偏导数,得到

$$\begin{cases}\dfrac{\partial F}{\partial x}+\dfrac{\partial F}{\partial u}\cdot\dfrac{\partial u}{\partial x}+\dfrac{\partial F}{\partial v}\cdot\dfrac{\partial v}{\partial x}=0,\\[2mm]\dfrac{\partial G}{\partial x}+\dfrac{\partial G}{\partial u}\cdot\dfrac{\partial u}{\partial x}+\dfrac{\partial G}{\partial v}\cdot\dfrac{\partial v}{\partial x}=0.\end{cases}\tag{6.5}$$

$$\begin{cases}\dfrac{\partial F}{\partial y}+\dfrac{\partial F}{\partial u}\cdot\dfrac{\partial u}{\partial y}+\dfrac{\partial F}{\partial v}\cdot\dfrac{\partial v}{\partial y}=0,\\[2mm]\dfrac{\partial G}{\partial y}+\dfrac{\partial G}{\partial u}\cdot\dfrac{\partial u}{\partial y}+\dfrac{\partial G}{\partial v}\cdot\dfrac{\partial v}{\partial y}=0.\end{cases}\tag{6.6}$$

这样只要以上两式的系数行列式 $J=\begin{vmatrix}\dfrac{\partial F}{\partial u} & \dfrac{\partial F}{\partial v}\\[2mm]\dfrac{\partial G}{\partial u} & \dfrac{\partial G}{\partial v}\end{vmatrix}\neq 0$,则可以由式(6.5)解出 $\dfrac{\partial u}{\partial x}$和$\dfrac{\partial v}{\partial x}$,从式(6.6)解出$\dfrac{\partial u}{\partial y}$和$\dfrac{\partial v}{\partial y}$.称行列式$\begin{vmatrix}\dfrac{\partial F}{\partial u} & \dfrac{\partial F}{\partial v}\\[2mm]\dfrac{\partial G}{\partial u} & \dfrac{\partial G}{\partial v}\end{vmatrix}$为函数 F,G 关于 u,v 的雅可比行列式,记作$\dfrac{\partial(F,G)}{\partial(u,v)}$.

定理 6.4 设 $F(x,y,u,v)$与 $G(x,y,u,v)$以及它们的一阶偏导数在以点

$P_0(x_0,y_0,u_0,v_0)$为内点的某区域$V\subset\mathbf{R}^4$内连续,且满足

(1) $F(x_0,y_0,u_0,v_0)=0,\quad G(x_0,y_0,u_0,v_0)=0$;

(2) $J=\left.\dfrac{\partial(F,G)}{\partial(u,v)}\right|_{P_0}\neq 0$,

则方程组(6.4)在P_0的某邻域$U(P_0)$内唯一确定两个隐函数$u=f(x,y)$,$v=g(x,y)$,使得

1°. $u_0=f(x_0,y_0)$,$v_0=g(x_0,y_0)$;记$Q_0(x_0,y_0)$,则有

$$\begin{cases}F(x,y,f(x,y),g(x,y))\equiv 0,\\ G(x,y,f(x,y),g(x,y))\equiv 0,\end{cases}\quad (x,y)\in U(Q_0).$$

2°. $f(x,y)$,$g(x,y)$在$U(Q_0)$内有一阶连续的偏导数,且

$$\frac{\partial u}{\partial x}=-\frac{1}{J}\frac{\partial(F,G)}{\partial(x,v)},\quad \frac{\partial u}{\partial y}=-\frac{1}{J}\frac{\partial(F,G)}{\partial(y,v)},$$

$$\frac{\partial v}{\partial x}=-\frac{1}{J}\frac{\partial(F,G)}{\partial(u,x)},\quad \frac{\partial v}{\partial y}=-\frac{1}{J}\frac{\partial(F,G)}{\partial(u,y)}.$$

定理 6.4 可推广到更一般的情形,即有

定理 6.5　设由m个方程组成的方程组为

$$\begin{cases}F_1(x_1,x_2,\cdots,x_n,y_1,y_2,\cdots,y_m)=0,\\ F_2(x_1,x_2,\cdots,x_n,y_1,y_2,\cdots,y_m)=0,\\ \quad\cdots\cdots\\ F_m(x_1,x_2,\cdots,x_n,y_1,y_2,\cdots,y_m)=0,\end{cases}\tag{6.7}$$

其中$F_1,F_2,\cdots,F_m$及其一阶偏导数在点$P_0(x_1^0,x_2^0,\cdots,x_n^0,y_1^0,\cdots,y_m^0)$的邻域内连续,且有$F_1(P_0)=\cdots=F_m(P_0)=0$,$\left.\dfrac{\partial(F_1,F_2,\cdots,F_m)}{\partial(y_1,y_2,\cdots,y_m)}\right|_{P_0}\neq 0$,则在点$P_0$的某邻域内,方程组(6.7)唯一确定一组隐函数$y_1=f_1(x_1,\cdots,x_n)$,$y_2=f_2(x_1,\cdots,x_n)$,$\cdots$,$y_m=f_m(x_1,\cdots,x_n)$满足方程组(6.7),且$f_1,f_2,\cdots,f_m$均有一阶连续的偏导数.

例 6.8　验证方程组$\begin{cases}x-2y+u+v=8,\\ x^2-2y^2-u^2+v^2=4\end{cases}$在点$(3,-1,2,1)$的邻域内确定隐函数组,并求$\dfrac{\partial u}{\partial x},\dfrac{\partial v}{\partial x}$.

解　令

$$F(x,y,u,v)=x-2y+u+v-8,$$
$$G(x,y,u,v)=x^2-2y^2-u^2+v^2-4,$$

则$F(3,-1,2,1)=0$,$G(3,-1,2,1)=0$,F与G以及它们的一阶偏导数都连续,且

$$\frac{\partial(F,G)}{\partial(u,v)}=\begin{vmatrix}1 & 1\\ -2u & 2v\end{vmatrix}=2(u+v),\quad \left.\frac{\partial(F,G)}{\partial(u,v)}\right|_{(3,-1,2,1)}=6\neq 0,$$

所以由定理 6.4 知题设方程组确定隐函数组$\begin{cases}u=u(x,y),\\v=v(x,y).\end{cases}$

在方程组两端同时对 x 求导得

$$\begin{cases}1+\dfrac{\partial u}{\partial x}+\dfrac{\partial v}{\partial x}=0,\\2x-2u\cdot\dfrac{\partial u}{\partial x}+2v\cdot\dfrac{\partial v}{\partial x}=0.\end{cases}$$

解得

$$\frac{\partial u}{\partial x}=\frac{x-v}{u+v},\quad \frac{\partial v}{\partial x}=-\frac{x+u}{u+v}.$$

例 6.9 设由方程组

$$\begin{cases}u=zx+yf(z)+\varphi(z),\\x+yf'(z)+\varphi'(z)=0\end{cases}$$

确定一个具有二阶连续偏导数的隐函数 $u=u(x,y)$,证明

$$\frac{\partial^2 u}{\partial x^2}\cdot\frac{\partial^2 u}{\partial y^2}-\left(\frac{\partial^2 u}{\partial x\partial y}\right)^2=0.$$

证明 在方程组第一式两端同时对 x 求导,并借助第二式,得

$$\frac{\partial u}{\partial x}=z+x\cdot\frac{\partial z}{\partial x}+yf'(z)\cdot\frac{\partial z}{\partial x}+\varphi'(z)\cdot\frac{\partial z}{\partial x}=z.$$

同理可得

$$\frac{\partial u}{\partial y}=f(z).$$

所以

$$\frac{\partial^2 u}{\partial x^2}=\frac{\partial z}{\partial x},\quad \frac{\partial^2 u}{\partial y^2}=f'(z)\cdot\frac{\partial z}{\partial y},$$

$$\frac{\partial^2 u}{\partial x\partial y}=\frac{\partial z}{\partial y},\quad \frac{\partial^2 u}{\partial y\partial x}=f'(z)\cdot\frac{\partial z}{\partial x}$$

且由题设知

$$\frac{\partial^2 u}{\partial x\partial y}=\frac{\partial^2 u}{\partial y\partial x},$$

所以

$$\frac{\partial^2 u}{\partial x^2}\cdot\frac{\partial^2 u}{\partial y^2}-\left(\frac{\partial^2 u}{\partial x\partial y}\right)^2=\frac{\partial z}{\partial x}\cdot f'(z)\cdot\frac{\partial z}{\partial y}-\frac{\partial z}{\partial y}\cdot f'(z)\cdot\frac{\partial z}{\partial x}=0.$$

6.2.3 反函数组

这里仅以二元反函数组为例,其他情况可以类似得出.

设有函数组

$$u = u(x,y),\quad v = v(x,y),\tag{6.8}$$

如果能从此函数组(6.8)中,把 x,y 分别用 u,v 的二元函数表示出来,即

$$x = x(u,v),\quad y = y(u,v),\tag{6.9}$$

则称(6.9)为函数组(6.8)的**反函数组**.

并非每个函数组都能确定反函数组,那么函数组应具备什么条件才可确定反函数组呢?有如下定理.

定理 6.6 若函数组(6.8)满足如下条件:

(1) $u(x,y),v(x,y)$均具有连续的偏导数;

(2) $J=\dfrac{\partial(u,v)}{\partial(x,y)}\neq 0$,则函数组(6.8)可确定唯一的具有连续偏导数的反函数组(6.9),且有

$$\frac{\partial x}{\partial u}=\frac{1}{J}\frac{\partial v}{\partial y},\quad \frac{\partial x}{\partial v}=-\frac{1}{J}\frac{\partial u}{\partial y},$$

$$\frac{\partial y}{\partial u}=-\frac{1}{J}\frac{\partial v}{\partial x},\quad \frac{\partial y}{\partial v}=\frac{1}{J}\frac{\partial u}{\partial x}$$

及

$$\frac{\partial(x,y)}{\partial(u,v)}=\frac{1}{\dfrac{\partial(u,v)}{\partial(x,y)}}\text{ 或 }\frac{\partial(u,v)}{\partial(x,y)}\cdot\frac{\partial(x,y)}{\partial(u,v)}=1.$$

证明 令 $F(x,y,u,v)=u-u(x,y)$,$G(x,y,u,v)=v-v(x,y)$,则

$$\frac{\partial(F,G)}{\partial(x,y)}=\begin{vmatrix}-\dfrac{\partial u}{\partial x} & -\dfrac{\partial u}{\partial y}\\ -\dfrac{\partial v}{\partial x} & -\dfrac{\partial v}{\partial y}\end{vmatrix}=\frac{\partial(u,v)}{\partial(x,y)}\neq 0.$$

所以由定理 6.4 知方程组$\begin{cases}F(x,y,u,v)=0,\\G(x,y,u,v)=0\end{cases}$可确定唯一的具有连续偏导数的隐函数组$\begin{cases}x=x(u,v),\\y=y(u,v),\end{cases}$即为所求的反函数组.

在函数组$\begin{cases}u=u(x,y),\\v=v(x,y)\end{cases}$两端同时对 u 求导得

$$\begin{cases}1=\dfrac{\partial u}{\partial x}\cdot\dfrac{\partial x}{\partial u}+\dfrac{\partial u}{\partial y}\cdot\dfrac{\partial y}{\partial u},\\[2ex]0=\dfrac{\partial v}{\partial x}\cdot\dfrac{\partial x}{\partial u}+\dfrac{\partial v}{\partial y}\cdot\dfrac{\partial y}{\partial u},\end{cases}$$

解得

$$\frac{\partial x}{\partial u}=\frac{\dfrac{\partial v}{\partial y}}{\dfrac{\partial(u,v)}{\partial(x,y)}}=\frac{1}{J}\frac{\partial v}{\partial y},\quad \frac{\partial y}{\partial u}=-\frac{\dfrac{\partial v}{\partial x}}{\dfrac{\partial(u,v)}{\partial(x,y)}}=-\frac{1}{J}\frac{\partial v}{\partial x}.$$

同理可得

$$\frac{\partial x}{\partial v}=-\frac{\dfrac{\partial u}{\partial y}}{\dfrac{\partial(u,v)}{\partial(x,y)}}=-\frac{1}{J}\frac{\partial u}{\partial y},\quad \frac{\partial y}{\partial v}=\frac{\dfrac{\partial u}{\partial x}}{\dfrac{\partial(u,v)}{\partial(x,y)}}=\frac{1}{J}\frac{\partial u}{\partial x}.$$

所以

$$\frac{\partial(x,y)}{\partial(u,v)}=\begin{vmatrix}\dfrac{\partial x}{\partial u} & \dfrac{\partial x}{\partial v}\\ \dfrac{\partial y}{\partial u} & \dfrac{\partial y}{\partial v}\end{vmatrix}=\frac{1}{\left(\dfrac{\partial(u,v)}{\partial(x,y)}\right)^2}\begin{vmatrix}\dfrac{\partial v}{\partial y} & -\dfrac{\partial u}{\partial y}\\ -\dfrac{\partial v}{\partial x} & \dfrac{\partial u}{\partial x}\end{vmatrix}$$

$$=\frac{1}{\left(\dfrac{\partial(u,v)}{\partial(x,y)}\right)^2}\cdot\frac{\partial(u,v)}{\partial(x,y)}=\frac{1}{\dfrac{\partial(u,v)}{\partial(x,y)}}.$$

此结论可推广到更一般情形.

定理 6.7 若函数组 $\begin{cases}y_1=y_1(x_1,x_2,\cdots,x_n),\\ \quad\cdots\cdots\\ y_n=y_n(x_1,x_2,\cdots,x_n).\end{cases}$ 满足如下条件：

(1) $y_1,y_2,\cdots,y_n$ 均具有连续的偏导数；

(2) $\dfrac{\partial(y_1,y_2,\cdots,y_n)}{\partial(x_1,x_2,\cdots,x_n)}\neq 0$,

则此函数组可确定唯一的具有连续偏导数的反函数组

$$\begin{cases}x_1=x_1(y_1,y_2,\cdots,y_n),\\ \quad\cdots\cdots\\ x_n=x_n(y_1,y_2,\cdots,y_n)\end{cases}$$

且有

$$\frac{\partial(x_1,x_2,\cdots,x_n)}{\partial(y_1,y_2,\cdots,y_n)}\cdot\frac{\partial(y_1,y_2,\cdots,y_n)}{\partial(x_1,x_2,\cdots,x_n)}=1.$$

例 6.10 证明方程组

$$\begin{cases}x=\mathrm{e}^u+u\sin v,\\ y=\mathrm{e}^u-u\cos v\end{cases}$$

在点 $(x,y,u,v)=(\mathrm{e},\mathrm{e}-1,1,0)$ 的某邻域(记为 $U(P_0)$)内确定反函数组

$$u=u(x,y),\quad v=v(x,y),$$

并求 $\dfrac{\partial u}{\partial x},\dfrac{\partial v}{\partial x},\dfrac{\partial u}{\partial y},\dfrac{\partial v}{\partial y}$.

证明　显然所给函数组具有一阶连续的偏导数,且

$$\left.\frac{\partial(x,y)}{\partial(u,v)}\right|_{P_0}=\begin{vmatrix}e^u+\sin v & u\cos v\\ e^u-\cos v & u\sin v\end{vmatrix}_{(1,1,1,0)}=\begin{vmatrix}e & 1\\ e-1 & 0\end{vmatrix}=1-e\neq 0.$$

由定理 6.6 知函数组在 $U(P_0)$ 内确定具有连续偏导数的反函数组

$$u=u(x,y),\quad v=v(x,y).$$

在函数组中两端同时对 x 求导,得

$$\begin{cases}1=e^u\dfrac{\partial u}{\partial x}+\dfrac{\partial u}{\partial x}\sin v+u\cos v\dfrac{\partial v}{\partial x},\\[2ex] 0=e^u\dfrac{\partial u}{\partial x}-\cos v\dfrac{\partial v}{\partial x}+u\sin v\dfrac{\partial v}{\partial x}.\end{cases}$$

解得

$$\frac{\partial u}{\partial x}=\frac{\sin v}{e^u(\sin v-\cos v)+1},\quad \frac{\partial v}{\partial x}=\frac{\cos v-e^u}{ue^u(\sin v-\cos v)+u}.$$

同理可得

$$\frac{\partial u}{\partial y}=\frac{-\cos v}{e^u(\sin v-\cos v)+1},\quad \frac{\partial v}{\partial y}=\frac{e^u+\sin v}{ue^u(\sin v-\cos v)+u}.$$

例 6.11　对 $\mathbf{R}^3$ 中的一点,其直角坐标(x,y,z)与相应球坐标(r,φ,θ)的变换公式为

$$\begin{cases}x=r\sin\varphi\cos\theta,\\ y=r\sin\varphi\sin\theta,\\ z=r\cos\varphi,\end{cases}$$

其中 $0<r<+\infty,0\leqslant\varphi\leqslant\pi,0\leqslant\theta\leqslant 2\pi$,则函数组(除去 z 轴上的点)可确定反函数组.

证明　由于

$$\frac{\partial(x,y,z)}{\partial(r,\varphi,\theta)}=\begin{vmatrix}\cos\varphi\sin\theta & r\cos\varphi\cos\theta & -r\sin\varphi\sin\theta\\ \sin\theta\sin\varphi & r\cos\theta\sin\varphi & r\sin\theta\cos\varphi\\ \cos\varphi & -r\sin\varphi & 0\end{vmatrix}=r^2\sin\varphi\neq 0,$$

由反函数组定理,函数组(除去 z 轴上的点)可确定 r,θ,φ 分别是 x,y,z 的函数.

事实上,函数组的反函数组为

$$r=\sqrt{x^2+y^2+z^2},\quad \varphi=\arctan\frac{y}{x},\quad \theta=\arccos\frac{z}{r}.$$

习　题　6.2

1. 试讨论方程组

$$\begin{cases}x^2+y^2=\dfrac{z^2}{2},\\ x+y+z=2\end{cases}$$

在点(1,−1,2)的附近能否确定形如 $x=f(z)$,$y=g(z)$ 的隐函数组?

2. 求函数组 $\begin{cases}x^2+y^2+z^2=a^2,\\x^2+y^2=ax\end{cases}$ 所确定的隐函数组的导数 $\dfrac{\mathrm{d}y}{\mathrm{d}x},\dfrac{\mathrm{d}z}{\mathrm{d}x}$.

3. 设函数组 $\begin{cases}xu-yv=0,\\yu+xv=1\end{cases}$ 确定隐函数组,求 $\dfrac{\partial u}{\partial x},\dfrac{\partial v}{\partial x},\dfrac{\partial u}{\partial y},\dfrac{\partial v}{\partial y}$.

4. 设 $\begin{cases}u=f(ux,v+y),\\v=g(u-x,v-y)\end{cases}$ 确定隐函数组 $u=u(x,y)$,$v=v(x,y)$,f,g 有连续的一阶偏导数,求 $\dfrac{\partial u}{\partial x},\dfrac{\partial v}{\partial x}$.

5. 证明:函数组 $\begin{cases}x=\mathrm{e}^v-u\sin v,\\y=\mathrm{e}^v-\mathrm{e}^u\cos v\end{cases}$ 在点 $(x,y,u,v)=(1,0,0,0)$ 的邻域内确定反函数组 $u=u(x,y)$,$v=v(x,y)$,并求 $\dfrac{\partial u}{\partial x},\dfrac{\partial v}{\partial x}$.

6. 方程组 $\begin{cases}x=\mathrm{e}^{u+v},\\y=\mathrm{e}^{u-v},\\z=uv\end{cases}$ 在何条件下能确定隐函数 $z=z(x,y)$? 并求 $\dfrac{\partial z}{\partial x},\dfrac{\partial z}{\partial y}$.

7. 设 $\begin{cases}x=u\cos\dfrac{v}{u},\\y=u\sin\dfrac{v}{u},\end{cases}$ 求反函数组的偏导数 $\dfrac{\partial u}{\partial x},\dfrac{\partial v}{\partial y}$.

6.3 多元函数微分学的几何应用

6.3.1 空间曲线的切线与法平面

1. 空间曲线由参数方程给出的情况

设空间曲线 C 的参数方程为

$$C:\begin{cases}x=x(t),\\y=y(t),\quad t\in[\alpha,\beta].\\z=z(t),\end{cases}\tag{6.10}$$

取定曲线 C 上点 $P_0(x_0,y_0,z_0)=(x(t_0),y(t_0),z(t_0))$. 设式(6.10)中 3 个函数都在 t_0 点可导,且 $[x'(t_0)]^2+[y'(t_0)]^2+[z'(t_0)]^2\neq0$,在 P_0 的附近取动点 $P(x_0+\Delta x,y_0+\Delta y,z_0+\Delta z)\in C$,则割线 $\overline{P_0P}$ 方程为

$$\frac{x-x_0}{\Delta x}=\frac{y-y_0}{\Delta y}=\frac{z-z_0}{\Delta z},$$

其中

$$\Delta x=x(t_0+\Delta t)-x(t_0),\quad \Delta y=y(t_0+\Delta t)-y(t_0),\quad \Delta z=z(t_0+\Delta t)-z(t_0).$$

以 Δt 除上式各分母,得

$$\frac{x-x_0}{\frac{\Delta x}{\Delta t}}=\frac{y-y_0}{\frac{\Delta y}{\Delta t}}=\frac{z-z_0}{\frac{\Delta z}{\Delta t}}.$$

当 $\Delta t\to 0$ 时，$P\to P_0$，且

$$\frac{\Delta x}{\Delta t}\to x'(t_0),\quad \frac{\Delta y}{\Delta t}\to y'(t_0),\quad \frac{\Delta z}{\Delta t}\to z'(t_0),$$

所以曲线 C 在 P_0 处的切线方程为

$$\frac{x-x_0}{x'(t_0)}=\frac{y-y_0}{y'(t_0)}=\frac{z-z_0}{z'(t_0)}.$$

其切向量为 $\boldsymbol{l}=(x'(t_0),y'(t_0),z'(t_0))$.

因为曲线 C 在点 P_0 的法平面是垂直于切线的，所以法平面的法向量与 $\boldsymbol{l}$ 平行，设法平面的法向量为 $\boldsymbol{n}$，则 $\boldsymbol{n}=(x'(t_0),y'(t_0),z'(t_0))$，从而过 P_0 点的法平面方程为

$$x'(t_0)(x-x_0)+y'(t_0)(y-y_0)+z'(t_0)(z-z_0)=0.$$

特别地，如果空间曲线 C 的参数方程以 x 为参数，即

$$C:\begin{cases}x=x,\\ y=y(x),\quad x\in[\alpha,\beta],\\ z=z(x),\end{cases}$$

则 C 在点 $P_0(x_0,y_0,z_0)$ 的切线方程为

$$\frac{x-x_0}{1}=\frac{y-y_0}{y'(x_0)}=\frac{z-z_0}{z'(x_0)}.$$

切向量为 $\boldsymbol{l}=(1,y'(t_0),z'(t_0))$.

C 在 P_0 处的法平面方程为

$$(x-x_0)+y'(x_0)(y-y_0)+z'(x_0)(z-z_0)=0.$$

如果 C 为平面曲线 $y=f(x)$，$x\in[a,b]$，则过点 $P_0(x_0,y_0)$ 切线方程为

$$\frac{x-x_0}{1}=\frac{y-y_0}{f'(x_0)} \text{ 或 } y-y_0=f'(x_0)(x-x_0).$$

切向量为 $\boldsymbol{l}=(1,f'(x_0))$.

例 6.12 求螺旋线 $x=a\cos t$，$y=a\sin t$，$z=bt$ 在 $t_0=\frac{\pi}{3}$ 处的切线方程与法平面方程.

解 由 $x'=-a\sin t$，$y=a\cos t$，$z=b$，则切线方程为

$$\frac{x-a\cos\frac{\pi}{3}}{-a\sin\frac{\pi}{3}}=\frac{y-a\sin\frac{\pi}{3}}{a\cos\frac{\pi}{3}}=\frac{z-b\frac{\pi}{3}}{b},$$

即

$$\frac{x-\frac{a}{2}}{-\frac{\sqrt{3}}{2}a}=\frac{y-\frac{\sqrt{3}}{2}a}{\frac{a}{2}}=\frac{z-\frac{\pi}{3}b}{b}.$$

法平面方程为

$$-\frac{\sqrt{3}}{2}a\left(x-\frac{a}{2}\right)+\frac{a}{2}\left(y-\frac{\sqrt{3}}{2}a\right)+b\left(z-\frac{\pi}{3}b\right)=0.$$

例 6.13 设 $y=\varphi(x)$是区间$[a,b]$上的可微函数，它在 $\mathbf{R}^2$ 上的图像为曲线 l，若 $f(x,y)$在包含曲线 l 的区域 D 上具有连续的偏导数，且在 l 上恒为 0，证明 $f(x,y)$在曲线 l 上任一点沿该曲线切线方向的方向导数为 0.

证明 由于 $f(x,y)$在 D 上有连续的偏导数，故 f 可微，从而 f 在曲线 l 上任一点处沿切线方向的方向导数都存在.

由题设知

$$f(x,\varphi(x))\equiv 0,$$

上式两端同时对 x 求导，得

$$f'_x+f'_y\cdot\varphi'(x)=0.$$

又曲线 l 的切向量为 $\boldsymbol{\tau}=(1,\varphi'(x))$，故切线方向的方向余弦为

$$\cos(\boldsymbol{\tau},x)=\frac{1}{\sqrt{1+(\varphi'(x))^2}},\quad \cos(\boldsymbol{\tau},y)=\frac{\varphi'(x)}{\sqrt{1+(\varphi'(x))^2}},$$

则

$$\frac{\partial f}{\partial\tau}=f'_x\cos(\boldsymbol{\tau},x)+f'_y\cos(\boldsymbol{\tau},y)=\frac{f'_x+f'_y\cdot\varphi'(x)}{\sqrt{1+(\varphi'(x))^2}}\equiv 0.$$

2. 空间曲线为两曲面交线的情况

设空间曲线 L 由方程组

$$\begin{cases}F(x,y,z)=0,\\ G(x,y,z)=0\end{cases}\tag{6.11}$$

给出. 设它在点 $P_0(x_0,y_0,z_0)$ 的邻域内满足隐函数组定理的条件$\left(\text{这里不妨设}\left.\frac{\partial(F,G)}{\partial(x,y)}\right|_{P_0}\neq 0\right)$，则由隐函数存在定理知在方程组(6.11)点 P_0 附近可确定唯一连续导数的隐函数组 $x=x(z)$，$y=y(z)$，$z=z$(亦即 L 的参数方程)，满足 $x_0=x(z_0)$，$y_0=y(z_0)$，且

$$x'(z_0)=-\frac{\left.\frac{\partial(F,G)}{\partial(z,y)}\right|_{P_0}}{\left.\frac{\partial(F,G)}{\partial(x,y)}\right|_{P_0}},\quad y'(z_0)=-\frac{\left.\frac{\partial(F,G)}{\partial(x,z)}\right|_{P_0}}{\left.\frac{\partial(F,G)}{\partial(x,y)}\right|_{P_0}}.$$

故曲线 L 在点 P_0 的切线方程为

$$\frac{x-x_0}{\left.\frac{\partial(F,G)}{\partial(y,z)}\right|_{P_0}}=\frac{y-y_0}{\left.\frac{\partial(F,G)}{\partial(z,x)}\right|_{P_0}}=\frac{z-z_0}{\left.\frac{\partial(F,G)}{\partial(x,y)}\right|_{P_0}}. \tag{6.12}$$

曲线 L 在点 P_0 的法平面方程为

$$\left.\frac{\partial(F,G)}{\partial(y,z)}\right|_{P_0}\cdot(x-x_0)+\left.\frac{\partial(F,G)}{\partial(z,x)}\right|_{P_0}\cdot(y-y_0)+\left.\frac{\partial(F,G)}{\partial(x,y)}\right|_{P_0}\cdot(z-z_0)=0. \tag{6.13}$$

同理,可证当$\left.\frac{\partial(F,G)}{\partial(y,z)}\right|_{P_0}\neq 0$ 或 $\left.\frac{\partial(F,G)}{\partial(z,x)}\right|_{P_0}\neq 0$ 时,曲线 L 在点 P_0 的切线方程仍为式(6.12),在 P_0 的法平面方程仍为式(6.13).

例 6.14　求球面 $x^2+y^2+z^2=50$ 与锥面 $x^2+y^2=z^2$ 的交线在(3,4,5)点处的切线方程与法平面方程.

解　设

$$F(x,y,z)=x^2+y^2+z^2-50,$$
$$G(x,y,z)=x^2+y^2-z^2,$$

则它们在点(3,4,5)处的偏导数和雅可比行列式之值为

$$F'_x=6,\quad F'_y=8,\quad F'_z=10,$$
$$G'_x=6,\quad G'_y=8,\quad G'_z=-10$$

以及

$$\left.\frac{\partial(F,G)}{\partial(y,z)}\right|_{(3,4,5)}=-160,\quad \left.\frac{\partial(F,G)}{\partial(z,x)}\right|_{(3,4,5)}=120,\quad \left.\frac{\partial(F,G)}{\partial(x,y)}\right|_{(3,4,5)}=0.$$

曲线在点(3,4,5)处的切线方程为

$$\frac{x-3}{-160}=\frac{y-4}{120}=\frac{z-5}{0},$$

即

$$\begin{cases}3x+4y-25=0,\\ z=5.\end{cases}$$

法平面方程为

$$-160(x-3)+120(y-4)+0(z-5)=0,$$

即

$$4x-3y=0.$$

6.3.2　空间曲面的切平面与法线

定义 6.1　若在空间曲面 Σ 上,过点 $P_0(x_0,y_0,z_0)$的任一曲线在点 P_0 处的切线都在同一平面上,则此平面称为曲面 Σ 在点 P_0 的**切平面**.

这里先讨论曲面 Σ 的方程为

$$F(x,y,z)=0 \tag{6.14}$$

的情形,其次把显式给出的曲面方程 $z=f(x,y)$ 作为它的特殊情形.

设曲面 Σ 由方程(6.14)给出,其中 F 具有一阶连续的偏导数.若在曲面 Σ 上,过点 $P_0(x_0,y_0,z_0)$ 的任一曲线的参数方程为

$$x=x(t),\quad y=y(t),\quad z=z(t),\quad \alpha\leqslant t\leqslant\beta,$$

其中 $x(t),y(t),z(t)$ 均可导.则曲线在点 P_0 处的切线的方向向量为

$$\boldsymbol{\tau}=(x'(t_0),y'(t_0),z'(t_0)).$$

由于曲线在曲面 Σ 上,故

$$F(x(t),y(t),z(t))\equiv 0.$$

对上式两端关于 t 求导,得

$$F'_x(P_0)\cdot x'(t_0)+F'_y(P_0)\cdot y'(t_0)+F'_z(P_0)\cdot z'(t_0)=0,$$

即

$$(x'(t_0),y'(t_0),z'(t_0))\cdot(F'_x(P_0),F'_y(P_0),F'_z(P_0))=0.$$

这表明向量$(F'_x(P_0),F'_y(P_0),F'_z(P_0))$与曲面上过点 P_0 的任一曲线的切线都垂直,故所有切线都在以向量$(F'_x(P_0),F'_y(P_0),F'_z(P_0))$为法向量且过点 P_0 的平面内,从而曲面 Σ 过点 P_0 的切平面的法向量为

$$\boldsymbol{n}=(F'_x(P_0),F'_y(P_0),F'_z(P_0)).$$

于是过曲面 Σ 上点 $P_0(x_0,y_0,z_0)$处的切平面方程为

$$F'_x(P_0)\cdot(x-x_0)+F'_y(P_0)\cdot(y-y_0)+F'_z(P_0)\cdot(z-z_0)=0.$$

过点 $P_0(x_0,y_0,z_0)$处的法线方程为

$$\frac{x-x_0}{F'_x(P_0)}=\frac{y-y_0}{F'_y(P_0)}=\frac{z-z_0}{F'_z(P_0)}.$$

注 6.7 上述讨论中,都假设 $F'_x(P_0),F'_y(P_0),F'_z(P_0)$不全为零.

现在来考虑曲面 Σ 的方程为 $z=f(x,y)$的情形,其中 f 都有连续的偏导数.

令 $F(x,y,z)=z-f(x,y)$,使方程变形为 $F(x,y,z)=0$,则

$$F'_x(P_0)=-f'_x(x_0,y_0),\quad F'_y(P_0)=-f'_y(x_0,y_0),\quad F'_z(P_0)=1.$$

所以曲面 Σ 在点 P_0 的法向量为

$$\boldsymbol{n}=(-f'_x(x_0,y_0),-f'_y(x_0,y_0),1).$$

故曲面 Σ 在点 P_0 的切平面方程为

$$f'_x(x_0,y_0)(x-x_0)+f'_y(x_0,y_0)(y-y_0)=z-z_0.$$

曲面 Σ 在点 P_0 的法线方程为

$$\frac{x-x_0}{f'_x(x_0,y_0)}=\frac{y-y_0}{f'_y(x_0,y_0)}=\frac{z-z_0}{-1},$$

其中 $z_0=f(x_0,y_0)$.

注 6.8 曲面 $\Sigma: z=f(x,y)$ 上的法向量可以是 $\boldsymbol{n}=(-f'_x,-f'_y,1)$，也可以为 $\boldsymbol{n}=(f'_x,f'_y,-1)$. 但当曲面 Σ 的法向量向上时(即法向量正向与 z 轴正向夹角 γ 满足 $0<\gamma\leqslant\frac{\pi}{2}$ 时)，Σ 的法向量应为 $\boldsymbol{n}=(-f'_x,-f'_y,1)$.

例 6.15 证明若函数 $F(u,v)$ 具有连续的偏导数，则曲面 Σ：

$$F(nx-lz,ny-mz)=0$$

上任一点的切平面都平行于直线 $L:\frac{x}{l}=\frac{y}{m}=\frac{z}{n}$.

证明 令 $u=nx-lz, v=ny-mz$，则

$$F'_x=nF'_u,\quad F'_y=nF'_v,\quad F'_z=-lF'_u-mF'_v.$$

故曲面 Σ 上任一点 P 处的法向量为

$$\boldsymbol{n}=(F'_x,F'_y,F'_z)=(nF'_u,nF'_v,-lF'_u-mF'_v),$$

又因为直线 L 的方向数为 $\boldsymbol{\tau}=(l,m,n)$，所以

$$\boldsymbol{n}\cdot\boldsymbol{\tau}=nlF'_u+nmF'_v-nlF'_u-nmF'_v=0.$$

从而直线 L 平行于曲面 Σ 在点 P 处的切平面.

例 6.16 证明曲面 $xyz=a(a>0)$ 的任一切平面与 3 个坐标平面所围成的四面体的体积是一个定值.

证明 曲面方程改写为 $F(x,y,z)=xyz-a=0$，则

$$F'_x=yz,\quad F'_y=xz,\quad F'_z=xy.$$

设 $P_0(x_0,y_0,z_0)$ 为曲面上任意点，即 $x_0y_0z_0=a$，则该曲面在点 P_0 处的切平面方程为

$$y_0z_0(x-x_0)+x_0z_0(y-y_0)+x_0y_0(z-z_0)=0,$$

即

$$\frac{x}{x_0}+\frac{y}{y_0}+\frac{z}{z_0}=3.$$

该平面与 3 个坐标轴的交点分别为 $(3x_0,0,0)$，$(0,3y_0,0)$，$(0,0,3z_0)$，故四面体的体积为

$$V=\frac{1}{6}|3x_0\cdot 3y_0\cdot 3z_0|=\frac{9}{2}|x_0y_0z_0|=\frac{9}{2}a.$$

习 题 6.3

1. 求下列曲线在所示点处的切线方程和法平面方程：

(1) $x=a\sin^2 t, y=b\sin t\cos t, z=c\cos^2 t$ 在点 $t=\frac{\pi}{4}$；

(2) $y=x, z=x^2$ 在点 $(1,1,1)$ 处；

(3) $\begin{cases}x^2+y^2+z^2=4,\\x^2+y^2-2x=0\end{cases}$ 在点 $(1,1,\sqrt{2})$ 处；

(4) $\begin{cases} xyz=1, \\ x=y^2 \end{cases}$ 在点(1,1,1)处.

2. 在曲线 $y=x^2, z=x^3$ 上找一点,使在该点处的切线平行于平面 $x-2y+z=4$.

3. 求曲面 $x^2+y^2+z^2=x$ 的切平面,使其垂直于平面 $x-y-z=2$ 与 $x-y-\frac{z}{2}=2$.

4. 证明:曲面 $\sqrt{x}+\sqrt{y}+\sqrt{z}=\sqrt{a}(a>0)$ 上任一点的切平面在各坐标轴上的截距之和等于 a.

5. 设 $F(u,v)$ 可微,证明曲面 $F\left(\frac{x-a}{z-c},\frac{y-b}{z-c}\right)=0$(其中 a,b,c 为 常数)上任意点的切平面都过某一个定点.

6. 证明:球面 $x^2+y^2+z^2=1$ 上任意一点处的法线必通过球心(0,0,0).

7. 求函数 $u=\frac{x}{\sqrt{x^2+y^2+z^2}}$ 在点 $M(1,2,-2)$ 处沿曲线 $x=t, y=2t^2, z=-2t^4$ 在该点切线方向的方向导数.

6.4 多元函数的极值

6.4.1 二元函数的普通极值:无条件极值

定义 6.2 设函数 $z=f(x,y)$ 在点 $P_0(x_0,y_0)$ 的某邻域 $U(P_0)$ 内有定义,如果对 $\forall(x,y)\in U(P_0)$,都有

$$f(x,y)\leqslant f(x_0,y_0)(\text{或 } f(x,y)\geqslant f(x_0,y_0)),$$

则称 $f(x_0,y_0)$ 为函数 $f(x,y)$ 的一个**极大值**(或**极小值**),此时点 P_0 称为 $f(x,y)$ 的**极大值**点(或**极小值**点).函数的极大值和极小值统称为函数的**极值**,极大值点和极小值点统称为函数的**极值点**.

注 6.9 可见函数 $f(x,y)$ 的极值是局部性的概念.此外,这里讨论的极值点只限于定义域的内点.

例 6.17 设 $f(x,y)=x^2+y^2, g(x,y)=\sqrt{1-x^2-y^2}, h(x,y)=xy$.由定义易知,坐标原点(0,0)显然是函数 $f(x,y)$ 的极小值点,是 $g(x,y)$ 的极大值点,但不是 $h(x,y)$ 的极值点.

设函数 $f(x,y)$ 在 $P_0(x_0,y_0)$ 点可微,当固定 x_0 或 y_0 时,$f(x_0,y)$ 或 $f(x,y_0)$ 成为一元函数,应用一元函数的费马定理可知,如果函数 $f(x,y)$ 在点 P_0 取得极值,则必有 $f'_x(x_0,y_0)=0$ 或 $f'_y(x_0,y_0)=0$.

对满足 $f'_x(P_0)=0$ 且 $f'_y(P_0)=0$ 的点 $P_0(x_0,y_0)$,称为函数 $f(x,y)$ 的**稳定点**或**驻点**.

定理 6.8(极值必要条件) 若函数 $f(x,y)$ 在点 $P_0(x_0,y_0)$ 存在偏导数且在 P_0 点取得极值,则有

$$f'_x(x_0,y_0)=0,\quad f'_y(x_0,y_0)=0.$$

注 6.10 驻点是可微函数 $f(x,y)$ 取得极值的必要条件,而不是充分条件.例如,前面 $h(x,y)$,在原点 $(0,0)$ 处满足 $h'_x(0,0)=0,h'_y(0,0)=0$,但 $(0,0)$ 并非 $h(x,y)=xy$ 的极值点.

注 6.11 若函数 $f(x,y)$ 在某点 $P_0(x_0,y_0)$ 的偏导数不存在,点 P_0 仍可能是 $f(x,y)$ 的极值点.例如,$f(x,y)=\sqrt{x^2+y^2}$,易知它在原点的偏导数 $f'_x(0,0)$ 和 $f'_y(0,0)$ 均不存在,但 $f(x,y)=\sqrt{x^2+y^2}\geqslant 0=f(0,0)$,即 $(0,0)$ 为 $f(x,y)$ 的极小值点.

假定 f 具有二阶连续偏导数,并记

$$\boldsymbol{H}_f(P_0)=\begin{pmatrix} f''_{xx}(P_0) & f''_{xy}(P_0) \\ f''_{xy}(P_0) & f''_{yy}(P_0) \end{pmatrix}=\begin{pmatrix} f''_{xx} & f''_{xy} \\ f''_{xy} & f''_{yy} \end{pmatrix}_{P_0}. \tag{6.15}$$

称之为 f 在 P_0 的黑赛(Hesse)矩阵.

定理 6.9(极值的充分条件) 设二元函数 $f(x,y)$ 在点 $P_0(x_0,y_0)$ 的某邻域 $U(P_0)$ 内具有二阶连续偏导数,且 $f'_x(P_0)=0,f'_y(P_0)=0$,则

(1) 当 $\boldsymbol{H}_f(P_0)$ 是正定矩阵时,f 在 P_0 取得极小值;

(2) 当 $\boldsymbol{H}_f(P_0)$ 是负定矩阵时,f 在 P_0 取得极大值;

(3) 当 $\boldsymbol{H}_f(P_0)$ 是不定矩阵时,f 在 P_0 不取极值.

证明 由二元函数的泰勒公式,并注意到 $f'_x(P_0)=0,f'_y(P_0)=0$,有

$$\begin{aligned} & f(x_0+\Delta x,y_0+\Delta y)-f(x_0,y_0) \\ ={} & \frac{1}{2}[f''_{xx}(P_0)\Delta x^2+2f''_{xy}(P_0)\Delta x\cdot\Delta y+f''_{yy}(P_0)\Delta y^2]+o(\rho^2) \\ ={} & \frac{1}{2}(\Delta x,\Delta y)\cdot\boldsymbol{H}_f(P_0)\cdot(\Delta x,\Delta y)^{\mathrm{T}}+o(\rho^2), \end{aligned}$$

其中 $\rho=\sqrt{\Delta x^2+\Delta y^2}$.

由于 $\boldsymbol{H}_f(P_0)$ 正定,所以对任何 $(\Delta x,\Delta y)\neq(0,0)$,都有二次型

$$F(\Delta x,\Delta y)=(\Delta x,\Delta y)\cdot\boldsymbol{H}_f(P_0)\cdot(\Delta x,\Delta y)^{\mathrm{T}}>0,$$

因此存在一个与 $\Delta x,\Delta y$ 无关的正数 q,使得

$$F(\Delta x,\Delta y)\geqslant 2q(\Delta x^2+\Delta y^2).$$

事实上,若记 $u=\dfrac{\Delta x}{\sqrt{\Delta x^2+\Delta y^2}}$,$v=\dfrac{\Delta y}{\sqrt{\Delta x^2+\Delta y^2}}$,则 u,v 在单位圆周 $u^2+v^2=1$ 上,而 $\Phi(u,v)=F(\Delta x,\Delta y)/(\rho^2)=(u,v)\boldsymbol{H}_f(P_0)(u,v)^{\mathrm{T}}$ 在单位圆上必有最小值 $2q>0$.

从而对于充分小的 $U(P_0)$,只要 $(x,y)\in U(P_0)$ 就有

$$\begin{aligned} f(x_0+\Delta x,y_0+\Delta y)-f(x_0,y_0) &\geqslant q(\Delta x^2+\Delta y^2)+o(\Delta x^2+\Delta y^2) \\ &=(\Delta x^2+\Delta y^2)(q+o(1))\geqslant 0, \end{aligned}$$

即 f 在 P_0 取得极小值.

同理,可证 $\boldsymbol{H}_f(P_0)$是负定矩阵时,f 在 P_0 取得极大值.

最后,当 $\boldsymbol{H}_f(P_0)$是不定矩阵时,f 在 P_0 一定不取极值,这是因为 $\boldsymbol{H}_f(P_0)$是不定矩阵,从而存在$(\Delta x,\Delta y)\neq(0,0)$,使得 $F(\Delta x,\Delta y)>0$;也存在$(\Delta x,\Delta y)\neq(0,0)$,使得 $F(\Delta x,\theta\Delta y)<0$,故而当 $\rho=\sqrt{\Delta x^2+\Delta y^2}$充分小时,$f(x_0+\Delta x,y_0+\Delta y)-f(x_0,y_0)$可以大于零,也可以小于零,故 f 在 P_0 一定不取极值.

若记

$$A=f''_{xx}(P_0),\quad B=f''_{xy}(P_0),\quad C=f''_{yy}(P_0),$$

则可以有下述实用的推论:

推论 6.1(极值的充分条件) 设二元函数 $f(x,y)$在点 $P_0(x_0,y_0)$的某邻域 $U(P_0)$内具有二阶连续偏导数,且 $f'_x(P_0)=0,f'_y(P_0)=0$,则

(1) 当 $AC-B^2>0$ 时,函数 $f(x,y)$在点 P_0 处一定取得极值,且若 $A<0$,则取得极大值;若 $A>0$,则取得极小值.

(2) 当 $AC-B^2<0$ 时,函数 $f(x,y)$在点 P_0 处一定不能取得极值.

(3) 当 $AC-B^2=0$ 时,无法判别函数 $f(x,y)$在点 P_0 处是否取得极值.

例 6.18 求函数 $f(x,y)=x^3+y^3-3xy$ 的极值.

解 由 $f'_x=3x^2-3y,f'_y=3y^2-3x$,令 $f'_x=0,f'_x=0$,解得稳定点为(0,0)和(1,1).又由于 $f''_{xx}=6x,f''_{xy}=-3,f''_{yy}=6y$,所以在点(0,0)处,有

$$A=C=0,\quad B=-3,\quad AC-B^2=-9<0.$$

故点(0,0)不是极值点.

在点(1,1)处,有

$$A=C=6>0,\quad B=-3,\quad AC-B^2=27>0.$$

故点(1,1)为函数的极小值点,极小值为 $f(1,1)=-1$.

例 6.19 设 $z=z(x,y)$由方程 $x^2-6xy+10y^2-2yz-z^2+18=0$ 所确定的隐函数.求 $z=z(x,y)$的极值点和极值.

解 由 $x^2-6xy+10y^2-2yz-z^2+18=0$,则

$$2x-6y-2y\frac{\partial z}{\partial x}-2z\frac{\partial z}{\partial x}=0,\quad -6x+20y-2z-2y\frac{\partial z}{\partial y}-2z\frac{\partial z}{\partial y}=0.$$

令$\dfrac{\partial z}{\partial x}=0,\dfrac{\partial z}{\partial y}=0$,得

$$\begin{cases}x-3y=0,\\-3x+10y-z=0.\end{cases}$$

故

$$\begin{cases}x=3y,\\z=y.\end{cases}$$

将上式代入原方程,得

$$\begin{cases} x = 9, \\ y = 3, \\ z = 3 \end{cases} \quad 或 \quad \begin{cases} x = -9, \\ y = -3, \\ z = -3. \end{cases}$$

又由于

$$2 - 2y\frac{\partial^2 z}{\partial x^2} - 2\left(\frac{\partial z}{\partial x}\right)^2 - 2z\frac{\partial^2 z}{\partial x^2} = 0,$$

$$-6 - 2\frac{\partial z}{\partial x} - 2y\frac{\partial^2 z}{\partial x \partial y} - 2\frac{\partial z}{\partial y} \cdot \frac{\partial z}{\partial x} - 2z\frac{\partial^2 z}{\partial x \partial y} = 0,$$

$$20 - 2\frac{\partial z}{\partial y} - 2\frac{\partial z}{\partial y} - 2y\frac{\partial^2 z}{\partial y^2} - 2\left(\frac{\partial z}{\partial y}\right)^2 - 2z\frac{\partial^2 z}{\partial y^2} = 0.$$

所以

$$A = \frac{\partial^2 z}{\partial x^2}\bigg|_{(9,3,3)} = \frac{1}{6} > 0, \quad B = \frac{\partial^2 z}{\partial x \partial y}\bigg|_{(9,3,3)} = -\frac{1}{2}, \quad C = \frac{\partial^2 z}{\partial y^2}\bigg|_{(9,3,3)} = \frac{5}{3}.$$

故 $AC - B^2 = \frac{1}{36} > 0$，从而点 $(9,3)$ 是 $z(x,y)$ 的极小值点，极小值为 $z(9,3) = 3$.

类似地，由

$$A = \frac{\partial^2 z}{\partial x^2}\bigg|_{(-9,-3,-3)} = -\frac{1}{6} < 0, \quad B = \frac{\partial^2 z}{\partial x \partial y}\bigg|_{(-9,-3,-3)} = \frac{1}{2},$$

$$C = \frac{\partial^2 z}{\partial y^2}\bigg|_{(-9,-3,-3)} = -\frac{5}{3},$$

故 $AC - B^2 = \frac{1}{36} > 0$，从而点 $(-9,-3)$ 是 $z(x,y)$ 的极大值点，极大值为 $z(-9,-3) = -3$.

例 6.20　设 $z = f(x,y)$ 在有界闭区域 D 上有二阶连续的偏导数，且 $\frac{\partial^2 z}{\partial x^2} + \frac{\partial^2 z}{\partial y^2} = 0$，$\frac{\partial^2 z}{\partial x \partial y} \neq 0$，证明 $f(x,y)$ 的最大值、最小值只能在区域的边界上取得.

证明　因 $f(x,y)$ 在有界闭区域 D 上连续，$f(x,y)$ 在 D 上一定可以取得最大值和最小值. 记

$$A = \frac{\partial^2 z}{\partial x^2}, \quad B = \frac{\partial^2 z}{\partial x \partial y}, \quad C = \frac{\partial^2 z}{\partial y^2}.$$

下证 $f(x,y)$ 在 D 的内部不可能取得极值，也即只需证明在 D 内任意点处，有 $AC - B^2 < 0$.

由条件知

$$A + C = 0, \quad B \neq 0,$$

则

$$AC - B^2 \leqslant \frac{(A+C)^2}{4} - B^2 < 0.$$

所以 $f(x,y)$ 不可能在 D 的内部取得极值，从而 $f(x,y)$ 的最值只能在区域的边界上取得.

6.4.2 多元函数的条件极值

在实际问题中，有一类极值问题，其自变量除受定义域的限制外，还受其他条件的限制，此类极值问题称为**条件极值问题**.

例如，求原点到直线 $2x+3y=6$ 的距离，可归结为求 $f(x,y)=x^2+y^2$ 在限制条件 $2x+3y-6=0$ 下的最小值问题，显然自变量 x,y 除受定义域限制之外，还受方程 $2x+3y-6=0$ 的限制.

求目标函数 $z=f(x,y)$ 在限制条件(也称为**约束条件**) $g(x,y)=0$ 下的极值，有时可以从约束条件 $g(x,y)=0$ 解出 $y=\varphi(x)$，代入 $z=f(x,y)$ 得到 $z=f(x,\varphi(x))$，再利用一元函数求极值的方法去求极值，但这种方法在多数情况下却行不通. 下面，将介绍多元函数条件极值所必须具备的条件.

为了书写简单且易于理解，仅讨论目标函数 $u=f(x,y,z)$ 在约束条件 $F(x,y,z)=0$ 下的条件极值.

设 f 与 F 具有一阶连续的偏导数，且 F'_x,F'_y,F'_z 不同时为零，不妨设 $F'_z\neq 0$. 由隐函数存在定理知，方程 $F(x,y,z)=0$ 确定 z 是 x,y 的隐函数 $z=\varphi(x,y)$. 从而这个条件极值问题就转化为函数 $u=f(x,y,\varphi(x,y))$ 的无条件极值问题了. 因而极值点的坐标必须满足下述方程组：

$$\begin{cases}\dfrac{\partial u}{\partial x}=\dfrac{\partial f}{\partial x}+\dfrac{\partial f}{\partial z}\dfrac{\partial \varphi}{\partial x}=0,\\ \dfrac{\partial u}{\partial y}=\dfrac{\partial f}{\partial y}+\dfrac{\partial f}{\partial z}\dfrac{\partial \varphi}{\partial y}=0,\\ F(x,y,z)=0.\end{cases}\tag{6.16}$$

又由隐函数的求导法则，有

$$\frac{\partial \varphi}{\partial x}=-\frac{\dfrac{\partial F}{\partial x}}{\dfrac{\partial F}{\partial z}},\quad \frac{\partial \varphi}{\partial y}=-\frac{\dfrac{\partial F}{\partial y}}{\dfrac{\partial F}{\partial z}}.\tag{6.17}$$

将式(6.17)代入式(6.16)中，得到极值点的坐标满足的方程组

$$\begin{cases}\dfrac{\partial f}{\partial x}\dfrac{\partial F}{\partial z}-\dfrac{\partial f}{\partial z}\dfrac{\partial F}{\partial x}=0,\\ \dfrac{\partial f}{\partial y}\dfrac{\partial F}{\partial z}-\dfrac{\partial f}{\partial z}\dfrac{\partial F}{\partial y}=0,\\ F(x,y,z)=0.\end{cases}\tag{6.18}$$

注 6.12　满足方程组(6.18)的点亦称为稳定点或驻点. 因此在一阶偏导数存在的前提下,在稳定点处才可能取得极值.

令

$$\lambda=-\frac{\dfrac{\partial f}{\partial z}}{\dfrac{\partial F}{\partial z}},\quad 即\ \frac{\partial f}{\partial z}+\lambda\frac{\partial F}{\partial z}=0,$$

则方程组(6.18)可改写成如下对称形式:

$$\begin{cases}\dfrac{\partial f}{\partial x}+\lambda\dfrac{\partial F}{\partial x}=0,\\[2mm]\dfrac{\partial f}{\partial y}+\lambda\dfrac{\partial F}{\partial y}=0,\\[2mm]\dfrac{\partial f}{\partial z}+\lambda\dfrac{\partial F}{\partial z}=0,\\[2mm]F(x,y,z)=0.\end{cases}\tag{6.19}$$

所以,若(x_0,y_0,z_0,λ_0)是方程组(6.19)的解,则点(x_0,y_0,z_0)就是稳定点.

如果引入辅助函数

$$L(x,y,z,\lambda)=f(x,y,z)+\lambda F(x,y,z),$$

令辅助函数 $L(x,y,z,\lambda)$分别关于变量 x,y,z,λ 的偏导数等于零,则方程组(6.19)即为

$$\begin{cases}L'_x=\dfrac{\partial f}{\partial x}+\lambda\dfrac{\partial F}{\partial x}=0,\\[2mm]L'_y=\dfrac{\partial f}{\partial y}+\lambda\dfrac{\partial F}{\partial y}=0,\\[2mm]L'_z=\dfrac{\partial f}{\partial z}+\lambda\dfrac{\partial F}{\partial z}=0,\\[2mm]L'_\lambda=F(x,y,z)=0.\end{cases}\tag{6.20}$$

于是,所讨论的条件极值就转化为辅助函数 $L(x,y,z,\lambda)$的无条件极值(其中 λ 是辅助变量,只起参数的作用).

从以上讨论可看出,求函数 $u=f(x,y,z)$在约束条件 $F(x,y,z)=0$ 下的条件极值的步骤如下:

(1) 作辅助函数

$$L(x,y,z,\lambda)=f(x,y,z)+\lambda F(x,y,z).$$

(2) 对辅助函数 $L(x,y,z,\lambda)$所有变量求导并令其为零,求方程组(6.20)的解. 设一个解为(x_0,y_0,z_0,λ_0),去掉 λ_0,就得到一个稳定点(x_0,y_0,z_0);

(3) 如果由问题的实际意义知必存在条件极值,且只求得唯一的稳定点,则该

稳定点就是所求的极值点.

注 6.13 上述求条件极值的方法称为拉格朗日乘数法,辅助函数 L 称为**拉格朗日函数**,辅助变量 λ 称为**拉格朗日乘数**.

拉格朗日乘数法还可以推广,如求函数 $u=f(x,y,z)$ 在约束条件

$$\begin{cases} F_1(x,y,z)=0, \\ F_2(x,y,z)=0 \end{cases}$$

下的条件极值.此时辅助函数为

$$L(x,y,z,\lambda_1,\lambda_2)=f(x,y,z)+\lambda_1 F_1(x,y,z)+\lambda_2 F_2(x,y,z),$$

其中 λ_1 与 λ_2 都是拉格朗日乘数.

例 6.21 求函数 $f(x,y,z)=ax^2+by^2+cz^2(a>0,b>0,c>0)$ 在条件 $x+y+z=1$ 下的最小值.

解 作拉格朗日函数

$$L(x,y,z,\lambda)=ax^2+by^2+cz^2+\lambda(x+y+z-1).$$

对 L 求偏导数并令其为零,得

$$\begin{cases} 2ax+\lambda=0, \\ 2by+\lambda=0, \\ 2cz+\lambda=0, \\ x+y+z=1, \end{cases}$$

解得唯一稳定点

$$x=\frac{bc}{ab+bc+ac}, \quad y=\frac{ac}{ab+bc+ac}, \quad z=\frac{ab}{ab+bc+ac}.$$

故所求最小值为

$$f_{\min}=\frac{abc(bc+ac+ab)}{(ab+bc+ac)^2}.$$

例 6.22 设 $P(x_1,y_1)$ 是椭圆 $\frac{x^2}{a^2}+\frac{y^2}{b^2}=1$ 外的一点,求证若 Q 是椭圆上与 P 相距最近的一点,则线段 PQ 在椭圆的法线上.

证明 设椭圆上的点为 (x,y),问题转化为在约束条件 $\frac{x^2}{a^2}+\frac{y^2}{b^2}=1$ 下,求函数 $f(x,y)=(x-x_1)^2+(y-y_1)^2$ 的最小值点.

作拉格朗日函数

$$L(x,y,\lambda)=(x-x_1)^2+(y-y_1)^2+\lambda\left(\frac{x^2}{a^2}+\frac{y^2}{b^2}-1\right).$$

令 $L'_x=L'_y=L'_\lambda=0$,得方程组

$$\begin{cases} 2(x-x_1)+\dfrac{2\lambda}{a^2}x=0, \\ 2(y-y_1)+\dfrac{2\lambda}{b^2}y=0, \\ \dfrac{x^2}{a^2}+\dfrac{y^2}{b^2}=1. \end{cases}$$

若直接求解方程组，计算量很大. 由于条件极值一定存在，即 Q 点坐标一定是方程组的解，不妨设为 $Q(x_2,y_2)$，由方程组可得 PQ 的斜率为

$$k_{PQ}=\frac{y_2-y_1}{x_2-x_1}=\frac{a^2y_2}{b^2x_2}.$$

又在 $\dfrac{x^2}{a^2}+\dfrac{y^2}{b^2}=1$ 两端关于 x 求导得 $\dfrac{2x}{a^2}+\dfrac{2y}{b^2}\cdot y'_x=0$，所以椭圆在点 Q 的切线斜率为 $k_{QT}=y'_x\big|_Q=-\dfrac{b^2x_2}{a^2y_2}$. 于是 $k_{PQ}\cdot k_{QT}=-1$，即 PQ 在椭圆的法线上.

例 6.23　证明对任何正数 a,b,c，恒有不等式

$$ab^2c^3\leqslant 108\left(\frac{a+b+c}{6}\right)^6.$$

证明　设目标函数为

$$f(x,y,z)=\ln xy^2z^3=\ln x+2\ln y+3\ln z,\quad x,y,z>0.$$

约束条件为

$$x+y+z=r,\quad x,y,z>0,$$

则拉格朗日函数为

$$L(x,y,z,\lambda)=\ln x+2\ln y+3\ln z+\lambda(x+y+z-r).$$

令 $L'_x=L'_y=L'_z=L'_\lambda=0$，得方程组

$$\begin{cases} \dfrac{1}{x}+\lambda=0, \\ \dfrac{2}{y}+\lambda=0, \\ \dfrac{3}{z}+\lambda=0, \\ x+y+z-r=0. \end{cases}$$

由前 3 个方程解出 $\dfrac{1}{x}=\dfrac{2}{y}=\dfrac{3}{z}$. 再由第 4 个方程，得唯一的稳定点

$$\left(\frac{r}{6},\frac{r}{3},\frac{r}{2}\right).$$

由于 (x,y,z) 趋于 $x+y+z=r$ 的边界点，即当 $x\to0^+$ 或 $y\to0^+$ 或 $z\to0^+$ 时，

$f(x,y,z)\to-\infty$,故 $f(x,y,z)$ 没有最小值,而其最大值必在唯一的稳定点处取得. 于是

$$f(x,y,z)\leqslant f\left(\frac{r}{6},\frac{r}{3},\frac{r}{2}\right) \text{ 或 } xy^2z^3\leqslant 108\left(\frac{x+y+z}{6}\right)^6.$$

习　题　6.4

1. 求下列函数的极值点和极值:

(1) $z=x^2-(y-1)^2$;　　(2) $z=x^2-xy+y^2-2x+y$;

(3) $z=3mxy-x^3-y^3,m>0$;　　(4) $z=e^{2x}(x+y^2+2y)$.

2. 应用拉格朗日乘数法,求下列函数的条件极值:

(1) $z=xy$,约束条件是 $x+y=1$;

(2) $f(x,y,z)=x-2y+2z$,约束条件是 $x^2+y^2+z^2=1$.

3. 在 xOy 平面上求一点,使它到三直线 $x=0,y=0$ 及 $x+2y-16=0$ 的距离平方和最小.

4. 求 $f(x,y,z)=xyz$ 在条件 $\frac{1}{x}+\frac{1}{y}+\frac{1}{z}=\frac{1}{r}(x>0,y>0,z>0,r>0)$ 下的极小值,并由此证明不等式 $3\left(\frac{1}{a}+\frac{1}{b}+\frac{1}{c}\right)^{-1}\leqslant\sqrt[3]{abc}$(其中 a,b,c 为任意正数).

5. 求 $f(x,y)=\frac{1}{2}(x^n+y^n)(x>0,y>0)$ 在条件 $x+y=r(r>0)$ 下的极值. 并由此证明 $\left(\frac{a+b}{2}\right)^n\leqslant\frac{a^n+b^n}{2}(a\geqslant0,b\geqslant0)$.

6. 设 $F(x,y)$ 在点 (x_0,y_0) 的某邻域内有二阶连续的偏导数,且

$$F(x_0,y_0)=0,\quad F'_x(x_0,y_0)=0,\quad F'_y(x_0,y_0)>0,\quad F''_{xx}(x_0,y_0)<0.$$

证明:在由方程 $F(x,y)=0$ 确定的 x_0 某邻域内的隐函数 $y=f(x)$ 在点 x_0 处达到局部极小值(提示:可证 $f'(x_0)=0$,再考虑 $f''(x_0)$ 的符号).

第 6 章总练习题

1. 设有三元方程 $xy-z\ln y+e^{xz}=1$,根据隐函数存在定理,存在点(0,1,1)的一个邻域,在此邻域内该方程 ________.

(A) 只能确定一个具有连续偏导数的隐函数 $z=z(x,y)$;

(B) 可确定两个具有连续偏导数的隐函数 $y=y(x,z)$ 与 $z=z(x,y)$;

(C) 可确定两个具有连续偏导数的隐函数 $x=x(y,z)$ 与 $z=z(x,y)$;

(D) 可确定两个具有连续偏导数的隐函数 $x=x(y,z)$ 与 $y=y(x,z)$.

2. 若 $f(x,y)$ 与 $\varphi(x,y)$ 均为可微函数,且 $\varphi'_y(x,y)\neq0$,已知 (x_0,y_0) 是 $f(x,y)$ 在约束条件 $\varphi(x,y)=0$ 下的一个极值点,则 ________.

(A) 若 $f'_x(x_0,y_0)=0$,则 $f'_y(x_0,y_0)=0$;

(B) 若 $f'_x(x_0,y_0)=0$,则 $f'_y(x_0,y_0)\neq0$;

(C) 若 $f'_x(x_0,y_0)\neq0$,则 $f'_y(x_0,y_0)=0$;

(D) 若 $f'_x(x_0,y_0)\neq0$,则 $f'_y(x_0,y_0)\neq0$.

3. 二元函数 $f(x,y)$ 在点 $(0,0)$ 的邻域内有定义，且 $f'_x(0,0)=3, f'_y(0,0)=1$，则 ________.

(A) $dz|_{(0,0)}=3dx+dy$；

(B) 曲面 $z=f(x,y)$ 在点 $(0,0,f(0,0))$ 的法向量为 $(3,1,1)$；

(C) 曲线 $\begin{cases} z=f(x,y), \\ y=0 \end{cases}$ 在点 $(0,0,f(0,0))$ 的切向量为 $(1,0,3)$；

(D) 曲线 $\begin{cases} z=f(x,y), \\ y=0 \end{cases}$ 在点 $(0,0,f(0,0))$ 的切向量为 $(3,0,1)$.

4. 设 $z=\varphi(x,y)$ 是由方程组 $x=u+v, y=u^2+v^2, z=u^3+v^3$ 确定的隐函数，求 $\frac{\partial z}{\partial x}, \frac{\partial z}{\partial y}$.

5. 证明：由方程 $y=x\varphi(z)+\psi(z)$ 所确定的隐函数 $z=z(x,y)$ 满足方程 $(x\varphi'(z)+\psi'(z)\neq 0)$

$$\frac{\partial^2 z}{\partial x^2}\left(\frac{\partial z}{\partial y}\right)^2-2\frac{\partial z}{\partial x}\frac{\partial z}{\partial y}\frac{\partial^2 z}{\partial x\partial y}+\frac{\partial^2 z}{\partial y^2}\left(\frac{\partial z}{\partial x}\right)^2=0.$$

6. 证明：若 $u=f(x,y,z)$ 在满足 $\varphi(x,y,z)=0$ 的条件下，在点 (x_0,y_0,z_0) 取极值，且 f 与 φ 存在连续偏导数，则两曲面 $\varphi(x,y,z)=0$ 与 $f(x,y,z)=u_0\,(u_0=f(x_0,y_0,z_0))$ 在点 (x_0,y_0,z_0) 相切.

7. 求 $z=2x^2+y^2-8x-2y+9$ 在 $D: 2x^2+y^2\leqslant 1$ 上的最大值与最小值.

8. 在曲面 $x^2+y^2+\frac{z^2}{4}=1\,(x>0, y>0, z>0)$ 上求一点，使过该点的切平面在3个坐标轴上的截距的平方和最小.

9. 设 $\sum\limits_{i=1}^{n} x_i=1, x_i>0, i=1,2,\cdots,n$，证明不等式

$$\prod_{i=1}^{n}\left(x_i+\frac{1}{x_i}\right)\geqslant\left(n+\frac{1}{n}\right)^n.$$

10. 作变换 $u=\frac{x}{y}, v=x, w=xz-y$，将方程 $y\frac{\partial^2 z}{\partial y^2}+2\frac{\partial z}{\partial y}=\frac{2}{x}$ 变换为 w 关于自变量 u,v 的方程.

11. 设 $f(x,y)$ 存在二阶连续偏导数，且 $f''_{xx}f''_{yy}-(f''_{xy})^2\neq 0$，证明：变换

$$\begin{cases} u=f'_x(x,y), \\ v=f'_y(x,y), \\ w=-z+xf'_x(x,y)+yf'_y(x,y) \end{cases}$$

存在唯一的逆变换

$$\begin{cases} x=g'_u(u,v), \\ y=g'_v(u,v), \\ z=-w+ug'_u(u,v)+vg'_v(u,v). \end{cases}$$

附录Ⅰ　基本初等函数及其特性

名称	表达式	定义域	图像	特性
幂函数	$y=x^{\alpha}$（α是常数）	在$(0,+\infty)$内总有定义．当α为不同实数时，定义域可不同，如α为正整数时定义域为$(-\infty,+\infty)$；$\alpha=\frac{1}{2}$时定义域为$[0,+\infty)$；$\alpha=-\frac{1}{2}$时定义域为$(0,+\infty)$	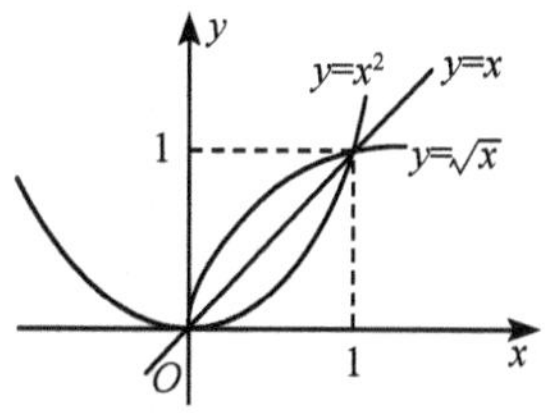 $y=x^2$　$y=x$　$y=\sqrt{x}$　y　1　O　1　x 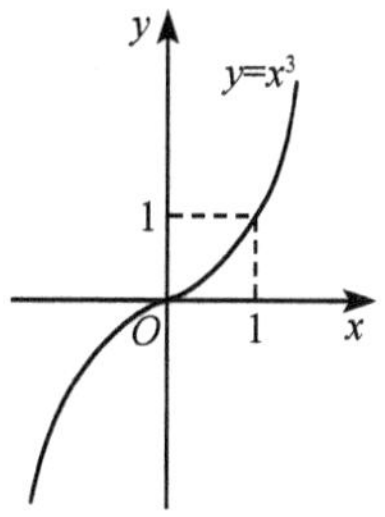 $y=x^3$　y　1　O　1　x 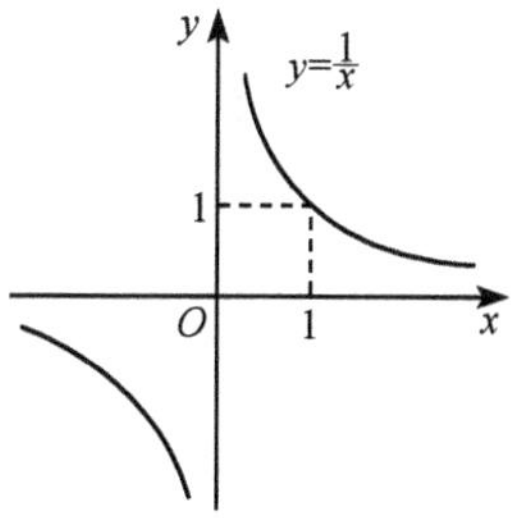 $y=\frac{1}{x}$　y　1　O　1　x	$\alpha\neq0$时，均是无界函数；图像都经过点$(1,1)$；$\lvert\alpha\rvert$为偶数时，函数为偶函数；$\lvert\alpha\rvert$为奇数时，函数为奇函数；$\alpha<0$时，图形在原点间断，$x=0$为铅直渐近线，$y=0$为水平渐近线．
指数函数	$y=a^{x}$（$a>0$，$a\neq1$）	$(-\infty,+\infty)$	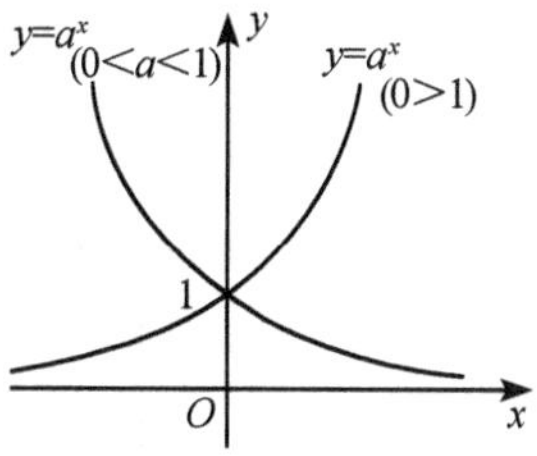 $y=a^x$ $(0<a<1)$　y　$y=a^x$ $(0>1)$　1　O　x	图像均经过点$(0,1)$；当$a>1$时，单调增加；$0<a<1$时，单调减少．

续表

名称	表达式	定义域	图像	特性
对数函数	$y=\log_a x$ $(a>0,$ $a\neq1)$	$(0,+\infty)$	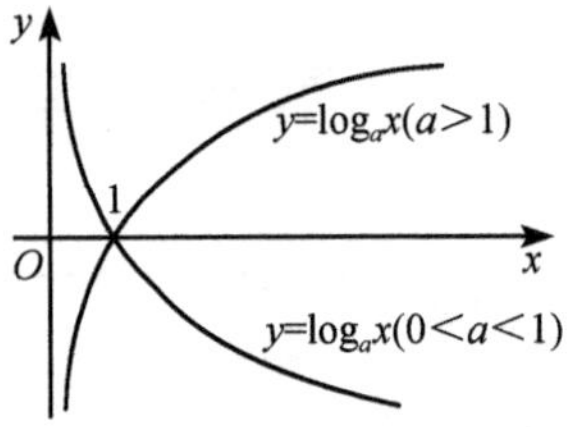 $y=\log_a x(a>1)$ $y=\log_a x(0<a<1)$ 1, O, x, y	图像均经过点(1,0);当$a>1$时,单调增加;$0<a<1$时,单调减少.
三角函数	$y=\sin x$	$(-\infty,+\infty)$	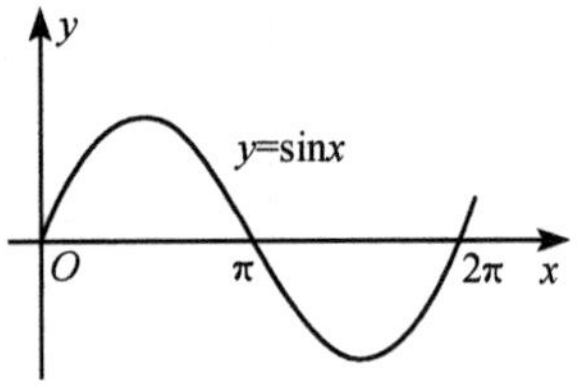 $y=\sin x$ O, π, 2π, x, y	有界函数,以2π为周期的奇函数.
	$y=\cos x$	$(-\infty,+\infty)$	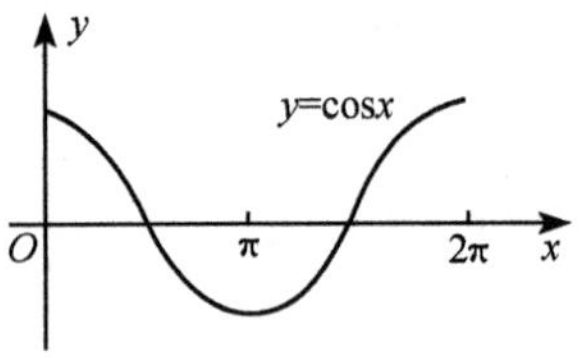 $y=\cos x$ O, π, 2π, x, y	有界函数,以2π为周期的偶函数.
	$y=\tan x$	$x\neq k\pi+\frac{\pi}{2}$ $(k\in\mathbf{Z})$	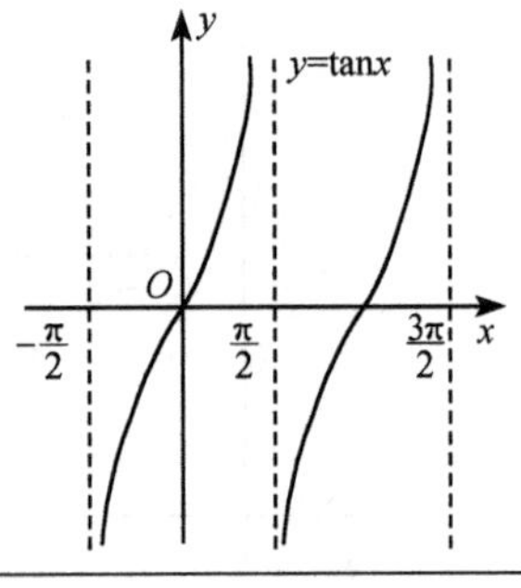 $y=\tan x$ O, $-\frac{\pi}{2}$, $\frac{\pi}{2}$, $\frac{3\pi}{2}$, x, y	无界函数,以π为周期的奇函数.
	$y=\cot x$	$x\neq k\pi$ $(k\in\mathbf{Z})$	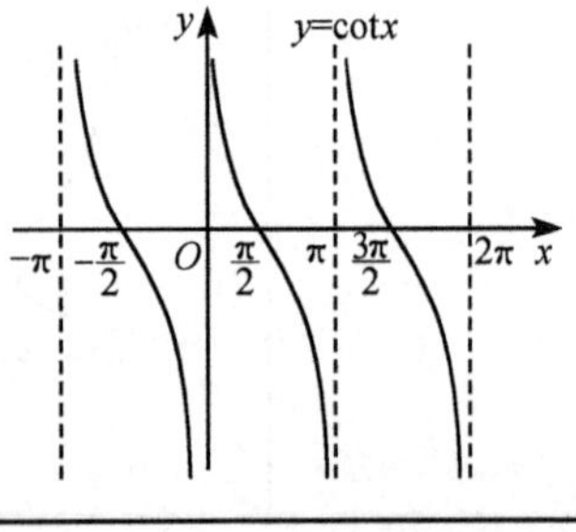 $y=\cot x$ $-\pi$, $-\frac{\pi}{2}$, O, $\frac{\pi}{2}$, π, $\frac{3\pi}{2}$, 2π, x, y	无界函数,以π为周期的奇函数.

续表

名称	表达式	定义域	图像	特性
反三角函数	$y=\arcsin x$	$[-1,1]$	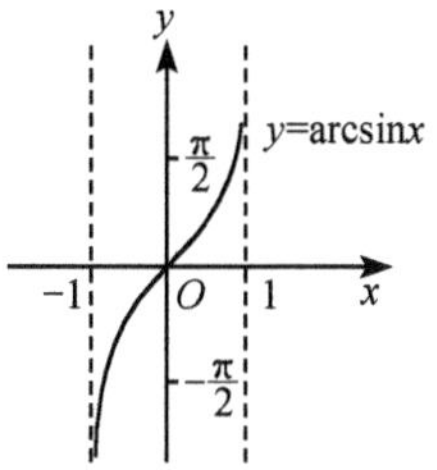	反正弦函数的主值是正弦函数在$\left[-\frac{\pi}{2},\frac{\pi}{2}\right]$上的反函数，是单调增的奇函数.
	$y=\arccos x$	$[-1,1]$	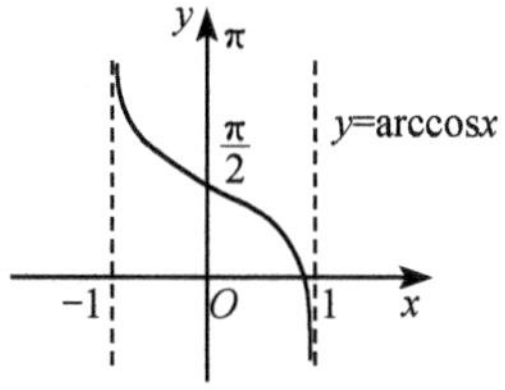	反余弦函数的主值是余弦函数在$[0,\pi]$上的反函数，是单调减函数.
	$y=\arctan x$	$(-\infty,+\infty)$	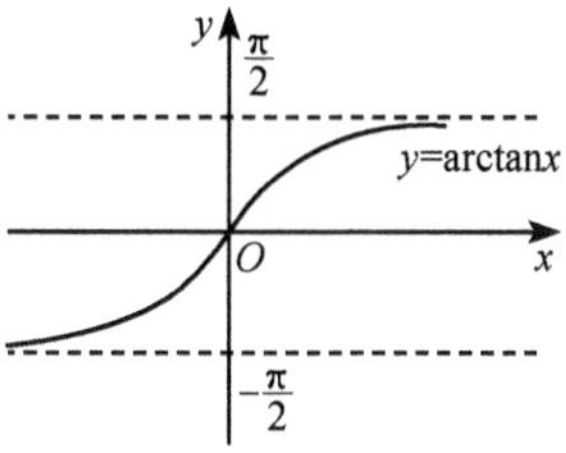	反正切函数的主值是正切函数在$\left(-\frac{\pi}{2},\frac{\pi}{2}\right)$上的反函数，是单调增的奇函数.
	$y=\text{arccot}\,x$	$(-\infty,+\infty)$	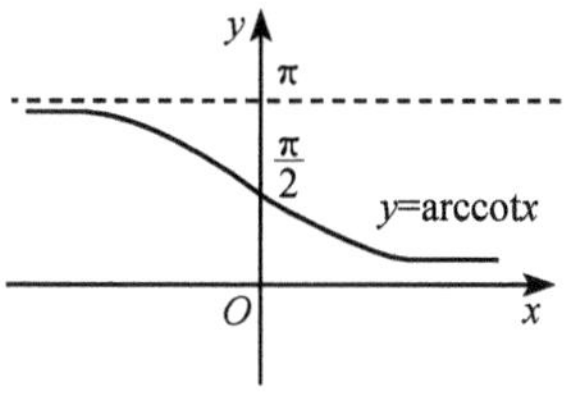	反余切函数的主值是余切函数在$(0,\pi)$上的反函数，是单调减的有界函数.

附录Ⅱ　常用三角函数公式表

1. 诱导公式

$\sin(-\theta)=-\sin\theta$;　　$\cos(-\theta)=\cos\theta$;

$\tan(-\theta)=-\tan\theta$;　　$\sin\left(\frac{\pi}{2}\pm\theta\right)=\cos\theta$;

$\cos\left(\frac{\pi}{2}\pm\theta\right)=\mp\sin x$;　　$\tan\left(\frac{\pi}{2}\pm\theta\right)=\mp\cot\theta$;

$\sin(\pi\pm\theta)=\mp\sin\theta$;　　$\cos(\pi\pm\theta)=-\cos\theta$;

$\tan(\pi\pm\theta)=\pm\tan\theta$;　　$\sin\left(\frac{3\pi}{2}\pm\theta\right)=-\cos\theta$;

$\cos\left(\frac{3\pi}{2}\pm\theta\right)=\pm\sin\theta$;　　$\tan\left(\frac{3\pi}{2}\pm\theta\right)=\mp\cot\theta$;

$\sin(2\pi\pm\theta)=\pm\sin\theta$;　　$\cos(2\pi\pm\theta)=\cos\theta$;

$\tan(2\pi\pm\theta)=\pm\tan\theta$;　　$\sin(n\pi\pm\theta)=\pm(-1)^n\sin\theta$;

$\cos(n\pi\pm\theta)=(-1)^n\cos\theta$;　　$\tan(n\pi\pm\theta)=\pm\tan\theta$.

2. 两角和差的三角函数公式

$\sin(\alpha\pm\beta)=\sin\alpha\cos\beta\pm\cos\alpha\sin\beta$;

$\cos(\alpha\pm\beta)=\cos\alpha\cos\beta\mp\sin\alpha\sin\beta$;

$\tan(\alpha\pm\beta)=\dfrac{\tan\alpha\pm\tan\beta}{1\mp\tan\alpha\tan\beta}$.

3. 倍角公式

$\sin2\alpha=2\sin\alpha\cos\alpha=\dfrac{2\tan\alpha}{1+\tan^2\alpha}$;

$\cos2\alpha=\cos^2\alpha-\sin^2\alpha=2\cos^2\alpha-1=1-2\sin^2\alpha=\dfrac{1-\tan^2\alpha}{1+\tan^2\alpha}$;

$\tan2\alpha=\dfrac{2\tan\alpha}{1-\tan^2\alpha}$;

$\sin3\alpha=3\sin\alpha-4\sin^3\alpha$;

$\cos3\alpha=4\cos^3\alpha-3\cos\alpha$.

4. 半角公式

$\sin\dfrac{\alpha}{2}=\pm\sqrt{\dfrac{1-\cos\alpha}{2}}$;

$\cos\dfrac{\alpha}{2}=\pm\sqrt{\dfrac{1+\cos\alpha}{2}}$；

$\tan\dfrac{\alpha}{2}=\pm\sqrt{\dfrac{1-\cos\alpha}{1+\cos\alpha}}=\dfrac{1-\cos\alpha}{\sin\alpha}=\dfrac{\sin\alpha}{1+\cos\alpha}$.

5. 和差化积公式

$\sin\alpha+\sin\beta=2\sin\dfrac{\alpha+\beta}{2}\cos\dfrac{\alpha-\beta}{2}$；

$\sin\alpha-\sin\beta=2\cos\dfrac{\alpha+\beta}{2}\sin\dfrac{\alpha-\beta}{2}$；

$\cos\alpha+\cos\beta=2\cos\dfrac{\alpha+\beta}{2}\cos\dfrac{\alpha-\beta}{2}$；

$\cos\alpha-\cos\beta=-2\sin\dfrac{\alpha+\beta}{2}\sin\dfrac{\alpha-\beta}{2}$；

$\tan\alpha\pm\tan\beta=\dfrac{\sin(\alpha\pm\beta)}{\cos\alpha\cos\beta}$.

6. 积化和差公式

$\sin\alpha\cos\beta=\dfrac{1}{2}[\sin(\alpha+\beta)+\sin(\alpha-\beta)]$；

$\cos\alpha\sin\beta=\dfrac{1}{2}[\sin(\alpha+\beta)-\sin(\alpha-\beta)]$；

$\cos\alpha\cos\beta=\dfrac{1}{2}[\cos(\alpha+\beta)+\cos(\alpha-\beta)]$；

$\sin\alpha\sin\beta=-\dfrac{1}{2}[\cos(\alpha+\beta)-\cos(\alpha-\beta)]$.

附录Ⅲ　极坐标简介

1. 极坐标系

在平面任取一点 O,从 O 点引一条带有长度单位的射线 Ox,这样在该平面内就建立了**极坐标系**,称点 O 为**极点**,Ox 为**极轴**.

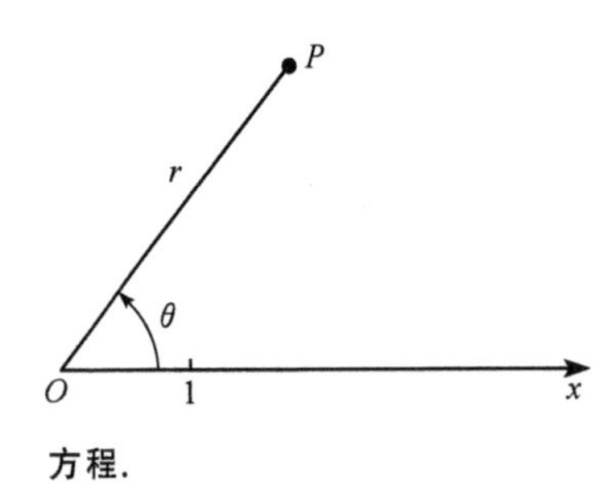

在建立了极坐标系的平面上任取点 P,如图所示,线段 OP 的长度称为**极径**,记为 r;极轴 Ox 到射线 OP 的转角称为**极角**,记为 θ. 称有序数组(r,θ)为点 P 的**极坐标**. 易见,点 P 的极坐标不唯一.

在极坐标系下,若满足方程 $r=r(\theta)$的点都在平面曲线 C 上,且曲线 C 上的任意点的所有极坐标中至少有一个满足方程 $r=r(\theta)$,则方程 $r=r(\theta)$称为曲线 C 的**极坐标方程**.

在极坐标系中,$r=$ **常数**表示圆心在极点,半径为 r 的圆周;$\theta=$ **常数**表示从极点出发,转角为 θ 的射线.

如果以极点 O 为原点,以极轴 Ox 为 x 轴建立直角坐标系,则点 P 的直角坐标(x,y)与极坐标(r,θ)的关系为

$$\begin{cases} x = r\cos\theta, \\ y = r\sin\theta \end{cases} \quad 或 \quad \begin{cases} r = \sqrt{x^2+y^2}, \\ \tan\theta = \dfrac{y}{x}. \end{cases}$$

2. 几种常用曲线的极坐标方程及其图形

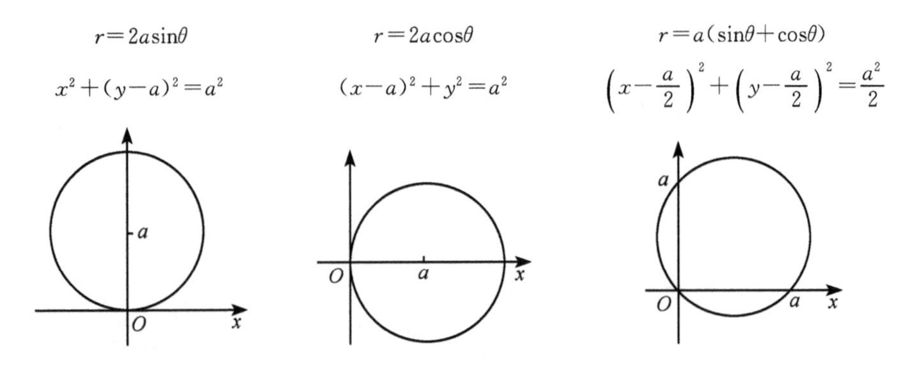

心形线

$r=a(1-\cos\theta)$

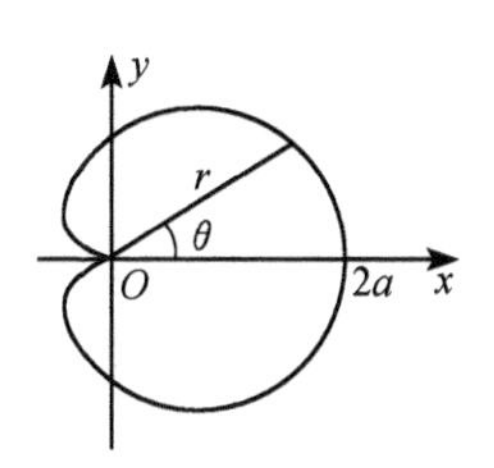

心形线

$r=a(1+\sin\theta)$

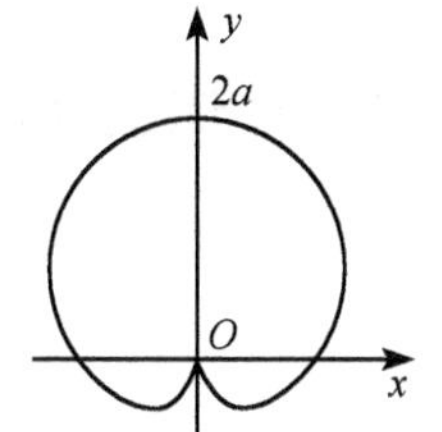

阿基米德螺线

$r=a\theta$

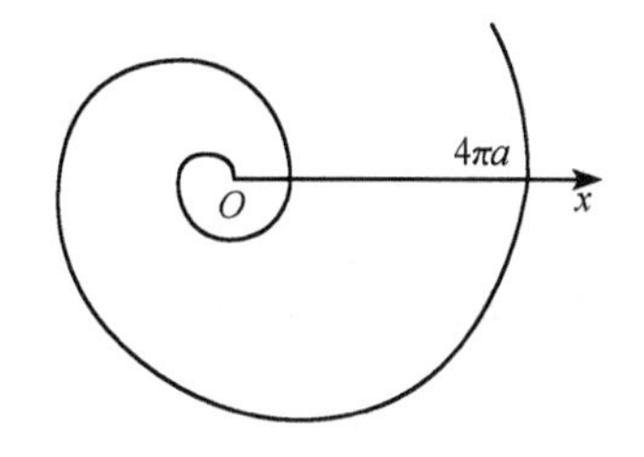

双曲螺线

$r\theta=a$

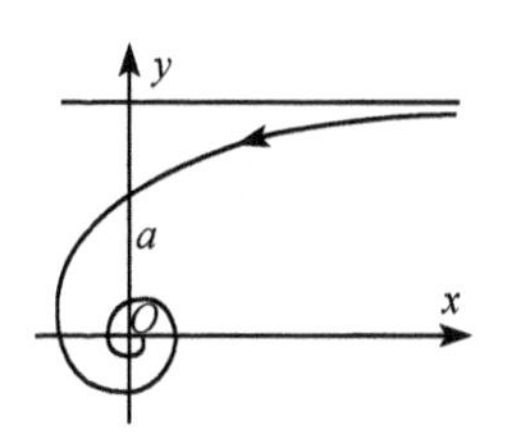

三叶玫瑰线

$r=a\cos3\theta$

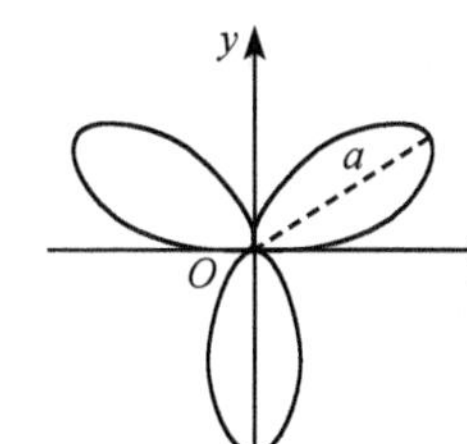

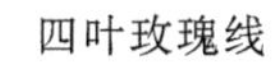

四叶玫瑰线

$r=a\cos2\theta$

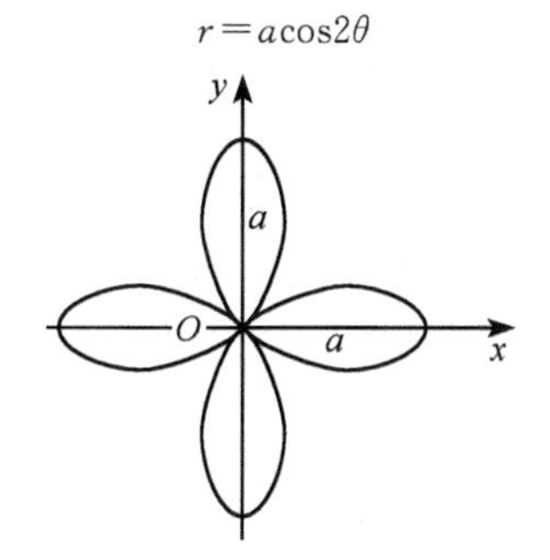

双纽线

$r^2=a^2\cos2\theta$

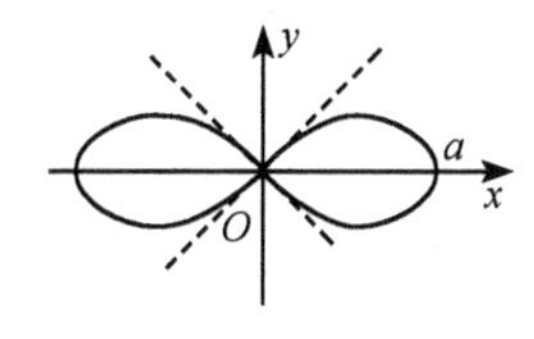

附录Ⅳ　常用积分表

(一) 含有 $ax+b$ 的积分

1. $\int \frac{dx}{ax+b} = \frac{1}{a}\ln|ax+b| + C.$

2. $\int (ax+b)^{\mu} dx = \frac{1}{a(\mu+1)}(ax+b)^{\mu+1} + C,\quad \mu \neq -1.$

3. $\int \frac{x}{ax+b} dx = \frac{1}{a^2}(ax+b-b\ln|ax+b|) + C.$

4. $\int \frac{x^2}{ax+b} dx = \frac{1}{a^3}\left[\frac{1}{2}(ax+b)^2 - 2b(ax+b) + b^2\ln|ax+b|\right] + C.$

5. $\int \frac{dx}{x(ax+b)} = -\frac{1}{b}\ln\left|\frac{ax+b}{x}\right| + C.$

6. $\int \frac{dx}{x^2(ax+b)} = -\frac{1}{bx} + \frac{a}{b^2}\ln\left|\frac{ax+b}{x}\right| + C.$

7. $\int \frac{x}{(ax+b)^2} dx = \frac{1}{a^2}\left(\ln|ax+b| + \frac{b}{ax+b}\right) + C.$

8. $\int \frac{x^2}{(ax+b)^2} dx = \frac{1}{a^3}\left(ax+b-2b\ln|ax+b| - \frac{b^2}{ax+b}\right) + C.$

9. $\int \frac{dx}{x(ax+b)^2} = \frac{1}{b(ax+b)} - \frac{1}{b^2}\ln\left|\frac{ax+b}{x}\right| + C.$

(二) 含有 $\sqrt{ax+b}$ 的积分

10. $\int \sqrt{ax+b}\,dx = \frac{2}{3a}\sqrt{(ax+b)^3} + C.$

11. $\int x\sqrt{ax+b}\,dx = \frac{2}{15a^2}(3ax-2b)\sqrt{(ax+b)^3} + C.$

12. $\int x^2\sqrt{ax+b}\,dx = \frac{2}{105a^3}(15a^2x^2 - 12abx + 8b^2)\sqrt{(ax+b)^3} + C.$

13. $\int \frac{x}{\sqrt{ax+b}} dx = \frac{2}{3a^2}(ax-2b)\sqrt{ax+b} + C.$

14. $\int \frac{x^2}{\sqrt{ax+b}} dx = \frac{2}{15a^3}(3a^2x^2 - 4abx + 8b^2)\sqrt{ax+b} + C.$

15. $$\int \frac{x}{x\sqrt{ax+b}} dx = \begin{cases} \frac{1}{\sqrt{b}}\ln\left|\frac{\sqrt{ax+b}-\sqrt{b}}{\sqrt{ax+b}+\sqrt{b}}\right| + C, & b>0, \\ \frac{2}{\sqrt{-b}}\arctan\sqrt{\frac{ax+b}{-b}} + C, & b<0. \end{cases}$$

16. $\int \frac{dx}{x^2 \sqrt{ax+b}} = -\frac{\sqrt{ax+b}}{bx} - \frac{a}{2b}\int \frac{dx}{x\sqrt{ax+b}}$.

17. $\int \frac{\sqrt{ax+b}}{x}dx = 2\sqrt{ax+b} + b\int \frac{dx}{x\sqrt{ax+b}}$.

18. $\int \frac{\sqrt{ax+b}}{x^2}dx = -\frac{\sqrt{ax+b}}{x} + \frac{a}{2}\int \frac{dx}{x\sqrt{ax+b}}$.

（三）含有 $x^2 \pm a^2$ 的积分

19. $\int \frac{dx}{x^2+a^2} = \frac{1}{a}\arctan\frac{x}{a} + C$.

20. $\int \frac{dx}{(x^2+a^2)^n} = \frac{x}{2(n-1)a^2(x^2+a^2)^{n-1}} + \frac{2n-3}{2(n-1)a^2}\int \frac{dx}{(x^2+a^2)^{n-1}}$.

21. $\int \frac{dx}{x^2-a^2} = \frac{1}{2a}\ln\left|\frac{x-a}{x+a}\right| + C$.

（四）含有 $ax^2+b(a>0)$ 的积分

22. $\int \frac{dx}{ax^2+b} = \begin{cases} \frac{1}{\sqrt{ab}}\arctan\sqrt{\frac{a}{b}}x + C, & b>0, \\ \frac{1}{2\sqrt{-ab}}\ln\left|\frac{\sqrt{a}x-\sqrt{-b}}{\sqrt{a}x+\sqrt{-b}}\right| + C, & b<0. \end{cases}$

23. $\int \frac{x}{ax^2+b}dx = \frac{1}{2a}\ln|ax^2+b| + C$.

24. $\int \frac{x^2}{ax^2+b}dx = \frac{x}{a} - \frac{b}{a}\int \frac{dx}{ax^2+b}$.

25. $\int \frac{dx}{x(ax^2+b)} = \frac{1}{2b}\ln\frac{x^2}{|ax^2+b|} + C$.

26. $\int \frac{dx}{x^2(ax^2+b)} = -\frac{1}{bx} - \frac{a}{b}\int \frac{dx}{ax^2+b}$.

27. $\int \frac{dx}{x^3(ax^2+b)} = \frac{a}{2b^2}\ln\frac{|ax^2+b|}{x^2} - \frac{1}{2bx^2} + C$.

28. $\int \frac{dx}{(ax^2+b)^2} = \frac{x}{2b(ax^2+b)} + \frac{1}{2b}\int \frac{dx}{ax^2+b}$.

（五）含有 $ax^2+bx+c(a>0)$ 的积分

29. $\int \frac{dx}{ax^2+bx+c} = \begin{cases} \frac{2}{\sqrt{4ac-b^2}}\arctan\frac{2ax+b}{\sqrt{4ac-b^2}} + C, & b^2<4ac, \\ \frac{1}{\sqrt{b^2-4ac}}\ln\left|\frac{2ax+b-\sqrt{b^2-4ac}}{2ax+b+\sqrt{b^2-4ac}}\right| + C, & b^2>4ac. \end{cases}$

30. $\int \frac{x}{ax^2+bx+c}dx = \frac{1}{2a}\ln|ax^2+bx+c| - \frac{b}{2a}\int \frac{dx}{ax^2+bx+c}$.

(六) 含有 $\sqrt{x^2+a^2}$ $(a>0)$ 的积分

31. $\int \frac{\mathrm{d}x}{\sqrt{x^2+a^2}} = \operatorname{arsinh}\frac{x}{a}+C_1 = \ln(x+\sqrt{x^2+a^2})+C.$

32. $\int \frac{\mathrm{d}x}{\sqrt{(x^2+a^2)^3}} = \frac{x}{a^2\sqrt{x^2+a^2}}+C.$

33. $\int \frac{x}{\sqrt{x^2+a^2}}\mathrm{d}x = \sqrt{x^2+a^2}+C.$

34. $\int \frac{x}{\sqrt{(x^2+a^2)^3}}\mathrm{d}x = -\frac{1}{\sqrt{x^2+a^2}}+C.$

35. $\int \frac{x^2}{\sqrt{x^2+a^2}}\mathrm{d}x = \frac{x}{2}\sqrt{x^2+a^2}-\frac{a^2}{2}\ln(x+\sqrt{x^2+a^2})+C.$

36. $\int \frac{x^2}{\sqrt{(x^2+a^2)^3}}\mathrm{d}x = -\frac{x}{\sqrt{x^2+a^2}}+\ln(x+\sqrt{x^2+a^2})+C.$

37. $\int \frac{\mathrm{d}x}{x\sqrt{x^2+a^2}} = \frac{1}{a}\ln\frac{\sqrt{x^2+a^2}-a}{|x|}+C.$

38. $\int \frac{\mathrm{d}x}{x^2\sqrt{x^2+a^2}} = -\frac{\sqrt{x^2+a^2}}{a^2x}+C.$

39. $\int \sqrt{x^2+a^2}\,\mathrm{d}x = \frac{x}{2}\sqrt{x^2+a^2}+\frac{a^2}{2}\ln(x+\sqrt{x^2+a^2})+C.$

40. $\int \sqrt{(x^2+a^2)^3}\,\mathrm{d}x = \frac{x}{8}(2x^2+5a^2)\sqrt{x^2+a^2}+\frac{3a^4}{8}\ln(x+\sqrt{x^2+a^2})+C.$

41. $\int x\sqrt{x^2+a^2}\,\mathrm{d}x = \frac{1}{3}\sqrt{(x^2+a^2)^3}+C.$

42. $\int x^2\sqrt{x^2+a^2}\,\mathrm{d}x = \frac{x}{8}(2x^2+a^2)\sqrt{x^2+a^2}-\frac{a^4}{8}\ln(x+\sqrt{x^2+a^2})+C.$

43. $\int \frac{\sqrt{x^2+a^2}}{x}\mathrm{d}x = \sqrt{x^2+a^2}+a\ln\frac{\sqrt{x^2+a^2}-a}{|x|}+C.$

44. $\int \frac{\sqrt{x^2+a^2}}{x^2}\mathrm{d}x = -\frac{\sqrt{x^2+a^2}}{x}+\ln(x+\sqrt{x^2+a^2})+C.$

(七) 含有 $\sqrt{x^2-a^2}$ $(a>0)$ 的积分

45. $\int \frac{\mathrm{d}x}{\sqrt{x^2-a^2}} = \frac{x}{|x|}\operatorname{arcosh}\frac{|x|}{a}+C_1 = \ln|x+\sqrt{x^2-a^2}|+C.$

46. $\int \frac{\mathrm{d}x}{\sqrt{(x^2-a^2)^3}} = -\frac{x}{a^2\sqrt{x^2-a^2}}+C.$

47. $\int \frac{x}{\sqrt{x^2-a^2}}\mathrm{d}x = \sqrt{x^2-a^2}+C.$

48. $\int \frac{x}{\sqrt{(x^2-a^2)^3}}\mathrm{d}x = -\frac{1}{\sqrt{x^2-a^2}}+C.$

49. $\int \frac{x^2}{\sqrt{x^2-a^2}}\mathrm{d}x = \frac{x}{2}\sqrt{x^2-a^2} + \frac{a^2}{2}\ln|x+\sqrt{x^2-a^2}| + C.$

50. $\int \frac{x^2}{\sqrt{(x^2-a^2)^3}}\mathrm{d}x = -\frac{x}{\sqrt{x^2-a^2}} + \ln|x+\sqrt{x^2-a^2}| + C.$

51. $\int \frac{\mathrm{d}x}{x\sqrt{x^2-a^2}} = \frac{1}{a}\arccos\frac{a}{|x|} + C.$

52. $\int \frac{\mathrm{d}x}{x^2\sqrt{x^2-a^2}} = \frac{\sqrt{x^2-a^2}}{a^2x} + C.$

53. $\int \sqrt{x^2-a^2}\,\mathrm{d}x = \frac{x}{2}\sqrt{x^2-a^2} - \frac{a^2}{2}\ln|x+\sqrt{x^2-a^2}| + C.$

54. $\int \sqrt{(x^2-a^2)^3}\,\mathrm{d}x = \frac{x}{8}(2x^2-5a^2)\sqrt{x^2-a^2} + \frac{3a^4}{8}\ln|x+\sqrt{x^2-a^2}| + C.$

55. $\int x\sqrt{x^2-a^2}\,\mathrm{d}x = \frac{1}{3}\sqrt{(x^2-a^2)^3} + C.$

56. $\int x^2\sqrt{x^2-a^2}\,\mathrm{d}x = \frac{x}{8}(2x^2-a^2)\sqrt{x^2-a^2} - \frac{a^4}{8}\ln|x+\sqrt{x^2-a^2}| + C.$

57. $\int \frac{\sqrt{x^2-a^2}}{x}\mathrm{d}x = \sqrt{x^2-a^2} - a\cdot\arccos\frac{a}{|x|} + C.$

58. $\int \frac{\sqrt{x^2-a^2}}{x^2}\mathrm{d}x = -\frac{\sqrt{x^2-a^2}}{x} + \ln|x+\sqrt{x^2-a^2}| + C.$

(八) 含有$\sqrt{a^2-x^2}$ $(a>0)$的积分

59. $\int \frac{\mathrm{d}x}{\sqrt{a^2-x^2}} = \arcsin\frac{x}{a} + C.$

60. $\int \frac{\mathrm{d}x}{\sqrt{(a^2-x^2)^3}} = \frac{x}{a^2\sqrt{a^2-x^2}} + C.$

61. $\int \frac{x}{\sqrt{a^2-x^2}}\mathrm{d}x = -\sqrt{a^2-x^2} + C.$

62. $\int \frac{x}{\sqrt{(a^2-x^2)^3}}\mathrm{d}x = \frac{1}{\sqrt{a^2-x^2}} + C.$

63. $\int \frac{x^2}{\sqrt{a^2-x^2}}\mathrm{d}x = -\frac{x}{2}\sqrt{a^2-x^2} + \frac{a^2}{2}\arcsin\frac{x}{a} + C.$

64. $\int \frac{x^2}{\sqrt{(a^2-x^2)^3}}\mathrm{d}x = \frac{x}{\sqrt{a^2-x^2}} - \arcsin\frac{x}{a} + C.$

65. $\int \frac{\mathrm{d}x}{x\sqrt{a^2-x^2}} = \frac{1}{a}\ln\frac{a-\sqrt{a^2-x^2}}{|x|} + C.$

66. $\int \frac{\mathrm{d}x}{x^2\sqrt{a^2-x^2}} = -\frac{\sqrt{a^2-x^2}}{a^2x} + C.$

67. $\int \sqrt{a^2-x^2}\,\mathrm{d}x = \frac{x}{2}\sqrt{a^2-x^2} + \frac{a^2}{2}\arcsin\frac{x}{a} + C.$

68. $\int \sqrt{(a^2-x^2)^3}\mathrm{d}x = \frac{x}{8}(5a^2-2x^2)\sqrt{a^2-x^2}+\frac{3a^4}{8}\arcsin\frac{x}{a}+C.$

69. $\int x\sqrt{a^2-x^2}\mathrm{d}x = -\frac{1}{3}\sqrt{(a^2-x^2)^3}+C.$

70. $\int x^2\sqrt{a^2-x^2}\mathrm{d}x = \frac{x}{8}(2x^2-a^2)\sqrt{a^2-x^2}+\frac{a^4}{8}\arcsin\frac{x}{a}+C.$

71. $\int \frac{\sqrt{a^2-x^2}}{x}\mathrm{d}x = \sqrt{a^2-x^2}+a\ln\frac{a-\sqrt{a^2-x^2}}{|x|}+C.$

72. $\int \frac{\sqrt{a^2-x^2}}{x^2}\mathrm{d}x = -\frac{\sqrt{a^2-x^2}}{x}-\arcsin\frac{x}{a}+C.$

（九）含有$\sqrt{\pm ax^2+bx+c}$（$a>0$）的积分

73. $\int \frac{\mathrm{d}x}{\sqrt{ax^2+bx+c}} = \frac{1}{\sqrt{a}}\ln\left|2ax+b+2\sqrt{a}\sqrt{ax^2+bx+c}\right|+C.$

74. $\int \sqrt{ax^2+bx+c}\mathrm{d}x = \frac{2ax+b}{4a}\sqrt{ax^2+bx+c}$

$$+\frac{4ac-b^2}{8\sqrt{a^3}}\ln\left|2ax+b+2\sqrt{a}\sqrt{ax^2+bx+c}\right|+C.$$

75. $\int \frac{x}{\sqrt{ax^2+bx+c}}\mathrm{d}x = \frac{1}{a}\sqrt{ax^2+bx+c}$

$$-\frac{b}{2\sqrt{a^3}}\ln\left|2ax+b+2\sqrt{a}\sqrt{ax^2+bx+c}\right|+C.$$

76. $\int \frac{\mathrm{d}x}{\sqrt{c+bx-ax^2}} = -\frac{1}{\sqrt{a}}\arcsin\frac{2ax-b}{\sqrt{b^2+4ac}}+C.$

77. $\int \sqrt{c+bx-ax^2}\mathrm{d}x = \frac{2ax-b}{4a}\sqrt{c+bx-ax^2}$

$$+\frac{b^2+4ac}{8\sqrt{a^3}}\arcsin\frac{2ax-b}{\sqrt{b^2+4ac}}+C.$$

78. $\int \frac{x}{\sqrt{c+bx-ax^2}}\mathrm{d}x = -\frac{1}{a}\sqrt{c+bx-ax^2}+\frac{b}{2\sqrt{a^3}}\arcsin\frac{2ax-b}{\sqrt{b^2+4ac}}+C.$

（十）含有$\sqrt{\pm\frac{x-a}{x-b}}$或$\sqrt{(x-a)(b-x)}$的积分

79. $\int \sqrt{\frac{x-a}{x-b}}\mathrm{d}x = (x-b)\sqrt{\frac{x-a}{x-b}}+(b-a)\ln\left(\sqrt{|x-a|}+\sqrt{|x-b|}\right)+C.$

80. $\int \sqrt{\frac{x-a}{b-x}}\mathrm{d}x = (x-b)\sqrt{\frac{x-a}{b-x}}+(b-a)\arcsin\sqrt{\frac{x-a}{b-a}}+C.$

81. $\int \frac{\mathrm{d}x}{\sqrt{(x-a)(b-x)}} = 2\arcsin\sqrt{\frac{x-a}{b-a}}+C$，　$a<b.$

82. $\int \sqrt{(x-a)(b-x)}\mathrm{d}x = \frac{2x-a-ab}{4}\sqrt{(x-a)(b-x)}$

$$+\frac{(b-a)^2}{4}\arcsin\sqrt{\frac{x-a}{b-a}}+C,\quad a<b.$$

（十一）含有三角函数的积分

83. $\int \sin x \mathrm{d}x = -\cos x + C.$

84. $\int \cos x \mathrm{d}x = \sin x + C.$

85. $\int \tan x \mathrm{d}x = -\ln|\cos x| + C.$

86. $\int \cot x \mathrm{d}x = \ln|\sin x| + C.$

87. $\int \sec x \mathrm{d}x = \ln\left|\tan\left(\frac{\pi}{4} + \frac{x}{2}\right)\right| + C = \ln|\sec x + \tan x| + C.$

88. $\int \csc x \mathrm{d}x = \ln\left|\tan\frac{x}{2}\right| + C = \ln|\csc x - \cot x| + C.$

89. $\int \sec^2 x \mathrm{d}x = \tan x + C.$

90. $\int \csc^2 x \mathrm{d}x = -\cot x + C.$

91. $\int \sec x \tan x \mathrm{d}x = \sec x + C.$

92. $\int \csc x \cot x \mathrm{d}x = -\csc x + C.$

93. $\int \sin^2 x \mathrm{d}x = \frac{x}{2} - \frac{1}{4}\sin 2x + C.$

94. $\int \cos^2 x \mathrm{d}x = \frac{x}{2} + \frac{1}{4}\sin 2x + C.$

95. $\int \sin^n x \mathrm{d}x = -\frac{1}{n}\sin^{n-1} x \cos x + \frac{n-1}{n}\int \sin^{n-2} x \mathrm{d}x.$

96. $\int \cos^n x \mathrm{d}x = \frac{1}{n}\cos^{n-1} x \sin x + \frac{n-1}{n}\int \cos^{n-2} x \mathrm{d}x.$

97. $\int \frac{\mathrm{d}x}{\sin^n x} = -\frac{1}{n-1}\frac{\cos x}{\sin^{n-1} x} + \frac{n-2}{n-1}\int \frac{\mathrm{d}x}{\sin^{n-2} x}.$

98. $\int \frac{\mathrm{d}x}{\cos^n x} = \frac{1}{n-1}\frac{\sin x}{\cos^{n-1} x} + \frac{n-2}{n-1}\int \frac{\mathrm{d}x}{\cos^{n-2} x}.$

99. $$\begin{aligned}\int \cos^m x \sin^n x \mathrm{d}x &= \frac{1}{m+n}\cos^{m-1} x \sin^{n+1} x + \frac{m-1}{m+n}\int \cos^{m-2} x \sin^n x \mathrm{d}x \\ &= -\frac{1}{m+n}\cos^{m+1} x \sin^{n-1} x + \frac{n-1}{m+n}\int \cos^m x \sin^{n-2} x \mathrm{d}x.\end{aligned}$$

100. $\int \sin ax \cos bx \mathrm{d}x = -\frac{1}{2(a+b)}\cos(a+b)x - \frac{1}{2(a-b)}\cos(a-b)x + C.$

101. $\int \sin ax \sin bx \mathrm{d}x = -\frac{1}{2(a+b)}\sin(a+b)x + \frac{1}{2(a-b)}\sin(a-b)x + C.$

102. $\int \cos ax \cos bx \mathrm{d}x = \frac{1}{2(a+b)}\sin(a+b)x + \frac{1}{2(a-b)}\sin(a-b)x + C.$

103. $\int \frac{\mathrm{d}x}{a+b\sin x}=\frac{2}{\sqrt{a^2-b^2}}\arctan\frac{a\tan\frac{x}{2}+b}{\sqrt{a^2-b^2}}+C,\quad a^2>b^2.$

104. $\int \frac{\mathrm{d}x}{a+b\sin x}=\frac{2}{\sqrt{b^2-a^2}}\ln\left|\frac{a\tan\frac{x}{2}+b-\sqrt{b^2-a^2}}{a\tan\frac{x}{2}+b+\sqrt{b^2-a^2}}\right|+C,\quad a^2<b^2.$

105. $\int \frac{\mathrm{d}x}{a+b\cos x}=\frac{2}{a+b}\sqrt{\frac{a+b}{a-b}}\arctan\left(\sqrt{\frac{a+b}{a-b}}\tan\frac{x}{2}\right)+C,\quad a^2>b^2.$

106. $\int \frac{\mathrm{d}x}{a+b\cos x}=\frac{1}{a+b}\sqrt{\frac{b+a}{b-a}}\ln\left|\frac{\tan\frac{x}{2}+\sqrt{\frac{a+b}{a-b}}}{\tan\frac{x}{2}-\sqrt{\frac{a+b}{a-b}}}\right|+C,\quad a^2<b^2.$

107. $\int \frac{\mathrm{d}x}{a^2\cos^2x+b^2\sin^2x}=\frac{1}{ab}\arctan\left(\frac{b}{a}\tan x\right)+C.$

108. $\int \frac{\mathrm{d}x}{a^2\cos^2x-b^2\sin^2x}=\frac{1}{2ab}\ln\left|\frac{b\tan x+a}{b\tan x-a}\right|+C.$

109. $\int x\sin ax\,\mathrm{d}x=\frac{1}{a^2}\sin ax-\frac{1}{a}x\cos ax+C.$

110. $\int x^2\sin ax\,\mathrm{d}x=-\frac{1}{a}x^2\cos ax+\frac{2}{a^2}x\sin ax+\frac{2}{a^3}\cos ax+C.$

111. $\int x\cos ax\,\mathrm{d}x=\frac{1}{a^2}\cos ax+\frac{1}{a}x\sin ax+C.$

112. $\int x^2\cos ax\,\mathrm{d}x=\frac{1}{a}x^2\sin ax+\frac{2}{a^2}x\cos ax-\frac{2}{a^3}\sin ax+C.$

（十二）含有反三角函数的积分（其中 $a>0$）

113. $\int \arcsin\frac{x}{a}\mathrm{d}x=x\arcsin\frac{x}{a}+\sqrt{a^2-x^2}+C.$

114. $\int x\arcsin\frac{x}{a}\mathrm{d}x=\left(\frac{x^2}{2}-\frac{a^2}{4}\right)\arcsin\frac{x}{a}+\frac{x}{4}\sqrt{a^2-x^2}+C.$

115. $\int x^2\arcsin\frac{x}{a}\mathrm{d}x=\frac{x^3}{3}\arcsin\frac{x}{a}+\frac{1}{9}(x^2+2a^2)\sqrt{a^2-x^2}+C.$

116. $\int \arccos\frac{x}{a}\mathrm{d}x=x\arccos\frac{x}{a}-\sqrt{a^2-x^2}+C.$

117. $\int x\arccos\frac{x}{a}\mathrm{d}x=\left(\frac{x^2}{2}-\frac{a^2}{4}\right)\arccos\frac{x}{a}-\frac{x}{4}\sqrt{a^2-x^2}+C.$

118. $\int x^2\arccos\frac{x}{a}\mathrm{d}x=\frac{x^3}{3}\arccos\frac{x}{a}-\frac{1}{9}(x^2+2a^2)\sqrt{a^2-x^2}+C.$

119. $\int \arctan\frac{x}{a}\mathrm{d}x=x\arctan\frac{x}{a}-\frac{a}{2}\ln(a^2+x^2)+C.$

120. $\int x\arctan\frac{x}{a}\mathrm{d}x=\frac{1}{2}(a^2+x^2)\arctan\frac{x}{a}-\frac{a}{2}x+C.$

121. $\int x^2\arctan\frac{x}{a}\mathrm{d}x=\frac{x^3}{3}\arctan\frac{x}{a}-\frac{a}{6}x^2+\frac{a^3}{6}\ln(a^2+x^2)+C.$

(十三) 含有指数函数的积分

122. $\int a^x \mathrm{d}x = \frac{1}{\ln a}a^x + C.$

123. $\int \mathrm{e}^{ax} \mathrm{d}x = \frac{1}{a}\mathrm{e}^{ax} + C.$

124. $\int x\mathrm{e}^{ax} \mathrm{d}x = \frac{1}{a^2}(ax-1)\mathrm{e}^{ax} + C.$

125. $\int x^n \mathrm{e}^{ax} \mathrm{d}x = \frac{1}{a}x^n \mathrm{e}^{ax} - \frac{n}{a}\int x^{n-1}\mathrm{e}^{ax}\mathrm{d}x.$

126. $\int xa^x \mathrm{d}x = \frac{x}{\ln a}a^x - \frac{x}{(\ln a)^2}a^x + C.$

127. $\int x^n a^x \mathrm{d}x = \frac{1}{\ln a}x^n a^x - \frac{n}{\ln a}\int x^{n-1}a^x\mathrm{d}x.$

128. $\int \mathrm{e}^{ax}\sin bx\,\mathrm{d}x = \frac{1}{a^2+b^2}\mathrm{e}^{ax}(a\sin bx - b\cos bx) + C.$

129. $\int \mathrm{e}^{ax}\cos bx\,\mathrm{d}x = \frac{1}{a^2+b^2}\mathrm{e}^{ax}(b\sin bx + a\cos bx) + C.$

130. $$\int \mathrm{e}^{ax}\sin^n bx\,\mathrm{d}x = \frac{1}{a^2+b^2n^2}\mathrm{e}^{ax}\sin^{n-1}bx(a\sin bx - nb\cos bx) + \frac{n(n-1)b^2}{a^2+b^2n^2}\mathrm{e}^{ax}\int \mathrm{e}^{ax}\sin^{n-2}bx\,\mathrm{d}x.$$

131. $$\int \mathrm{e}^{ax}\cos^n bx\,\mathrm{d}x = \frac{1}{a^2+b^2n^2}\mathrm{e}^{ax}\cos^{n-1}bx(a\cos bx + nb\sin bx) + \frac{n(n-1)b^2}{a^2+b^2n^2}\mathrm{e}^{ax}\int \mathrm{e}^{ax}\cos^{n-2}bx\,\mathrm{d}x.$$

(十四) 含有对数函数的积分

132. $\int \ln x\,\mathrm{d}x = x\ln x - x + C.$

133. $\int \frac{\mathrm{d}x}{x\ln x} = \ln|\ln x| + C.$

134. $\int x^n \ln x\,\mathrm{d}x = \frac{1}{n+1}x^{n+1}\left(\ln x - \frac{1}{n+1}\right) + C.$

135. $\int (\ln x)^n \mathrm{d}x = x(\ln x)^n - n\int (\ln x)^{n-1}\mathrm{d}x.$

136. $\int x^m(\ln x)^n \mathrm{d}x = \frac{1}{m+1}x^{m+1}(\ln x)^n - \frac{n}{m+1}\int x^m(\ln x)^{n-1}\mathrm{d}x.$

(十五) 含有双曲函数的积分

137. $\int \sinh x\,\mathrm{d}x = \cosh x + C.$

138. $\int \cosh x\,\mathrm{d}x = \sinh x + C.$

139. $\int \tanh x \mathrm{d}x = \ln\cosh x + C.$

140. $\int \sinh^2 x \mathrm{d}x = -\frac{x}{2} + \frac{1}{4}\sinh 2x + C.$

141. $\int \cosh^2 x \mathrm{d}x = \frac{x}{2} + \frac{1}{4}\sinh 2x + C.$

(十六) 定积分

142. $\int_{-\pi}^{\pi} \cos nx \mathrm{d}x = \int_{-\pi}^{\pi} \sin nx \mathrm{d}x = 0.$

143. $\int_{-\pi}^{\pi} \cos mx \sin nx \mathrm{d}x = 0.$

144. $\int_{-\pi}^{\pi} \cos mx \cos nx \mathrm{d}x = \begin{cases} 0, & m \neq n, \\ \pi, & m = n. \end{cases}$

145. $\int_{-\pi}^{\pi} \sin mx \sin nx \mathrm{d}x = \begin{cases} 0, & m \neq n \\ \pi, & m = n. \end{cases}$

146. $\int_{0}^{\pi} \cos mx \cos nx \mathrm{d}x = \int_{0}^{\pi} \sin mx \sin nx \mathrm{d}x = \begin{cases} 0, & m \neq n, \\ \frac{\pi}{2}, & m = n. \end{cases}$

147. $I_n = \int_{0}^{\frac{\pi}{2}} \sin^n x \mathrm{d}x = \int_{0}^{\frac{\pi}{2}} \cos^n x \mathrm{d}x,$

$I_n = \frac{n-1}{n} I_{n-2},$

$$\begin{cases} I_n = \frac{n-1}{n} \cdot \frac{n-3}{n-2} \cdot \cdots \cdot \frac{4}{5} \cdot \frac{2}{3}, & n \text{ 为大于 } 1 \text{ 的正奇数}, I_1 = 1, \\ I_n = \frac{n-1}{n} \cdot \frac{n-3}{n-2} \cdot \cdots \cdot \frac{3}{4} \cdot \frac{1}{2} \cdot \frac{\pi}{2}, & n \text{ 为正偶数}, I_0 = \frac{\pi}{2}. \end{cases}$$

附录Ⅴ　常见人名翻译参考

Abel　(1802～1829)　阿贝尔　(挪威,数学家)
Cantor　(1845～1918)　康托尔　(德国,数学家)
Cauchy A L　(1789～1857)　柯西　(法国,数学家、物理学家)
Darboux J G　(1842～1917)　达布　(法国,数学家)
D'Alembert　(1717～1783)　达朗贝尔　(法国,数学家、物理学家)
Dirichlet P G L　(1805～1859)　狄利克雷　(德国,数学家)
Euclid　(公元前 330～前 275)　欧几里得　(古希腊,数学家)
Euler　(1707～1783)　欧拉　(瑞士,数学家、自然科学家)
Fermat P　(1601～1665)　费马　(法国,数学家)
Fourier J　(1768～1830)　傅里叶　(法国,数学家)
Gauss C F　(1777～1855)　高斯　(德国,数学家)
Green G　(1793～1841)　格林　(英国,数学家)
Heine H E　(1821～1881)　海涅　(德国,数学家)
Jensen J L W V　(1859～1925)　詹森　(丹麦,数学家)
Lagrange J L　(1736～1813)　拉格朗日　(法国,数学家、力学家)
Leibniz G W　(1646～1716)　莱布尼茨　(德国,数学家、哲学家)
L'Hospital　(1661～1704)　洛必达　(法国,数学家)
Lipschitz R　(1832～1903)　利普希茨　(德国,数学家)
Maclaurin C　(1698～1746)　麦克劳林　(英国,数学家)
Newton I　(1642～1727)　牛顿　(英国,数学家、物理学家)
Peano G　(1858～1932)　佩亚诺　(意大利,数学家)
Riemann B　(1826～1866)　黎曼　(德国,数学家)
Rolle M　(1652～1719)　罗尔　(法国,数学家)
Stokes G G　(1819～1903)　斯托克斯　(英国,数学家、物理学家)
Taylor B　(1685～1731)　泰勒　(英国,数学家)
Weierstrass K　(1815～1897)　魏尔斯特拉斯　(德国,数学家)